高等学校专业教材

轻化工工厂设计概论

周镇江 编

中国轻工业出版社

图书在版编目（CIP）数据

轻化工工厂设计概论/周镇江编. —北京：中国轻工业出版社，2023.8
高等学校专业教材
ISBN 978-7-5019-1539-2

Ⅰ. 轻… Ⅱ. 周… Ⅲ. 化工厂-设计-高等学校-教材 Ⅳ. TQ 08

中国版本图书馆 CIP 数据核字（96）第 05191 号

责任编辑：王 淳 李 红　文字编辑：宋 博　责任监印：张 可

出版发行：中国轻工业出版社（北京东长安街6号，邮编：100740）
印　　刷：三河市万龙印装有限公司
经　　销：各地新华书店
版　　次：2023年8月第1版第17次印刷
开　　本：787×1092 1/16 印张：15.75
字　　数：378千字 插页：3
书　　号：ISBN 978-7-5019-1539-2 定价：45.00元
邮购电话：010-65241695
发行电话：010-85119835 传真：85113293
网　　址：http://www.chlip.com.cn
Email：club@chlip.com.cn
如发现图书残缺请与我社邮购联系调换
231165J1C117ZBQ

前　言

本书根据轻工业部（90）轻教司字第 183 号文件及轻工业部高等院校精细化工专业教材委员会第一次会议的决定组织编写的。

本书主要介绍轻化工厂设计的基本原理和一般设计步骤及方法。

全书由轻工业部设计院王载纮同志主审、刘曾达同志部分审定；书中大部分插图由朱美韻同志制图和描图。

在编写过程中，得到了原轻工业部的大力支持，轻工业部设计院提供了大量的图纸和资料，同时还得到了轻工业部设计院副总工程师杨国柱同志的指导及金雅宝同志的很大帮助，在此，致以衷心的谢意。

鉴于本书所涉及的题材内容较广泛，限于编者水平，不足之处在所难免，望读者批评指正。

编者

目 录

绪论 ·· 1
  一、轻化工业在国民经济中的作用 ·· 1
  二、轻化工工厂设计的特点 ·· 1
  三、学习轻化工工程设计知识的意义 ··· 2
  四、本书的内容范围和学习要求 ·· 2

第一章 基本建设程序与设计文件 ·· 4
第一节 可行性研究 ··· 4
  一、目的和作用 ·· 4
  二、阶段划分和主要内容 ·· 4
第二节 设计类型和设计阶段划分 ··· 9
  一、设计类型 ··· 9
  二、设计阶段划分 ··· 9
第三节 设计文件编制和设计工作程序 ··· 10
  一、设计文件编制 ··· 10
  二、设计工作程序 ··· 12

第二章 厂(场)址选择与总平面设计 ·· 14
第一节 厂(场)址选择 ··· 14
  一、基本原则 ··· 14
  二、工作程序 ··· 14
  三、一般要求 ··· 15
第二节 总平面设计 ··· 17
  一、布置原则 ··· 17
  二、技术要求 ··· 17
  三、各类建(构)筑物的布置 ·· 19
  四、竖向布置与管线布置 ·· 21
  五、道路布置 ··· 23
  六、绿化布置 ··· 23
  七、总平面布置的技术经济指标 ·· 24
  八、总平面图 ··· 25

第三章 工艺设计概述 ·· 26
第一节 初步设计阶段 ··· 26
  一、设计准备 ··· 26

二、方案设计 ……………………………………………………………… 27
　　　三、主要工作 ……………………………………………………………… 27
　第二节　施工图设计阶段 ……………………………………………………… 27
　　　一、设计准备 ……………………………………………………………… 29
　　　二、主要工作 ……………………………………………………………… 30

第四章　工艺流程设计 …………………………………………………………… 31
　第一节　工艺流程设计的重要性 ……………………………………………… 31
　第二节　工艺路线选择 ………………………………………………………… 31
　　　一、选择原则 ……………………………………………………………… 31
　　　二、工作步骤 ……………………………………………………………… 32
　　　三、应注意的若干具体问题 ……………………………………………… 33
　第三节　初步设计阶段工艺流程设计 ………………………………………… 35
　　　一、主要任务 ……………………………………………………………… 35
　　　二、内容和要求 …………………………………………………………… 35
　　　三、初步设计阶段工艺流程图设计 ……………………………………… 36
　第四节　施工图阶段工艺流程设计 …………………………………………… 39
　　　一、任务和作用 …………………………………………………………… 39
　　　二、主要内容 ……………………………………………………………… 39
　　　三、施工图阶段工艺流程图设计 ………………………………………… 39

第五章　化工计算 ………………………………………………………………… 46
　第一节　化工过程 ……………………………………………………………… 46
　　　一、化工过程分类 ………………………………………………………… 46
　　　二、化工过程综合 ………………………………………………………… 47
　　　三、化工过程参数 ………………………………………………………… 47
　第二节　物料衡算 ……………………………………………………………… 48
　　　一、物料衡算的意义和作用 ……………………………………………… 48
　　　二、物料平衡方程式 ……………………………………………………… 48
　　　三、物料衡算的方法和步骤 ……………………………………………… 49
　第三节　能量衡算 ……………………………………………………………… 56
　　　一、能量的形式和概念 …………………………………………………… 57
　　　二、能量平衡方程式 ……………………………………………………… 57
　　　三、热量衡算 ……………………………………………………………… 59

第六章　设备选型及其工艺设计 ………………………………………………… 65
　第一节　设备分类与选型原则 ………………………………………………… 65
　　　一、设备分类 ……………………………………………………………… 65
　　　二、选型原则 ……………………………………………………………… 66
　第二节　泵的选择 ……………………………………………………………… 66
　　　一、泵的分类和特性 ……………………………………………………… 66

二、选泵的原则和程序 ………………………………………………… 67
　第三节　换热器的选型及其工艺设计 …………………………………… 70
　　一、换热器的结构特点 …………………………………………………… 70
　　二、管壳式换热器选择中应注意的问题 ………………………………… 71
　　三、管壳式换热器设计中有关参数的确定 ……………………………… 72
　　四、管壳式换热器的选用 ………………………………………………… 73
　　五、管壳式换热器的工艺设计 …………………………………………… 76
　第四节　塔设备的选型及其工艺设计 …………………………………… 77
　　一、塔设备的性能比较 …………………………………………………… 77
　　二、塔设备的选型要求 …………………………………………………… 79
　　三、塔设备的精馏、冷凝、再沸器方案的设计 ………………………… 79
　　四、塔设备的工艺设计 …………………………………………………… 83
　第五节　反应器的选型及其工艺设计 …………………………………… 84
　　一、反应器的分类及特点 ………………………………………………… 84
　　二、反应器的选择 ………………………………………………………… 85
　　三、搅拌反应釜的工艺设计 ……………………………………………… 87
　第六节　非标容器设备的选型及其工艺设计 …………………………… 92
　　一、选型 …………………………………………………………………… 93
　　二、工艺设计 ……………………………………………………………… 94

第七章　车间布置设计
　第一节　概述 ……………………………………………………………… 96
　　一、车间布置设计的类别 ………………………………………………… 96
　　二、车间布置设计的原则 ………………………………………………… 96
　第二节　车间布置设计中的有关资料及技术问题 ……………………… 97
　　一、布置设计资料 ………………………………………………………… 97
　　二、主要技术问题 ………………………………………………………… 98
　第三节　初步设计阶段设备布置设计 …………………………………… 107
　　一、初步设计阶段设备布置图的内容 …………………………………… 108
　　二、初步设计阶段设备布置图的绘制 …………………………………… 109
　　三、初步设计阶段设备布置图示例 ……………………………………… 109
　第四节　施工图阶段设备布置设计 ……………………………………… 109
　　一、施工图阶段设备布置图的内容 ……………………………………… 109
　　二、施工图阶段设备布置图的绘制 ……………………………………… 113
　　三、施工图阶段设备布置图示例 ………………………………………… 113

第八章　管道设计
　第一节　设计原则及注意事项 …………………………………………… 115
　　一、设计原则 ……………………………………………………………… 115
　　二、注意事项 ……………………………………………………………… 116

第二节　管件选择与管径计算 …… 118
一、管道和管件的公称压力及公称直径系列 …… 118
二、材质与常用管道种类 …… 119
三、管道连接 …… 120
四、常用阀门和阀件的选择及阀门的标注 …… 121
五、流速选择与管径计算 …… 123

第三节　管道的保温及热补偿 …… 126
一、管道的绝热保温 …… 126
二、管道的热补偿 …… 128

第四节　管架设计 …… 132
一、管架的主要形式及选择 …… 132
二、管架宽度估算 …… 133
三、管架间距与管道间距 …… 134
四、管道支吊架负荷计算 …… 134

第五节　生产系统管道布置要求 …… 135
一、几种常见设备的工艺配管 …… 135
二、放空 …… 141
三、取样 …… 142
四、吹洗 …… 142
五、双阀的设置 …… 143

第六节　管道布置图 …… 143
一、有关资料准备 …… 144
二、管道及配件安装设计的图例代号 …… 144
三、管道布置图的内容及表示方法 …… 144
四、管道布置图示例 …… 151

第九章　公用工程 …… 154

第一节　供排水 …… 154
一、设计内容及其基础资料 …… 154
二、供水 …… 155
三、水源选择 …… 157
四、净水循环利用 …… 158
五、排水 …… 159
六、供排水设计条件 …… 160

第二节　供汽 …… 160
一、用汽项目 …… 160
二、蒸汽用量 …… 160
三、工业锅炉的选择 …… 161
四、锅炉给水水质指标和水质标准 …… 162

  五、锅炉给水的处理 ·· 164
  六、供汽设计条件 ·· 167
 第三节 电气 ·· 167
  一、设计内容和设计所需基础资料 ·· 167
  二、设计要求 ··· 167
  三、电气防爆 ··· 168
  四、电气照明 ··· 171
  五、电力设备接地 ·· 173
  六、电气设计条件 ·· 175
 第四节 采暖和通风 ·· 176
  一、采暖 ·· 176
  二、通风 ·· 178
  三、采暖通风和空调设计条件 ··· 180

第十章 工艺向有关专业提供的设计条件和要求 ··· 181
 第一节 向土建提供的条件和要求 ··· 181
  一、初步设计阶段 ·· 181
  二、施工图设计阶段 ·· 182
 第二节 向自控提供的条件和要求 ··· 182
  一、提供有关图纸 ·· 183
  二、提供有关设计条件 ··· 183
 第三节 向总图提供的条件和要求 ··· 184
  一、提供有关图纸 ·· 184
  二、提供有关资料 ·· 184
 第四节 向概预算提供条件 ··· 184

第十一章 工程概预算简介 ·· 186
 第一节 概预算的概念及意义 ··· 186
 第二节 概预算文件的组成和内容 ··· 186
  一、文件组成及说明 ·· 186
  二、总概预算书的项目组成 ·· 187
  三、综合概预算书 ·· 188
  四、单位工程概预算书 ··· 188
  五、单位工程概预算费用的组成 ··· 189

第十二章 技术经济分析 ·· 190
 第一节 技术经济分析的基本任务和主要内容 ·· 190
  一、技术经济分析的基本任务 ··· 190
  二、技术经济分析的主要内容 ··· 190
 第二节 技术经济分析的主要指标 ·· 190
  一、投资指标 ··· 191

二、年经营费用(生产成本)指标 191
　　三、实物指标 191
　　四、劳动生产率指标 192
　　五、单位生产能力投资指标 192
　　六、投资利润率 192
　　七、投资效果系数 193
　　八、成本利润率 193
　　九、资金利润率 193
　　十、流动资金占用指标 194
　第三节　总投资计算 194
　　一、国内工程项目 194
　　二、涉外工程项目 195
　第四节　产品成本估算 195
　　一、成本估算对象 195
　　二、产品成本估算 195
　第五节　技术经济分析及评价 197
　　一、投资效果的静态分析法 197
　　二、投资效果的动态分析法 199

第十三章　安全防火与环境保护 202
　第一节　防火与防爆 202
　　一、燃烧与爆炸 202
　　二、火灾爆炸危险性分析 207
　　三、发生火灾与爆炸的主要原因及其预防原则 208
　第二节　防雷与防静电 209
　　一、防雷 209
　　二、防静电 210
　第三节　噪声控制 215
　　一、噪声的来源和危害 215
　　二、噪声的等级范围和卫生标准 215
　　三、噪声的防治 217
　第四节　工业有害物质与环境污染 218
　　一、工业有害物质对环境的污染 218
　　二、主要工业有害物质对人体的影响 218
　　三、化学物质急性毒性分级 219
　　四、安全和环境保护 220

主要参考文献 223
　附录1　冷却构筑物与其他建(构)筑物的距离 224
　附录2　常用泵的规格和性能 225

附录 3 设备与设备、设备与建筑物之间的安全距离 …………………… 226
附录 4 阀门的标准、型号和标志 …………………………………………… 226
附录 5 常用流速范围，m/s ………………………………………………… 232
附录 6 固定支架间的极限距离，m ………………………………………… 233
附录 7 管道支架间距离，m ………………………………………………… 234
附录 8 阀门对齐时的管道间距，mm ……………………………………… 234
附录 9 法兰错开时的管道间距，mm ……………………………………… 235
附录 10 管道及配件安装设计的代号和图例 ……………………………… 236
  表 1 管道材料代号及规格标注 …………………………………………… 236
  表 2 管件图例 ……………………………………………………………… 236
  表 3 阀件图例 ……………………………………………………………… 237
  表 4 标高标注图例 ………………………………………………………… 239
附录 11 爆炸危险场所电气设备选型 ……………………………………… 239
附录 12 火灾危险场所电气设备选型 ……………………………………… 239

绪 论

一、轻化工业在国民经济中的作用

轻化工业是国民经济中的重要组成部分,它对于满足人民生活需要,提高人民生活水平,促进工农业生产和文化、科学技术的发展都有其重要的地位和作用。

解放前,我国轻化工业十分落后,只有一些如肥皂、甘油、油漆、化妆品、香料香精等老的轻化行业。解放后,轻化工业得到巨大的发展。目前,我国轻化工业的门类基本齐全,品种繁多,技术进步迅速,产品更新频繁,市场不断扩大,已发展成为我国国民经济和出口创汇中的一支重要力量。

在轻化工业中,以洗涤用品工业为例。建国以前,我国仅能生产肥皂,1949年肥皂产量只有3万吨,到1952年,肥皂产量达9.7万吨,比1949年增长2.2倍。从1955年开始,针对当时天然油脂供应不足的矛盾,我国积极研究和开发合成脂肪酸和合成洗涤剂。1959年,我国第一代合成洗涤剂投产。1961年,我国开始利用石蜡生产合成脂肪酸成功。这些都标志着我国洗涤用品工业进入一个历史发展的新阶段。

1978年以来,洗涤用品工业得到更加全面、迅速的发展,洗涤用品的品种日益增多,产量不断增长,质量稳步提高,不但可以满足工农业发展和人民生活提高的需要,而且一部分产品可以出口,进入国际市场。至1990年,我国年产肥皂106万吨,合成洗涤剂年产152万吨。从产量上,合成洗涤剂已达到世界上年产最多的几个国家之列。

二、轻化工工厂设计的特点

轻化工产品一般具有批量小、品种多、功能特定、专用性强等特点。作为商品,它更具有商品性。因此,轻化工产品的生产全过程(一般由合成、配制和商品化"标准化"三个部分所组成),在不同的阶段,都有其不同的要求和考虑。这样,就导致轻化工工厂设计与一般工厂设计既有其相同性的一面,又有其特殊性的一面。

由于轻化工产品的批量小、品种多,要求一个生产装置、一条生产线的设计尽可能达到优化、多用的目的。在国外,这种优化设计或者多功能设计,早在50年代就被采用,摒弃了40年代那种单一产品、单一流程、单用装置的落后生产方式。因此,我们在进行设计时,必须根据实际情况,因地制宜地采用综合生产流程与多功能生产装置,力求做到"一线多用,一机多能"的目的,以取得最佳的经济效益。

轻化工产品概括起来还具有投资效率高,利润率高,附加值高等经济特性。以洗涤用品工业中的表面活性剂和合成洗涤剂为例,据统计,它的设备投资约为石油工业的$1/2 \sim 1/3$,而附加产值是化学工业平均的1.4倍,利润率则是重工业的$2 \sim 4$倍。轻化工产品的这种高经济效益，是由于它的高技术密集度和商品性强带来的必然结果。这就要求在设计中必须采用先进的科学技术，选择高效的设备，使系统最优化，控制自动化，并且努力提高商品设计的质量；同时还应十分注意在商品激烈竞争中反馈来的信息，进一步改进设计，完善工艺，提高质量，不断开发、设计、研制更好更多的新产品。

轻化工产品生产的另一特点是生产方法的多样化，即工艺路线或技术路线的多样化。生产同一种产品可以选择不同的起始原料，采用不同的生产方法；而选择同样的起始原料，经过不同的加工过程，可得到不同的终产品。而且在相同的技术路线中，又可采用不同的生产工艺流程。同时，随着科学技术的进步和生产水平的提高，可供选择的技术路线和生产方法越来越多。这样，就要求我们的设计人员深入实际，不断总结，认真实践，掌握正确的设计原则和方法，努力提高设计水平。

三、学习轻化工工程设计知识的意义

同其他工程设计一样，轻化工工厂设计是轻化工业基本建设过程中的一个重要环节。从事轻化工生产、科学实验以及技术管理等各方面的人员，也需具备一定的设计知识和技能，而作为轻化工工艺专业的学生更需要学习和掌握这方面必要的知识。

实践是设计的源泉。离开实践，设计就不可能产生、存在和发展。因此，对工程设计这样一门经济、技术密切相结合的应用科学，只有通过实践，才能逐渐学到和掌握设计的真正本领。

一个轻化工专业的院校，从教学出发，进行有关工程设计方面知识的学习和训练是十分必要的，这不仅有助于培养学生综合运用多学科的基本理论，联系实际，提高分析问题和解决问题的能力；还有助于培养深入实际，注意调查研究的工作作风，为参加今后实际工程设计作好切实的准备。

四、本书的内容范围和学习要求

轻化工业行业多，品种繁杂，内容非常广泛，根据轻工业部高等院校精细化工专业教材委员会第一次会议精神和要求，本书以轻工业部高等院校精细化工专业四年制本科生为主要教学对象，内容着重介绍轻化工工厂设计的基本原理和一般设计步骤及方法，并定名为《轻化工工厂设计概论》。

通过本课程的教学，使学生初步了解基本建设的重要意义、一般程序和有关设计文件，学习轻化工工厂有关工艺设计的基本理论，掌握轻化工工厂设计的基本内容和方法，培养学生查阅资料，使用手册、标准和规范以及整理数据、提高运算和绘图的能力。同时，根据教学要求，学生在修完本课程后，能运用所学的知识，联系生产实际，进行一次为期二周的综合性的课程设计，并为以后的毕业设计打下基础和作好准备。

轻化工工厂设计，涉及许多专业内容，包括轻化工工艺学、化学工程学、机械工程学、土建工程学、电气工程学、控制工程学、地质工程学、环境工程学等。在整个工程设计中，工艺是核心，直接为工艺服务的有：机械、设备、自控、电气、建筑、结构、供排水、供汽、冷冻、采暖、通风、经济概预算、安全防火与环境保护等部门，这就需要一个协调一致、紧密合作的设计集体去完成。为此，参加设计的人员首先必须有高度的责任感和事业心，只有这样，才能精心设计、精心施工高质量地去完成设计任务。

第一章 基本建设程序与设计文件

基本建设是国民经济中的重要组成部分。遵循国家规定的有关基本建设程序,是完成基本建设的重要保证;而建设项目的完成和组织施工的实现又必须以设计文件为依据。因此,从事工厂设计,首先必须了解工厂基本建设的程序和有关设计文件的编制规定。

根据建国以来基本建设的实践经验,目前我国有关设计部门已总结出一套比较科学和完善的、更加符合我国国情的基本建设工作程序。这就是,一个大、中型工厂(工程)的设计必须经过可行性研究、初步设计、施工图设计以及施工服务、试车验收等过程。

第一节 可行性研究

一、目的和作用

可行性研究是基本建设程序中的组成部分,是建设项目前期的重要工作。

可行性研究报告是在**项目决策前对项目的技术、经济进行综合论证**,是建设项目投资决策的依据和基础。根据轻工业部对《轻工业建设项目可行性研究报告编制内容和深度规定》:所有轻工业大中型新建、改建、扩建、技术改造项目、引进技术项目及利用外资项目都必须编制建设项目可行性研究报告。

可行性研究也是项目建设前期技术经济工作中的必不可少的部分。建设前期技术经济工作一般包括项目意向书、初步可行性研究、可行性研究、初步设计等几个阶段。

二、阶段划分和主要内容

建设项目的可行性研究,一般分为两段。一般来说,确定一个工程项目,先要提出项目意向书。一份项目意向书的提出,应对投资项目提出几个意向性建议。根据我国工业发展的规划、资源及国内外市场情况寻求可行的投资机会,获得"可行"的结论,再进而作初步可行性研究(也称预可行性研究)。初步可行性研究论证可行,进而转入可行性研究。对一些重大工程项目,要按初步可行性研究及可行性研究两段进行,而对一般工程项目只需进行可行性研究。

初步可行性研究是对项目意向书工作的深化,其目的是:分析项目意向书所得出的结论是否正确,作出是否应该投资的决定;作出是否需要进行下一步的可行性研究;对项目中的哪些关键问题还需作专题性研究;判断该项目的发展前景及其有否生命力等。

如果项目意向书中所提供的资料和数据充分可靠,则也可越过初步可行性研究,直接进入可行性研究。

轻化工工厂建设项目进行可行性研究,其深度和广度视项目的具体情况而定,一般应包括以下几方面的内容。

（一）总论

1．项目的提出

表 1-1　　　　　　　　　　　主要技术经济指标

序号	指标名称	单位	指标	备注
1	生产规模	/a		
2	产品方案： ××× 其中：外销	 /a /a		
3	生产方法			
4	工作制度： 全年生产天数 每天工作小时	 d h		
5	主要原材料、燃料年用量	/a		按主要原材料分列
6	主要原材料、燃料、动力消耗定额	/单位产品		按产品品种分列
7	全厂综合能耗总量	t 标煤/a		
8	单位产品综合能耗	t 标煤/单位产品		
9	公用动力负荷： 用汽负荷：最大 　　　　　平均 用电负荷： 用水量：最大 　　　　平均 用冷负荷：最大 　　　　　平均 用压缩空气负荷：最大 　　　　　　　　平均	 t/h t/h kW m^3/h m^3/h kJ/h kJ/h m^3/h m^3/h		 表示标准条件下体积
10	运输量 其中：运入量 　　　运出量	t/a t/a t/a		
11	全厂定员总计 其中：工人 　　　工程技术人员 　　　管理人员 　　　服务人员	人 人 人 人 人		 包括技术管理人员 占全员的百分比 占全员的百分比
12	全厂建筑指标 占地面积 其中：生产区 　　　生活区 建筑面积 其中：生产区 　　　生活区 生产区建筑系数（包括构筑物） 生产场地利用系数	 m^2 m^2 m^2 m^2 m^2 % %		

续表

序号	指标名称	单位	指标	备注
13	总投资 其中：固定资产投资 　　　流动资金 　　　建设期借款利息	万元 万元 万元 万元		其中：外汇 万美元 　　　外汇 万美元 　　　外汇 万美元 　　　外汇 万美元
14	投资指标 单位产品占用固定资产投资	元/单位产品		
15	年总产值（现行价）	万元		
16	年利税 其中：年利润 　　　年税金	万元 万元 万元		
17	年总成本	万元		正常年或生产期年平均
18	财务内部收益率	%		
19	投资回收期（静态）	年		包括建设期
20	借款偿还期	年		自借款日起算，有外汇借款的应单列
21	外汇净现值	万美元		
22	经济内部收益率	%		

注：(1) 改建、扩建和技术改造项目应分别列出改、扩建前后各项指标和增效益。
　　(2) 中外合资经营项目指标可根据合资项目的要求增补。

包括项目提出的历史背景和过程、项目建议书的主要内容、项目建议书的审批意见及委托单位的补充说明。

2．研究工作的依据和范围

如项目建议书及其审批文件、可行性研究委托书、环境影响报告书等，以及研究工作的范围。

3．研究工作概况

包括编制过程和调查研究概况、试验课题进展进度和结果、涉外谈判等。

4．研究结论

内容包括：生产规模、产品方案、质量标准、市场需求，投资估算及经济效益，厂址概况，主要原料供应，工艺技术路线，环境保护，综合评价。

5．建设方案的主要技术经济指标

见表 1-1。

6．存在问题和建议

（二）需求预测和拟建规模

1．市场需求预测

包括国内外产品概况及发展趋势、国内现有工厂生产能力及销售预测等。

市场需求预测也可用表格的形式进行综合分析（表1-2）。

表 1-2　　　　　　　　　市场供需预测的综合分析

序号	项目	以往年份			预测年份		
		年	…	…	年	…	…
1	总需求量						
1.1	国内销售量						
1.2	未满足的需求量						
1.3	国内需求量(1.1+1.2)						
1.4	出口量						
1.5	总需求合计(1.3+1.4)						
2	总供应量						
2.1	国内现有生产能力*						
2.2	进口量						
2.3	总供应量合计(2.1+2.2)						
3	总需求量超过总供应量(1.5-2.3)						
4	本项目建议书产量						
5	其他拟建项目产量						

注：*国内现有生产能力包括目前未利用，但今后可能利用的能力以及计划更新改造可能增产的能力及在建工程的能力等，分别列入可能增产的年份。

2．建设规模及方案研究

如对项目建议书提出的建设规模的论证、产品方案论证、合理经济规模的研究等。

3．推荐的建设规模及产品方案

列出推荐方案的建设规模及产品和副产品的名称、规格、质量、质量标准和产量。

(三) 资源、原材料、能源概况

1．资源评述

说明拟利用的资源所在地的资源现状、开发规划、条件及要求。

2．原材料概况及供应条件

包括主要原材料供应的可能性、经济技术的合理性及主要原材料选用种类、规格、质量、供应数量、来源、运输方式等。

3．能源供应情况

说明燃料供应情况、用电负荷及供应情况、水资源利用条件及评述等。

(四) 厂址及建厂条件

说明拟建项目所在地的地理位置和自然、社会经济条件；交通和能源供应现状及今后发展趋势；厂址方案的比较和推荐意见。

(五) 设计方案

包括全厂总体布置和厂内、外运输方案的比选；工艺技术路线和主要设备的比选；主要工艺技术参数的确定和主要原材料、燃料、动力消耗指标（应与国内外先进指标对比）；全厂土建工程概述及其他公用设施的考虑；全厂供排水、供电、供热、采暖通风和制冷、自控仪表设计方案及选型概述等。

（六）环境保护及综合利用

包括环境历史和现状描述；建设项目对环境质量影响预测和评价；三废处理、综合利用、环境保护措施；环境保护工作投资估算等。

（七）劳动保护、安全防护、工业卫生

说明车间（工段）有害物质概况及采取的技术措施和安全防护措施；产品的卫生标准和要求及采取的技术措施和设施的投资估算等。

（八）企业组织、劳动定员和人员培训

说明企业组织系统原则；全厂定员依据及人员构成分析（表1-3）；劳动生产率指

表1-3　　　　　　　　全厂定员及人员构成分析表

序号	部门	人数					备注
		工人	工程技术人员	管理人员	服务人员	合计	
1	厂部						
2	生产车间（按车间列出定员）						
3	辅助车间（按车间列出定员）						
4	警卫、消防人员						
5	其他（不包括1、2、3、4的定员）						
6	全厂合计						
7	占全员的百分比						
8	其中季节工						

注：(1) 季节工列出年平均人数，并在备注栏内注明雇用月数。
　　(2) 改建、扩建、技术改造项目可增加"原有人数"和"新增人数"栏。

标；人员培训等。

（九）项目实施进度的建议

包括全厂工程进度计划的建议（包含设计、施工、安装、调试、试生产）；分阶段（建设前期、建设期）各项工作及工程实施进度的建议；若为涉外工程，应考虑询价、谈判、出国考察、签订合同、设计联络等进度计划的建议。

（十）投资估算和资金筹措

投资估算必须说明固定资产投资估算的依据、固定资产投资及构成分析、流动资金的估算和建设资金总额等。

资金筹措包括资金用款计划编制依据、资金来源、筹措方式、数额和利率估计、偿还方式等。

（十一）产品成本估算

包括单位产品成本和总成本、产品成本估算依据（含原材料消耗定额、价格、各种费用的定额标准、工资、折旧和推销以及其他费用）和产品成本分析等。

(十二) 财务及经济评价

财务评价主要是计算项目的内部收益率和资金回收期(含利润估算、现金流动分析、偿清能力分析、不确定性分析、外汇平衡分析等);而经济评价主要包括基础数据调整及原则依据(含固定资产投资、流动资金、产品价格和销售收入、投入物价格和经营成本的调整等),项目的外部收益和费用,经济现金流动分析,不确定性分析,主要经济指标及评价结论等。

承担可行性研究的单位,应按要求对项目进行研究并提出报告。承担单位对原始数据、工艺方法、计算方法、经济分析和对项目的结论负责。

承担可行性研究的单位,须经国务院有关部委或省、市、自治区进行资格审定。有关重大建设项目,其可行性研究工作一般由经资格审定合格的设计院承担。

总之,在项目建设前期,可行性研究无论在国内还是国外是一个十分关键的阶段。在这阶段要对建设项目提供技术、经济、商业等方面的依据,保证在建设时期最大限度地节省时间和资金,在投产后获得最大的投资效果。

第二节 设计类型和设计阶段划分

一、设计类型

轻化工工厂的设计类型一般分为三类,即新建、改建或扩建和局部修建,其中以新建工厂的设计工作量最大,牵涉面最广,最有代表性,故本书将予以着重介绍。

二、设计阶段划分

轻化工工厂设计阶段的划分,必须根据工程的大小、技术的复杂程度而定。对一般的大中型基建项目,常采用两段设计,即初步设计和施工图设计两个阶段。对重大的复杂的基建项目和特殊项目,均采用三段设计,即设计方案确定后先进行初步设计,经审查批准后进行技术设计,再经审批后进行施工图设计。

一般轻化工工厂的设计,均采用两段设计。

初步设计的作用是供筹建单位的主管部门进行设计审查之用。初步设计经审查通过后,设计中已经确定并审定的原则,即成为下一阶段施工图设计的依据。

初步设计阶段着重解决设计中各专业的设计原则和主要技术问题。施工图设计阶段是在已经审批的初步设计基础上,对批准的原则进一步具体化,作为工厂设计施工的依据。

轻化工工厂设计的基本任务是,将一个系统(如一个工厂、一个车间、一套装置等)的基建任务以图纸、表格及必要的文字说明(说明书)描述出来,即主要把技术装备转化为工程语言,然后通过基本建设的方法把这个系统建设起来。上述全部进程,概括为以下几步,即:

1. 提出可行性研究报告。
2. 初步设计。

3. 施工图设计。

4. 验收及投产。

在这几个阶段中,设计工作的主要任务是在初步设计和施工图设计这两个阶段。本书将以这两个阶段为重点作较详细叙述。

第三节 设计文件编制和设计工作程序

一、设计文件编制

设计文件是工程项目设计的最终文件,是组织施工的依据。根据设计阶段的不同,设计文件的编制深度也不同。

下面按两段设计介绍设计文件的编制。

(一) 初步设计文件的编制

如上述,初步设计是基本建设前期工作的组成部分,是实施工程建设的基本依据。一个建设项目,当初步设计经审批后,便可进行主要设备和材料的订货,审批和控制总概算,做基建准备,并以此作为施工图设计的依据。

根据轻工业部颁发的《轻工业建设项目初步设计编制内容深度规定》,应包括以下内容:

1. 总论

扼要说明工程的建设规模、技术特征;着重综合各设计专业提出的主要技术结论和建设条件;论述设计的技术先进性和经济的合理性以及环境保护、节能、安全措施等;对存在的问题提出解决的办法或建议。

2. 技术经济

主要包括设计依据和范围,企业组织和定员,投资、产品成本和利润,投资偿还,技术经济分析和评价及存在问题和建议等。

3. 总平面布置及运输

必须说明厂址选定的依据,总平面布置的原则和特征,工厂运输(含铁路、公路、水路)方案的确定以及存在问题和建议。

4. 工艺

着重说明设计依据和范围,生产规模,产品方案,生产方法,工艺流程的特点,车间组织,主要工艺技术指标,原料、辅助原材料用量及规格,设备的选型和确定,测量和计量要求等。

5. 自动控制测量仪表

包括设计依据、范围和水平,控制仪表选取标准及其效果,计算机过程控制的说明及计算机选型、重要控制系统和连锁报警系统的说明,仪表用电和压缩空气的要求,仪表的防爆、防干扰、防腐蚀等环境保护及接地说明等。

6. 建筑结构

说明设计依据和范围,自然条件和数据,采用新结构、新材料的方案比较,产生、次生震害的公用工程和其他特殊工程，主要生产车间的建筑设计，主要建（构）筑物的结构设计以及存在问题和建议。

7. 给水排水

主要包括给水、排水、消防的设计依据和范围，用水量、水质、水压的要求，水源、取水方案、输水方式、水质处理的说明，全厂排水量、污水性质及污水处理设计，消防的要求、设施方案及其设备的选择以及用水量等。

8. 供电

着重说明全厂用电负荷，总变电所及配电所（一次变电），车间变电所及车间配电和照明，厂区供电及户外照明，全厂防雷与接地说明等。

9. 电信

提出电信任务和要求，与当地电信局的中继方式、设备和线路的确定等。

10. 供热

包括燃料、水质的分析资料，全厂热负荷，锅炉房设计，燃料的卸、贮和运输，灰渣处理，锅炉给水处理，全厂供热设施及蒸汽成本等。

11. 采暖通风

提出设计基础资料（如温度、湿度、风向、风速等），采暖、通风和空气调节的设计参数、系统型式、主要设备选型、设计指标要求等。

12. 空压站、氮氧站、冷冻站

说明工艺流程和工艺要求，负荷和参数，主要设备选择等，提出设备布置图。

13. 维修

包括机修（含防腐）、电修、仪表修理等；提出设备及电动机一览表以及车间布置图。

14. 仓库（堆场）

说明物料的品种、贮存量、贮存时间和方法，仓库面积，对易燃、易爆、有毒物质的防护要求，原料的堆存方式、指标和面积，对仓库的特殊要求（包括防火防爆、有毒物质、易燃品的露天堆放等），提出仓库、堆场平面布置图及主要设备等。

15. 环境保护及综合利用

包括设计依据和范围，环境现状，废气、粉尘的综合治理及利用，污水处理，废渣处理，绿化，噪声污染与防治等。

16. 节约能源

包括采用节能新技术和主要技术措施；各种一次、二次能源的单项及综合指标，本工程合理利用能源的说明以及节能管理机构的设置等。

17. 劳动保护、工业卫生、安全防护（职业安全卫生）

对劳动保护和安全防护，必须说明重点设防的车间、工段或工种以及全厂性劳动保护、安全防护设施和制度。

对消防，必须着重说明消防措施、消防机构、人员及工作制度；综合说明需着重设防的场、所的消防设施情况。

对工业卫生，应说明产品的卫生标准、要求、检验制度、采取的措施和设施以及生活区的安全卫生条件和措施、全厂保健机构和设施等。

18．生活福利设施

着重说明生活区的现状和周围关系（应附示意图），公用设施与生活区的连接和联系，生活区总平面布置原则和采用标准情况，提出生活区总平面布置图。

19．总概算书

按轻工业部颁发施行的《轻工业工程设计概预算编制办法》。

（二）施工图设计文件的编制

施工图设计在初步设计经审批后进行。它所产生的设计文件是工程施工安装的依据。其主要任务是，根据初步设计审批的意见，解决初步设计中特定的问题，并由此进行施工单位的编制施工组织设计、编制施工预算以及如何实施施工等。

施工图设计一般由设计单位负责，不再报上级主管部门审批。但在编制过程中，应根据初步设计审批意见加强与基建施工单位的结合，正确贯彻和掌握上级部门的审批精神和原则。

施工图设计的主要工作内容是完善初步设计中提出的工艺流程图设计、工艺设备布置设计、工艺管道布置设计和设备、管路的保温及防腐设计等。

下面举例说明施工图设计的详细内容。它包括：

1．施工图设计说明。
2．设备表。
3．初步设计阶段的工艺流程图。
4．施工图设计阶段的工艺流程图（管道和仪表系统图）。
5．工艺设备布置图。
6．工艺管道布置图。
7．工艺设备安装图。
8．设备修改图。
9．工艺管道一览表。
10．管架表。
11．管道安装材料汇总表。
12．管架安装材料汇总表。
13．工艺设备安装材料汇总表。
14．工艺设备保温工程量表。
15．工艺管道保温工程量表。

二、设计工作程序

（一）初步设计阶段的工作程序

1．各专业作设计准备，由工艺专业作开工报告。
2．讨论设计方案，选定工艺路线，设计生产流程。
3．工艺向有关专业提出条件和要求，进行协调，确定有关方案。
4．完成各专业的具体工作。工艺专业应从方案设计开始，陆续完成物料衡算、能量衡算、设备选型和设计、工艺设备布置、绘出初步设计阶段的工艺流程图；其他专业也应相应完成这一阶段的工作任务；此外，要组织好中间审核及最后校核，及时改正，保证质量。

5．在完成各专业的设计文件和图纸并进行审核后，由各专业进行有关图纸的会签，以解决各专业间发生的漏失、重复、碰撞等问题。

6．编制初步设计总概算，论证设计的经济合理性。

7．审定设计文件，并报送上级主管部门审批，审批核准后的初步设计文件，即作为施工图阶段开展工作的依据。

（二）施工图设计阶段的工作程序

该阶段的工作程序大体上与初步设计阶段相同。一般分为设计准备、方案确定、各专业互提设计条件并相互协商和返回设计条件，设计文件和图纸的编制和校核，有关图纸会签，修正概算，设计文件和图纸归档入库和管理工作等。

在这个阶段中，专业之间关联内容多，设计条件往返多，必须很好地协调配合，才能保证设计工作的顺利完成。

第二章 厂(场)址选择与总平面设计

第一节 厂(场)址选择

厂(场)址选择是基本建设前期工作的重要组成部分,是根据国民经济建设计划和工业布局的要求,选择和确定工厂的建设位置。一个工厂的厂(场)址选择是否合理,将对建厂速度、建设投资,对项目建成后的经济效益、社会效益和环境效益的发挥,对轻化工业的合理布局和地区经济文化的发展具有深远意义,所以厂(场)址选择是一项政策性和科学性很强的综合性工作。

一、基本原则

厂(场)址选择必须遵守国家法律、法规,贯彻执行国家方针、政策,坚持基本建设程序,符合国家长远规划及行政布局、国土开发整治规划、城镇发展规划。

从全局出发,正确处理工业与农业、城市与乡村、远期与近期以及协作配套等各种关系,并因地制宜、节约用地、不占或少占耕地及林地。

注意资源合理开发和综合利用;节约能源,节约劳动力;注意环境保护和生态平衡;保护风景和名胜古迹。

同时,还要做到有利生产、方便生活、便于施工,并提供有多个可供选择的方案进行比较和评价。

二、工作程序

(一)选厂前的准备

选厂工作由建设项目的主管部门或投资单位主持和组织。工作组应由建设、工程咨询、设计单位及其他有关部门组成。

根据设计项目的内容和要求,收集同类型轻化工厂的有关资料,编制工艺布置方案,确定工厂组成(包括主要生产车间和辅助车间),做出工艺、总平面布置方案,初步确定厂区外形和占地面积(估算)。

对拟建厂的基本条件进行下列各项指标的估算:

(1)职工总数(其中工人所占比例)。
(2)总投资(其中固定资产所占比例,设备及安装占%,土建占%)。
(3)原料和能源(包括水、电、汽、煤、天然气)耗用量。
(4)原材料及成品运输量(包括运入及运出量)。
(5)全厂占地面积(分列生产区、生活区、厂区外配套设施)。
(6)全厂建筑面积(分列生产区、生活区、厂前区、仓库区)。
(7)三废(包括废水、废渣、废气)排放量及其主要有害成分。

(8) 拟定收集资料提纲（包括地理位置地形图、区域位置地形图、区域地质、气象、资源、水源、交通运输、排水、供热、供汽、供电、弱电及电信、施工条件、市政建设及厂址四邻情况等）。

（二）现场踏勘

现场踏勘的主要任务是按照厂（场）址选择的一般要求（详见第二节）到现场进行调查研究，收集资料（参考《轻工业建设项目厂（场）选择报告编制内容深度规定》中的"厂（场）址收资参考提纲"以及"改建、扩建项目厂（场）选址收资补充参考提纲"），具体落实厂址条件，以便判断该地区建厂的可能性。

（三）编写厂（场）址选择报告

根据现场调查和踏勘所取得的资料，在具体条件落实后，对可选的几个地址进行综合，分析比较，提出推荐的厂（场）址方案，编写厂（场）址选择报告，报送上级批准机关审批。编写厂（场）址选择报告的内容必须按《轻工业建设项目厂（场）址选择报告编制内容深度规定》执行。包括：

1．选厂（场）址依据及简况

说明建厂依据、指导思想、选址的范围和内容、选址经过等。

2．拟建厂（场）址基本情况

包括工艺流程概况及厂（场）址的要求、污染物排放说明、拟建厂（场）基本条件等。

3．厂（场）址方案比较

概述各厂（场）址的自然地理、社会经济、自然环境、建厂（场）条件及协作条件；厂（场）址方案比较表，包括：技术条件比较、建设投资比较、年经营费用比较、社会与环境影响比较等。

4．厂（场）址方案推荐

提出各方案综合论证与推荐方案论述。

5．当地政府及有关方面推荐厂（场）址的意见

包括意见摘要，对建厂（场）提出的要求和条件。

6．结论、存在问题和建议

7．附件

包括：厂（场）址预选文件；上级对选址工作的指示文件；选厂（场）工作组成员表；各建厂（场）地区规划示意图；区域位置图、厂址地形图、方案总平面示意图（包括厂区外围工程规划方案）；各厂（场）址工程地质、水文地质选址阶段的勘察资料；区域地质构造及地震烈度鉴定书；环境保护部门对厂（场）址要求的文件；有关协议文件及有关单位对厂（场）址方案讨论的意见（会议记录或书面意见）等。

三、一般要求

1．场地地形

要满足生产工艺流程、运输要求和留有适当发展余地。

便于排除雨水、不受洪水、海潮的影响或大型水坝溃坝的威胁。不处在窝风多雾地

区。

节约用地，不占或少占良田、林地，少拆迁民房或其他建筑物，尽量利用荒地、坡地及低产地。

厂（场）区外形尽可能简单，地形尽可能平坦。

不能受到公（铁）路干线、行洪沟、高压线区、城市其他管道或其他自然屏障的切割。

平整场地的土石方工程量少，或挖填方得到平衡及就近能解决土方不足。

2. 区域地质和工程地质

要避开发震断层及大断裂交汇区和基本烈度高于八度（不包括八度）的地震区（若必须在地震区选厂时，应慎重选择对抗震有利的地形）；三级以上湿陷性黄土，新近堆积黄土，一般膨胀土等地区；滑坡、泥石流、岩溶、流沙、崩塌等地段，矿藏的拟采区，人工洞穴及采空区。

对岩土的容许承载能力能满足工程要求。

尽量避免因工程地质、工程水文地质问题而使地基基础工程复杂化。

3. 水文地质

地下水最好对建筑材料无侵蚀性或具微侵蚀性，其水位最好低于地下结构深度。

4. 气象

必须考虑日照方向、方位对建筑物的排列影响；高温、高湿、高寒、云雾、雷暴、风沙和盐雾对生产的不良影响；冰冻线对地下工程的影响。

5. 资源、原料、燃料及产品销售

要求资源、原料、燃料来源可靠，质量符合要求，并力求厂（场）址靠近资源及原料、燃料产地或产品销售地区。

6. 交通运输

厂（场）址要求交通运输方便、畅通、短捷，并与厂外公路、铁路、码头连接方便。

7. 给水排水

厂（场）址宜靠近水源，保证供水的可靠性并满足对水质、水量、水温的要求。

取水工程的设计要合理。

符合排放标准的废水或经处理后的废水便于排入附近江河下游或城市下水系统，必须注意对周围环境的影响。

8. 动力供应

要求工业电源及其他动力来源可靠，并邻近电源和其他动力源中心。

9. 生活区

要有适当的用地面积和良好的卫生条件；有污染气体排放的工厂应位于生活区的下风方向，并与厂区有一定的防护地带；有一定面积的绿化地。

便于利用城镇文化福利设施，或配合城镇建设规划。

靠近工厂，但注意避免与生产的相互干扰。

10. 协作

应考虑生产过程与维修及给水、排水、动力、交通运输、生活区建设和福利设施等方面与所在城市或邻近企业有协作的可能性及当地商业、服务、教育、公安部门有可能提供协作的设施。

11. 安全防护

要符合城市及区域规划，并满足人防的要求。

按生产、防震、消防、卫生要求，使工厂之间，建（构）筑物之间保持一定的防护距离。

易燃、易爆、有毒产品生产，原料贮存应远离城镇和居民密集区。

12. 施工条件

应尽可能利用当地供应的建筑材料。

施工场地应具备水、电、劳动力的供应条件，并有一定的施工能力（施工组织、机械设备等）以及施工与构、部件的组装场地。

13. 其他

如必须满足当地航空站（机场）、通讯设施（广播电台、电报台）和军工工程对间隔距离和技术上的要求，并取得有关部门同意。

厂（场）址地下如有古墓遗址或地下有古建筑物、文物时，事先应征得文化部门的处理意见。

禁止在下列区域选择厂（场）址：有严重放射性物质或大量有害气体影响的范围内、矿山或其他作业爆破危险区域、国家规定的风景区或名胜古迹区、自然保护区、水土保持禁垦区、生活饮用水水源的卫生防护地带、传染病、地方病等流行地区及国防军事区域。

第二节 总平面设计

总平面设计是对一个工厂的各个部分，包括各建（构）筑物、堆场、运输路线、工程管网等进行经济合理的安排，使人员、设备与物料的移动能够密切有效地配合，从而保证各区功能明确，管理方便，生产协调，互不干扰。因此，总平面布置设计是否合理，不仅与建厂投资、生产管理、安全生产、降低成本直接相关，而且也会对工厂实行科学管理和文明生产带来重大影响。

一、布置原则

总平面布置首先必须满足生产工艺要求，以最大限度地保证生产作业线的连续、短捷和方便。为此，应考虑合理的功能分布和良好的生产联系。其次，要充分结合场地地势、地质、地貌等有利条件，因地制宜，紧凑布置，提高土地利用率。同时，对建（构）筑物的布置应符合防火、卫生规范及各种安全要求，满足地上、地下工程管线的敷设、绿化布置以及施工的要求。再次，总平面布置还必须注意与城市或区域总体规划相协调；同时须考虑发展要求，使近期建设与远期发展相结合。

二、技术要求

从工程角度，轻化工厂的总体布局必须满足以下几个方面的技术要求。

1. 生产要求

已如上述，总平面布置首先必须满足生产要求，但要做到这一点，就必须充分了解整个生产工艺流程。生产作业线的布置应力求迳直、短捷，避免迂回、曲折，使各种物料的输送距离为最小。同时，应将水、电、汽等公用工程耗量大的车间，尽量集中布置，以形成负荷中心与供应来源靠近，使各种公用系统介质的工程管线减少和输送距离最短，达到节约能源。布置中还必须结合厂区的划分、厂内外运输线的走向以及地形、地质等条件，对交通运输路线进行合理的组织，尽量做到短直，避免倒运，减少交叉。

所以，在总平面布置上满足生产要求，实际上就是要求各种物料的输送和人员的运动距离为最短，最终体现能量的消耗为最小。

2. 安全要求

轻化工厂生产有的具有易燃、易爆和有毒等特点，在总平面布置中在满足生产要求的同时，还必须充分考虑安全布局，严格遵守防火、防爆、卫生、环保等安全规范、标准的有关规定。在布置中应采取下列布置手段。

(1) **分区集中布置** 根据轻化工厂生产性质及组成部分的火灾危险性类别，将生产车间、仓贮设施（包括液体贮罐）、生活福利设施等分区集中布置，做到安全合理，降低发生危险的可能性。

(2) **减少火灾和爆炸的机遇** 例如，明火是引起火灾的重要因素，应该将各类明火源（如加热炉、锅炉房、变电站、机修等），尽量运离散发可燃气体、可燃蒸汽的车间和设施，并布置在主导风向的上风向或侧风向；对有飞火的烟囱等，应布置在侧风向。对具有易燃、易爆的各类贮罐和有危险性的库房(油库、危险品库等)，应力求远离火源和人员经常往来或集中的地段，一般应布置在厂区边缘、主导风向的下风向以及地势较低的地段。

(3) **保持一定的安全防火距离** 应根据国家现行有关防火、防爆、卫生等安全规定，从生产的火灾危险性、建（构）筑物的耐火等级、建筑物面积等综合因素考虑，合理保持各建（构）筑物间的距离，以防事故发生后相互影响，减轻危害。

(4) **合理组织人流和货流** 在布置中既要考虑货运路线合理和最短，又要考虑人行路线的短捷方便，尽量避免相互交叉，防止事故发生。

由上可见，在总平面布置的技术处理上，生产要求和安全要求往往会发生矛盾，前者希望集中、短直、紧凑，后者又希望在布置上比较分散，保持一定的间距。因此，在平面布置时，尽可能二者兼顾，既能符合生产要求，又能符合安全要求，获得合理解决。

3. 发展要求

工厂设计应考虑有较大的弹性和适应性，以满足工厂发展变化的需要，此点对轻化工厂尤为重要。因为轻化工厂产品的变化较快，综合利用较广，加工深度较深，有的工艺流程较易更新，这就要求在设计时事先留有较大的"余地"。但在设计中，要使一个工厂发展用地的大小、位置预留得恰当合理，实非易事。实践证明，要做到工厂发展要求恰当合理，就必须深刻理解发展意图，综合分析发展规模及其可能性，避免盲目留有大量发展用地和早征迟用、多征少用等现象。

4. 防腐蚀要求

轻化工厂的生产过程经常生产和使用具有化学腐蚀性的介质，为此，在总平面设计中，应充分考虑如何使这些腐蚀性介质减少到最低危害的程度。

(1) 要把散发或有排出腐蚀性介质的车间、仓库、罐区、堆场等尽量分区集中，并布置在厂区的下风向和地下水流的下游，其长轴方向尽量与主导风向垂直或成一交角(>45°)。

如上述不能同时满足，则应以风向为主，并应对可能遭受侵蚀的地下构筑物的基础采取必要的防护措施。

(2) 散发腐蚀性气体、粉尘的车间、仓库等的设施与相邻建（构）筑物的间距，除满足防火、卫生等规定外，尚需考虑防腐蚀的要求，适当增大间距或增加防护措施。

(3) 对生产或贮存腐蚀性液体介质的车间、贮罐区、仓库、装卸站台场地，均应做耐腐蚀地面，有的还要做耐腐蚀勒脚，并设排除介质的措施，发生事故时不能使其任意流散。

(4) 输送腐蚀性介质的管道应尽量集中布置；架空设置时，应支承在专用的管架上。

三、各类建（构）筑物的布置

1. 生产车间的布置

生产车间的位置应按工艺生产过程的顺序进行配置，生产线路尽可能做到径直和短捷，但并不是要求所有生产车间都安排在一条直线上，如果这样安排，当生产车间较多时，势必形成一长条，从而会使仓库、辅助车间的配置以及车间管理等方面带来困难和不便。为使生产车间的配置达到线性的目的，同时又不形成一长条，可将建筑物设计成T、L或Ⅱ等字形。

车间生产线路一般分为水平和垂直两种，此外，也有多线生产的。加工物料在同一平面由甲车间送至乙车间的叫做水平生产线路；而由上层的甲车间送至下层的乙车间的叫做垂直生产线路。多线生产线路是一开始为一条主线，而后分成两条以上的支线，或是一开始即是两条或多条支线，而后汇合成一条主线。但无论是哪种布置，希望车间之间的距离应该是最小的，并符合防火、卫生等有关规范。

2. 辅助车间的布置

辅助车间一般包括锅炉房、变电站、污水处理站、空压站、循环水冷却构筑物、维修设施、水泵房、仓库等。

(1) 锅炉房　尽可能配置在使用蒸汽较多的地方，这样可使管线缩短，减少压力和热能损耗。锅炉房附近不准配置有火灾或爆炸危险的车间或易燃品的仓库；应布置在散发可燃气体，可燃蒸汽地点的上风向或侧风向；在其附近常有燃料堆场。煤、灰场应布置在锅炉房的下风向。煤场的周围应有消防通道及消防设施。

(2) 变电站　应靠近电力负荷中心，这样可以缩短线路，节约投资。它的位置应考虑高压进线和低压出线的方便，并设置防护围栏，构成一个独立区域。同时，它应布置在散发烟尘、可燃气体、腐蚀性气体、水雾等建（构）筑物的上风向，并保持一定安全防护距离。

(3) 污水处理站　应布置在厂区和生活区的下风向，并保持一定的卫生防护距离；

同时应利用标高较低的地段，使污水尽量自流到污水处理站。污水排放口应在取水的下游。污水处理站的污泥干化场地应设在下风向，并要考虑汽车运输条件。

(4) 空压站　在轻化工生产中，压缩空气主要用于仪表动力、鼓风、搅拌、清扫等。空压站应尽量布置在空气较清洁的地段，并尽量靠近用气部门。空压站冷却水量和用电量都较大，故应尽可能靠近循环冷水设施和变电所。由于空压机工作时振动大，故应考虑振动、噪音对邻近建筑物的影响。空压站与其他建（构）筑物的防护间距参考表 2-1。

表 2-1　　　　　　　　空压站与其他建（构）筑物的间距

建（构）筑物名称	最小防护间距(m)
露天堆煤场及散发粉尘的地点	50
乙炔站	20
喷水冷却池	40
冷却塔	20
居住及公共建筑物	50
中央化验室	100～200
厂外铁路中心线	50
厂内铁路中心线	10
厂外公路边缘	15
厂内公路边缘	5
与工厂其他建筑物间距可按防火间距规定	

(5) 循环水冷却构筑物　轻化工厂生产中冷却水用量较大，为节省开支，冷却水尽可能达到循环使用。循环水冷却构筑物主要有冷却喷水池、自然通风冷却塔及机械通风冷却塔几种。在布置时，这些设施应布置在通风良好的开阔地带，并尽量靠近使用车间；同时，其长轴应垂直于夏季主导风向。为避免冬季产生结冰，这些设施应位于主建（构）筑物的冬季主导风向的下侧。

水池类构筑物应注意有漏水的可能，应与其他建筑物之间保持一定的防护距离，可参考表 2-2。

表 2-2　　　　　　水池类构筑物与其他建筑物之间的防护距离

水池容积 (m³) \ 湿陷类型 / 湿陷等级	非自重 I	非自重 II、III	自重 I	自重 II、III
<100	5	7	7	10
100～500	7	10	10	15
>500	10	15	15	20

注：防护距离是指受水池类构筑物渗漏影响的最小距离(m)，从基础边算起。

冷却构筑物与其他建（构）筑物之间必须保持一定的间距，其间距大小可参考附录一。

(6) 维修设施　包括机修、电修、仪修等车间。在总体布局中应尽量将这些车间布置在一起，但由于彼此功能不同，为避免相互干扰（特别是机修锻工车间的振动、噪声），还应分小区布置。维修区一般布置在厂区的边缘和侧风向，并应与其他生产区保持一定的距离。为保护维修设备及精密机床，应避免火车、重型汽车等振动对它们的影响。

（7）仓库 它的位置应尽量靠近相应的生产车间和辅助车间，并应靠近运输干线（铁路、河道、公路）。应根据贮存原料的不同，选定符合防火安全所要求的间距与结构。

消防车库应设在一旦发生火灾时，车辆能够非常顺利地到达现场的有利地点，并能通往厂外的交通要道。

3．行政管理部门的布置

行政管理部门包括工厂各部门的管理机构、公共会议室、食堂、保健站、托儿所、单身宿舍、中心试验室、车库、传达室等，一般布置在生产区的边缘或厂外，最好位于工厂的上风向位置，通称厂前区。

四、竖向布置与管线布置

（一）竖向布置

竖向布置和平面布置是工厂布置的不可分割的两个部分。平面布置的任务是确定全厂建（构）筑物、露天仓库、铁路、道路、码头和工程管线的坐标。竖向布置的任务则是反映它们的标高，目的是确定建设场地上的高程（标高）关系，利用和改造自然地形使土方工程量为最小，并合理地组织场地排水。

竖向布置方式一般采用连续式和平坡式两种。连续式又可分为平坡式布置和阶梯式布置。

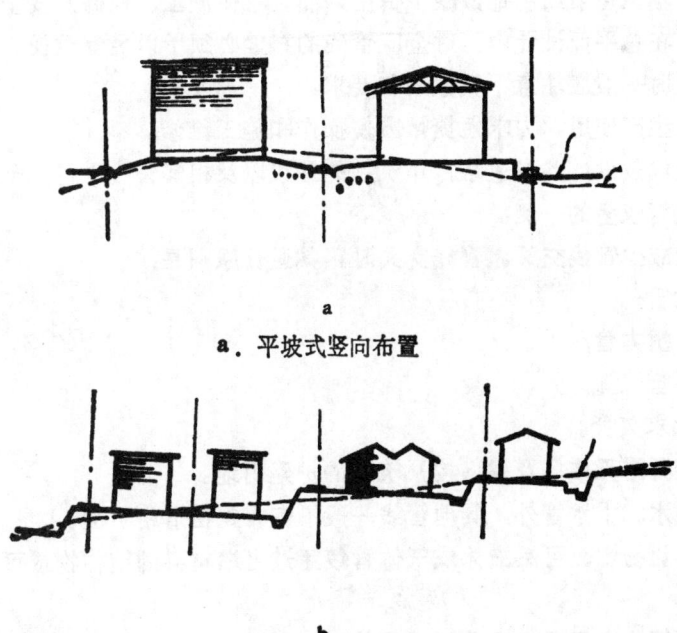

a

a．平坡式竖向布置

b

b．阶梯式竖向布置

图 2-1 连续式布置

连续式布置（图 2-1）的场地是由连续的不同坡度的坡面组成，其特点是将整个厂区进行全部平整。因此，在平原地区（一般自然地形坡度＜3%）采用连续式布置是合理的。对建筑密度较大，地下管线复杂，道路较密的工厂，一般采用连续式布置方案。

重点式布置（图 2-2）的场地是由不连续的不同地面标高的台地组成，其特点是仅对布置建（构）筑物的场地、道路、铁路占地进行局部平整。为此，在丘陵地区，在满足厂内交通和管线布置的条件下，为了减少土石方工程量，可采用这种布置。对建筑密度不大，建筑系数小于15%，运输线及地下管线简单的工厂，一般采用重点式布置。

在轻化工厂设计中，采用哪种竖向布置方式，必须视厂区的自然地形条件，根据工厂的规模、组成等具体情况确定。

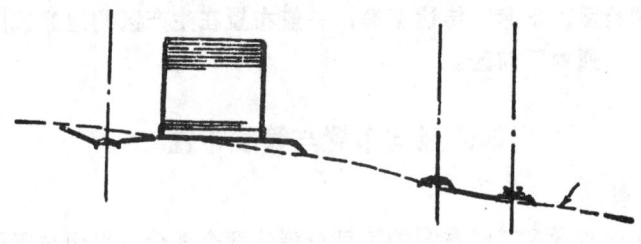

图 2-2　重点式布置

(二) 管线布置

轻化工厂的工程管线较多，除各种公用工程管线外，还有许多物料输送管线。了解各种管线的特点和要求，选择适当的敷设方式，对总平面设计有密切关系。处理好各种管线的布置，不但可节约用地，减少费用，而且可使施工、检修及安全生产带来很大的方便。因此，在总平面设计中，对全厂管线的布置必须予以足够重视。

管线布置时一般应注意下列原则和要求：

(1) 满足生产使用，力求短捷，方便操作和施工维修。

(2) 宜直线敷设，并与道路、建筑物的轴线以及相邻管线平行。干管应布置在靠近主要用户及支管较多的一侧。

(3) 尽量减少管线交叉。管线交叉时，其避让原则是：

小管让大管；

压力管让重力管；

软管让硬管；

临时管让永久管。

(4) 应避开露天堆场及建（构）筑物的护建用地。

(5) 除雨水、下水管外，其他管线一般不宜布置在道路下面。

(6) 不得让易燃、可燃液体或气体管线穿过可燃材料的结构物或可燃、易燃材料的堆场。

(7) 地下管线应尽量集中共架（或共杆）布置。跨越道路、铁路的管线，其净空应满足公路、铁路运输和消防的要求。

(8) 地下管线敷设时，应满足一定的埋深要求，一般不宜重叠敷设，并应注意下列安全事项：

电力电缆不应与直埋的热力管线平行靠近敷设，遇交叉时，电缆宜在下方穿过或采取保护措施；

煤气管等可能散发可燃气体的管线应避免靠近通行管沟或地下室布置；

大管径压力较高的给水管宜避免靠近建筑物布置。

(9) 管架或地下管线应适当留有余地，以备工厂发展需要。

管线在敷设方式上常采用地下直埋、地下管沟、沿地敷设（管墩或低支架）、架空等敷设方式，应根据不同要求进行选择。

五、道 路 布 置

根据总平面设计的要求，厂区道路必须进行统一的规划。从道路的功能来分，一般可分为人行道和车行道两类。

人行道、车行道的宽度，车行道路的转弯半径以及回车场、停车场的大小都应按有关规定执行。

在厂内道路布置设计中，在各主要建（构）筑物与主干道、次干道之间应有连接通道，这种通道的路面宽度应能使消防车顺利通过。

在厂区道路布置时，还应考虑道路与建（构）筑物之间的距离（见表 2-3）。

表 2-3 道路边缘至相邻建(构)筑物的最小距离

相邻建(构)筑物名称	最小距离(m)
1. 建(构)筑物外墙面向	
(1) 当其面向道路一侧无出入口时	1.5
(2) 当其面向道路一侧有出入口，但不通行汽车时	3.0
(3) 当其面向道路，有汽车出入口	6～8.0
(4) 当其面向道路，有电瓶车出入口	4.5
2. 各类管线支架	1～1.5
3. 围墙	1.5

六、绿 化 布 置

厂区绿化布置是总平面设计的一个重要组成部分，应在总平面设计中统一考虑。

厂区绿化应注意下列的原则和要求：

(1) 绿化主要功能是达到改善生产环境，改善劳动条件，提高生产效率等方面的作用。因此，工厂绿化一定要因地制宜，节约投资，防止脱离实际，单纯追求美观的倾向，力求做到整齐、经济、美观。

(2) 绿化应与生产要求相适应，并努力满足生产和生活的要求。因此，绿化种植不应影响人流来往、物货运输、管道布置、设备装修、污水排除、天然采光等方面的要

(3) 绿化布置应突出重点，并兼顾一般。厂区绿化一般分生产区、厂前区以及生产

区与生活区之间的绿化隔离带。

厂前区及主要出入口周围的绿化,是工厂绿化的重点,应从美化设施及建筑群体组合进行整体设计;对绿化隔离带应结合当地气象条件和防护要求选择布置方式;厂区道路绿化,是工厂绿化的又一重点,应结合道路的具体条件进行统一考虑;对主要车间周围及一切零星场地都应充分利用,进行绿化布置。

(4) 进行绿化布置,一定要有绿化意识、科学态度和审美观点。缺乏绿化意识,就不会重视绿化。缺少科学态度和审美观点,就不可能把绿化工作搞好。种什么树、栽什么花,什么时间种,怎样进行栽,都必须有一个科学的态度和审美的观点。

总之,工厂绿化在工厂设计中是一个很重要的问题。诚然,绿化专业设计人员理应负责,但工艺设计人员也责无旁贷。在整个工厂设计中,我们不仅要求设计经济合理,技术先进可靠,还应在科学管理和文明生产的基础上,为全厂职工创造和提供一个安全、整洁的工作场所和舒畅、雅静的娱乐、休息、学习环境。

七、总平面布置的技术经济指标

总平面布置的技术经济指标主要反映建厂区的厂区面积、建筑面积以及场地利用的合理性和经济性。

技术经济指标,一般包括以下内容:

(1) 厂区占地面积(公顷);
(2) 建(构)筑物占地面积(公顷);
(3) 露天仓库、露天堆场占地面积(公顷);
(4) 铁路占地面积(公顷);
(5) 道路占地面积(公顷);
(6) 地上地下工程管线的占地面积(公顷);
(7) 建筑系数(%);
(8) 场地利用系数(%);
(9) 土方工程量(填、挖方量)(m^3)。

上述指标中,建(构)筑物占地面积按其外轮廓线计算;露天仓库系指无盖的仓库,固定的堆存原料、燃料及成品等的堆置场;露天堆场指零星物料或废料堆放场地,无固定存放方式但又为生产中所必需的;铁路占地面积指铁路总长乘以铁路路基宽度,以路堤底部和路堑顶部的宽度计算;道路占地面积,对郊区型道路包括车行道、路肩及排水沟的占地面积;土方工程量指厂区内粗平土方量的挖方和填方数量,包括建(构)筑物的余土。

厂区建筑系数及场地利用系数按下列公式进行计算:

(1) 建筑系数计算式

$$建筑系数 = \frac{建(构)筑物占地面积 + 露天仓库、堆场占地面积}{厂区占地面积} \times 100\%$$

(2) 场地利用系数计算式

$$场地利用系数 = 建筑系数 + \left(\frac{铁路占地面积 +}{厂区占地面积} \right.$$

$$\frac{+ 道路和人行道占地面积 +}{厂区占地面积}$$

$$\frac{+ 地上地下工程管线占地面积 +}{厂区占地面积}$$

$$\left. \frac{+ 建筑物散水占地面积}{厂区占地面积} \right) \times 100\%$$

八、总平面图

总平面图是总平面设计结果的图形。总平面图绘制应按照《建筑制图标准》。绘制采用的比例一般为 1/500、1/1000、1/2000。

总平面图一般包括以下内容：等高线和坐标网、风玫瑰图、道路、铁路、河流及码头等的平面位置，所有建（构）筑物和堆场等的平面位置。总平面图（取部分图）示例图2-3见本书最后插页。

第三章 工艺设计概述

在轻化工厂设计中，工艺设计是工厂设计的主体，决定着整个工厂设计的面貌，起着组织和协调各个非工艺专业之间的主导作用。

工艺设计，其实质是生产车间的工艺设计。设计内容一般应包括以下几个方面：

(1) 方案设计　主要任务是选择生产方法、确定工艺流程。

(2) 化工计算　主要任务是进行物料衡算、能量衡算以及其他计算。

(3) 设备选型和计算　主要任务是选择设备和计算需要的设备数量。

(4) 车间布置设计　主要任务是确定整个工艺流程所有设备在平面和空间的具体位置，并相应地确定厂房或框架的结构型式。

(5) 工艺管道布置设计　主要任务是确定各种管段在空间的正确位置及其安装、连接、支承方式等。

(6) 提供设计条件　主要任务是向非工艺专业提供正确完整的设计条件。

(7) 编制概算书及编制设计文件　编制概算的主要任务是提供工程建筑、设备及安装等工程费用。编制设计文件的主要任务则为建设项目的完成和组织施工的实施提供依据（参考第一章）。

以上各项工作中，其中的第2、3两项主要在初步设计阶段完成。第1、4、6三项工作都要按初步设计和施工图设计两段进行。第5项工作是施工图阶段的主要工作，而第7项工作则贯穿于整个设计全过程。

下面按初步设计和施工图设计两段的内容扼要说明。

第一节　初步设计阶段

本阶段工艺专业的主要任务是解决工艺过程中的重大技术、经济等原则问题，如选择生产方法、确定工艺路线、进行设备选型、控制劳动定员以及基建投资等。

一、设　计　准　备

1．熟悉设计任务和要求

要全面深入正确领会设计任务和要求，分析完成设计的有关条件等。

2．制订工作计划

要了解工艺设计有哪些任务？其内容深度如何？方法步骤又怎样？参照整个工程设计总进度，制订出工作计划。

3．查阅文献资料

按照设计要求，主要查阅与生产方法、工艺路线、技术参数及关键设备等有关的文献资料，并对资料数据进行加工处理，提出其精确度及其适用范围。

4．现场调查研究，收集生产实际资料

这对工艺设计特别重要，应尽可能深入生产第一线，广泛可靠齐全收集原始资料。如各种生产方法、工艺流程和技术参数、主要设备、产品质量及使用情况；原材料的用量、规格及供应；水、电、汽、燃料的用量、规格及供应；建筑面积及占地面积；车间的框架结构型式及其设备的平、立面布置、车间防腐蚀和防爆要术；基建投资以及劳动定员等。

5．进行市场调查和预测

了解和掌握所设计的产品在国内外市场上的竞争力，近、远期发展如何？这在设计中必须予以充分注意。

此外，如果是从国外引进项目，还需进行技术谈判和出国考察。尽可能了解该项目在国外的建厂情况、生产情况以及技术经济情报等。资料掌握越多，情况了解越透，谈判分析越准确，越有利于项目引进以后的消化、吸收和改造。

二、方 案 设 计

方案设计的任务是选择生产方法，确定工艺流程，这是整个工艺设计的基础。要对收集到的资料，运用基本理论，进行不同生产方法和工艺路线的对比分析，初步选择生产方法、工艺流程与关键设备，并粗略估算设备台数，提出布置设想，拿出几种方案，征求意见，经讨论、修改，最后形成最佳方案。

三、主 要 工 作

初步设计阶段，工艺设计人员的中心工作是集中力量确定工艺流程，进行车间布置设计。在此阶段，工艺设计人员要进行一系列的化工计算，主要是物料衡算、能量衡算以及设备选型和台数计算，并在这三项计算的基础上绘制初步设计阶段工艺流程图、需要设计的设备总图、车间布置设计图；与此同时，还需提出工艺设备一览表以及有关消耗定额与定员表等。最后，工艺设计人员还要汇总所有各专业提供的资料，编写设计说明书。

以上内容，如初步设计阶段工艺流程图、需要设计的设备总图、车间布置设计图将在以后章节中作进一步介绍；编写设计说明书应按"初步设计文件的编制"（详见第一章第三节）进行。

现将工艺设备一览表、消耗定额表及定员表等按轻工业建设项目中有关规定摘录如下。

第二节　施工图设计阶段

初步设计经上级审批后即可进行施工图设计。在有关领导部门审查初步设计文件期间，设计人员应抓紧进行施工图设计的准备工作，以便在审批后立即进行后阶段的设计工作。

表 3-1　　　　　　　　　　　　　　　定型设备一览表

（设计单位名称）	编制		定型设备表	工程项目		工程号	
	校核			单项工程		编号	
	审核			设计阶段			
	审查			日期		第　页	共　页

序号	设备位号	名称	型号规格	技术特征	单位	数量	重量, t		电动机				备注
							单重	总重	型号	容量, kW	电压, V	转速, r/min	台数	

表 3-2　　　　　　　　　　　　　　　非定型设备一览表

（设计单位名称）	编制		非定型设备表	工程项目		工程号	
	校核			单项工程		编号	
	审核			设计阶段			
	审查			日期		第　页	共　页

序号	设备位号	图号	名称	规格性能	操作条件			数量台	重量, t		材质及重量, t			电动机			绝热或防腐		备注
					介质	温度℃	压力MPa		单重	总重	材料	单重	总重	型号	容量kW	台数	材料名称	厚度mm	数量m³	

表 3-3　　　　　　　　　　　　　　　泵设备一览表

（设计单位名称）	编制		泵设备表	工程项目		工程号	
	校核			单项工程		编号	
	审核			设计阶段			
	审查			日期		第　页	共　页

序号	设备位号	名称	操作条件					选用泵						电动机			泵数量, 台			重量, t		备注
			介质	温度℃	重度kg/m³	粘度Pa·s	流量m³/h	汽蚀余量m	流量m³/h	扬程m	型号	轴功率kW	转速r/min	密封要求	型号	功率kW	主要参数	操作	备用	合计	单重	总重	

表 3-4　　　　　　　　　　压缩机、鼓风机类一览表

(设计单位名称)	编制		压缩机鼓风机类一览表			工程项目		工程号编号	
	校核					单项工程			
	审核					设计阶段			
	审查					日期		第 页 共 页	

序号	设备位号	名称	工艺要求	选用设备					电动机				出口方位	传动方位	数量, 台			重量, t		备注
				型号	排气量 m³/h	排气压力 MPa	转速 r/min	轴功率 kW	型号	功率 kW	主要参数				操作	备用	合计	单重	总重	

表 3-5　　　　　　　　　　原材料、物料、动力消耗指标及需用量

序号	名称	规格或质量标准	单位	单位产品消耗量	需用量			国内已达到的先进指标	备注
					时	天	年		

表 3-6　　　　　　　　　　车间(部门)定员表

序号	车间(部门)名称	工种或职务	人员类别	定员人数					合计	备注
				日班	早班	中班	晚班	预备		

一、设　计　准　备

此阶段的准备工作，主要是在施工图设计开始之前落实设备及图纸，包括落实设备制造厂家、收集新版设备图纸及有关资料，如设备总装图、管口方位图、基础地脚图以及产品说明书等。其次是主动与施工单位联系，介绍拟建项目的特点，了解施工单位的技术力量和装备情况以及他们对施工图纸的要求与施工的习惯作法等。这对密切双方关系，加强配合，搞好施工，保证质量以及提高经济效益十分有利。其次是在初步设计阶段尚未落实或需进一步调研、试验的问题，都应在施工图设计开始之前一一加以解决。

二、主 要 工 作

工艺专业在此阶段的主要设计工作是，提供施工安装用的图纸、表格和说明；向非工艺专业提供设计条件和提出设计要求；完成施工图设计文件（详见第一章第三节"施工图设计文件的编制"）。

第四章 工艺流程设计

第一节 工艺流程设计的重要性

工艺流程设计是工厂设计中的最主要内容，它是工艺设计的核心，这是由于工艺流程设计的质量直接决定车间的生产命运，影响到产品质量、生产能力、操作条件、安全生产、三废治理、经济效益等一系列根本性的问题。由于这一步骤是决定设计质量的关键，所以工艺设计人员必须力求做到所设计的工艺流程技术上先进可靠，经济上合理可行。

在设计过程中，流程一经确定，其他工作即可开展。由于工艺流程设计涉及到各个方面，它的更改牵动全局，而各方面的变化又反过来影响整个工艺流程的设计，因此，工艺流程的设计总是最先进行，而它的全部完成，往往又是最后的。

工艺流程设计一般分为三个步骤进行：
① 工艺路线的选择；
② 初步设计阶段的工艺流程设计；
③ 施工图阶段的工艺流程设计。

第二节 工艺路线选择

工艺路线的选择亦即生产方法的选择。轻化工产品生产的特点之一是生产方法的多样化。如果，一种产品的生产只有一种定型的生产方法，那么在工艺路线上就无须选择；如果，一种产品的生产有几种不同的生产方法，这就要对不同的工艺路线逐个进行分析研究，通过比较分析，从中找出一条符合实际的最好的工艺路线。工艺路线一经确定，即可进行工艺流程的设计，因此，工艺路线是工艺流程设计的依据。

一、选择原则

1. 先进性

工艺路线的先进性体现在两个方面，即技术上的先进和经济上的合理，两者不能缺一。在设计中，既不能片面的考虑技术上的先进而忽视经济合理的一面，也不能片面的只求经济上的合理而忽视技术上是否先进。一条工艺路线的是否先进，应具体体现在以下几个方面：
① 生产能力；
② 原、辅材料和水、电、汽等公用工程的单耗；
③ 产品质量；
④ 三废治理；

⑤ 劳动生产率；

⑥ 建厂时的投资、占地面积、产品成本以及投资回收年限等。

总之，先进性是一个综合性的指标，它必须由各个具体指标反映出来。

2．可靠性

工厂设计必须可靠。不可靠的设计只能叫做试验（性）设计。因此，工厂（或工程）设计，必须坚持一切经过试验的原则。只有经过一定时间的试验生产，并证明技术成熟、生产可靠、有一定经济效益的，才能进行正式设计。不允许把生产工厂当作试验厂来进行设计；也不允许把不成熟的技术运用到工厂设计中去。

由此，所谓工艺路线的可靠性，是指所选择的技术路线的成熟程度。只有具备工业化生产的工艺技术路线才能称得上是成熟的工艺技术路线。

3．结合国情，因地制宜

工艺流程路线的选择，从技术角度上，应尽量采用新工艺、新技术，吸收国外的先进生产装置和专门技术，但在具体选定一条工艺路线时，还要结合我国的国情和建厂所在地的具体条件。这方面虽然要考虑的问题很多，但我们必须花精力和时间，科学严肃认真地去考虑。

二、工作步骤

1．全面收集资料

根据建设项目的产品方案及生产规模，全面收集国内外同类型生产厂的有关资料，包括的内容有：

(1) 各国生产情况，各种工艺路线，工艺流程以及工艺参数。

(2) 原材料和公用工程单耗及其供应情况。

(3) 原材料来源及成品应用情况。

(4) 原材料、中间产品、产品和副产品的规格和性能。

(5) 试验研究报告。

(6) 安全技术及劳动保护措施。

(7) 综合利用及三废治理。

(8) 生产机械化、自动化程度。

(9) 装备的大型化与制造、运输情况。

(10) 重要建筑材料的用量及供应。

以上各种资料除设计人员平时不断收集积累外，还应向科技部门、情报部门请教和索取，有时还要向有关咨询机构提出咨询。

2．研究关键设备

根据各种工艺路线和工艺流程，着重研究所采用的关键设备。在确定工艺路线和工艺流程时，必然涉及到设备，而对关键设备的研究分析，对保证执行工艺路线和完成工艺流程的设计占有十分重要的位置。在不少情况下，往往由于解决不了关键设备，或中断，或改变原定的工艺路线和工艺流程。因此，对各种生产方法所采用的关键设备，必须逐一进行研究分析。看看哪些已有定型产品？哪些需要设计制造；哪些国内已有？哪些需要进口。如需要进口,从哪个国家进?质量、性能和价格如何?等等;如需要设计制造,根据质量、进度、价格等要求落实到哪家工厂;这些都要研究和分析,最后拿出具体方案。

3. 作出技术、经济、安全性等方面的全面比较

根据几种工艺路线和工艺流程,进行技术、经济、安全等方面的全面对比。

比较时要仔细领会设计任务书提出的各项原则和要求,要对收集到的资料进行加工整理,提炼出能够反映本质的、突出主要优缺点的数据材料,作为比较的依据。全面对比的内容很多,一般要从以下几个主要方面进行比较:

(1) 几种工艺路线在国内外采用的现状及其发展趋势。
(2) 产品质量和规格。
(3) 生产能力。
(4) 原材料、能量消耗。
(5) 综合利用及三废治理。
(6) 建厂投资及产品最终成本。

三、应注意的若干具体问题

工艺路线为工艺流程描绘了大致的轮廓,而一些具体的问题和细节,必须在工艺流程设计中进一步考虑。下面介绍的是在工艺流程设计中经常碰到的一些具体技术问题。

1. 连续化问题

一般说来,连续化生产能缩短工艺流程,相应减少设备和场地,具有投资较少,原材料及能源消耗低,劳动生产率高,生产成本较低等优点。但还应注意连续化生产带来的另一方面,例如,对建厂条件、车间布置、设备安装等要求高,对工人的文化素质、操作要求以及对干部的管理水平要求高,对生产的连续稳定性要求高,对自动化程度要求高,对原材料的规格质量要求高,等等。此外,连续化生产,不宜、不易、有时不能更换产品品种,因此,往往达不到"一线多能、一机多用"、产品多样化的目的。

在一般情况下,生产规模较大,生产水平要求较高(如自动化程度),产品较单一的宜采用连续化生产。而生产牌号多、规模小、连续化工业生产尚未成功的宜采用间歇法。

2. 装置大型化问题

近年来大型装置越来越多。采用大型装置的目的是为了提高产量,降低建设投资。装置的投资和生产能力的关系式可表示如下:

$$I_2 = I_1 \left(\frac{C_2}{C_1}\right)^a$$

式中 I_1、I_2 分别为较小型和大型装置所需投资;C_1、C_2 为相应装置的生产能力;a 为系数,一般可取 0.6~0.8。

由上式分析可知,装置的规模增大后可以节省基建投资;此外,大型装置还可带来占地少、布置紧凑,减少热能损失,改善能量回收,便于使用电子计算机控制和管理等优点,但装置大型化也会带来一些问题,例如,大型附属设备贵,一般无备用设备,

一旦出故障只好停产。因此，一条具有大型装置的生产线与有同样生产能力的小装置双生产线相比，前者开工率高，则经济效益高，后者在开工率不足或在生产负荷经常变动时，尤其是几种牌号的产品经常换产时，则经济效益较好。

3．化工过程及其设备的确定问题

化工过程和设备及其辅助过程和设备的确定依据，主要是采用什么样的生产方法和怎样的操作方案。以蒸馏过程为例，这是在化工生产中经常会遇到的一种设备和操作，在工艺流程设计中，除预先确定是采用间歇或连续蒸馏以及采用什么塔（或釜）型外，一般需要考虑以下几点：

(1) 进料方式　是靠位压或泵送或抽真空。

(2) 预热方式　是否需要预热及采用什么方式和设备。

(3) 蒸馏釜本身加热方式　如果内加热，采用热介质（如蒸汽）加热还是电加热；如外加热，采用再沸器或是其他加热装置。

(4) 釜内残液如何排出和贮存。

(5) 塔顶蒸汽如何冷凝及回流分布。

(6) 塔顶蒸汽凝液如何冷却和贮存。

4．设备的空间定位问题

在原则上要求物料借助重力自上顺流而下，这样设备占地少，输送设备减小，动力消耗小，又能达到连续生产，是最合理和经济的。但物料借助重力顺流而下，有时厂房就比较高，厂房的层数要增加。所以，应该在保证工艺流程合理的前提下，尽可能降低厂房的高度，或者减少厂房的层数，以减少建筑费用。

5．物料输送方式问题

在轻化工生产中，有相当一部分物料是固体物料（如粒状、粉状、片状、絮状等），输送这些物料，一般有车辆运输、机械输送（如皮带输送机、螺旋输送机、斗式提升机等）、风力输送（分吸入式和压出式）等。在工艺流程设计中采用哪种输送方式，不但影响整个工艺流程的面貌，而且影响整个车间的设备布置与厂房形式。因此，物料输送方式是流程设计具体化时必须考虑的问题。

6．产品品种规格对工艺流程的影响

不少轻化工产品，品种相同，但规格不一，性能也有差异。由于产品的规格和性能不完全一致，必然导致工艺流程设计的不同。例如，以生产合成洗衣粉的主要表面活性剂——烷基苯磺酸钠为例，采用以发烟硫酸为磺化剂的泵式磺化工艺流程，较之以 SO_3 为磺化剂的膜式磺化工艺流程，在得到的产品烷基苯磺酸中，前者的 SO_3 残留量要比后者高得多。这样，经碱中和后的终产品（烷基苯磺酸钠），在芒硝含量、在规格性能上就不同，在产品的应用上，也就有差异。

上述具体问题在流程设计中会经常遇到，必须认真对待。由于这些问题相互联系，又互相制约，这就要求设计人员在设计中必须全面平衡得失，扬长避短，尽量把工艺流程设计做得好些。

第三节 初步设计阶段工艺流程设计

一、主 要 任 务

本阶段流程设计的主要任务是：
(1) 对工艺路线确定的轮廓给予具体的描绘与反映。
(2) 确定工艺流程中各生产工序的具体内容、顺序及其组合方式。
(3) 绘制初步设计阶段工艺流程图。

二、内容和要求

本设计阶段的主要内容是完成初步设计阶段的工艺流程图，这种设计图样是以图形（有的还有表格）的形式表示出来（见图4-1 初步设计阶段工艺流程图）。它是一种用来表达整个工厂、车间或某一工段生产过程概况的图样，其目的是供设计审批之用，并为施工图提供设计基础，还可供今后生产操作时作参考。

为使整个工艺流程设计符合工艺路线的要求，在设计中应注意解决以下一些问题。

1. 流程组成

确定采用多少个生产过程（或工序）来组成整个流程。明确每个化工单元（操作）过程的目的和任务，以满足物质在过程中发生各种变化的要求，如物理变化、化学变化以及能量变化等。解决各工序之间的衔接。

2. 工序组成

确定采用多少和由何种设备去组成各个工序。明确每台设备的作用及其主要工艺参数。解决各设备之间的连接。

3. 操作条件

确定整个生产工序或每台设备的操作条件，使每个过程、每台设备正确起到预定的作用。

4. 控制方案

确定整个生产工序和每台设备及其之间的控制方案，选择合适的仪表，以保证正确实现各生产工序和每台设备的操作条件。

5. 技术经济指标

确定各个生产过程的效率，得出全装置的最佳总效率。确定原、辅材料及能源的消耗定额。

6. 三废治理

提出三废治理的具体方案。

7. 安全措施

制订出切实可靠的安全措施，解决各装置开车、停车、长期运转、突然事故以及检修过程中可能存在和出现的不安全因素。

三、初步设计阶段工艺流程图设计

已如上述,初步设计阶段的最终成果之一是绘制初步设计阶段的工艺流程图。这种流程图有的叫生产流程示意图,或叫生产工艺流程草图,虽叫法不一,但内容基本相同。

1．初步设计阶段工艺流程图的作用和要求

这种流程一般是在工艺流程方块图的基础上经过物料衡算和部分设备及能量计算后进行绘制的图形,是一种表示工艺过程的生产步骤及其主要工艺参数的流程图。

它要求反映:

(1) 物料进出设备的情况。
(2) 动力管线(主要是水、汽等)进出设备的情况。
(3) 工艺过程的工艺参数(如压力、温度等)。
(4) 工艺过程的仪表控制方案。
(5) 设备间的相对位置标高(仅标注标高,但不表示真实距离)。

2．初步设计阶段工艺流程图的表示方法

这种流程图的详细表示方法可参考有关化工制图的书籍,下面再结合有关设计院的表示方法作扼要介绍。

(1) 图形　图样采用展开图形式,自左至右画一系列设备的简化图形(按设备的大致几何形状和特征画出),但设备的相对位置高低不要求准确。

(2) 管线　必须画出全部物料管线和一部分动力管线,如水、蒸汽、压缩空气以及真空等。

(3) 标注　只写必要的内容,如设备的名称、位号;物料的名称(常用物料号表示)

表 4-1　　　　　　　　工艺设备常用代号

序号	名　　　称	代　　号
1	贮槽、容器类	C
2	塔器类	T
3	反应器类	F
4	工业炉类(如裂解炉、加热炉、转化炉等)	L
5	泵类	B
6	压缩机类	YJ
7	风机类	FJ
8	冷冻机类	LJ
9	喷射器类	P
10	起重、运输设备类	X
11	分离设备类	G
12	透平机	TP

及其来自何处和向何处去（有时再加流向箭头）等。

(4) 比例　工艺流程图中的设备图形一般不按比例,若要采用比例,一般选用 1:50、1:100 或 1:200。绘制时一般按一个车间（或工段）为单位进行,在保证图样清晰的原则下,流程图尽量在一张图纸上完成。图幅一般采用 2 号或 3 号的长边绘制,流程图过长时,幅面允许加长,也可分张绘制。

(5) 图例　为使图面简洁明瞭,清晰醒目,可采用一些图例及代号来表示某种涵义,例如管线图例、阀门图例、仪表控制图例等。

3. 初步设计阶段工艺流程图的绘制步骤

(1) 用细实线画出厂房的地平线。

(2) 自左至右用细实线按大致高低位置绘出流程中各个设备的简化图形（示意图）。各简化图形之间应保留适当距离,以便布置各种管线。将设备逐一编上位号及名称。设备名称前常冠以工艺设备代号,如表 4-1 所示。

(3) 根据设备所处的相对位置,大体确定各楼层标高。

表 4-2　　工艺流程中常用的辅助介质代号

介质名称	代号	介质名称	代号
饱和蒸汽	Z	酸性下水	CS
蒸汽冷凝水	N	碱性下水	JS
道生蒸汽	DZ	液氯	YL
道生凝液	DN	液氨	YA
道生放空	DF	气氨	A
工业用水	S	空气	K
工业用回水	S'	压缩空气	KQ
软化水	HS	煤气	MQ
循环水	XS	氧气	YQ
循环回水	XS'	氮气	DQ
生活用水	SS	氢气	QQ
消防用水	FS	鼓风	GF
热水	RS	真空	ZK
热水回水	RS'	放空	FK
低温水	DS	有机载体	RM
低温水回水	DS'	燃料油	RY
冷冻盐水	YS	冷却水	LS
冷冻盐水回水	YS'	含油污水	HY
排出污水	PS	生产污水	XW
化学污水下水	H	生活污水	SW

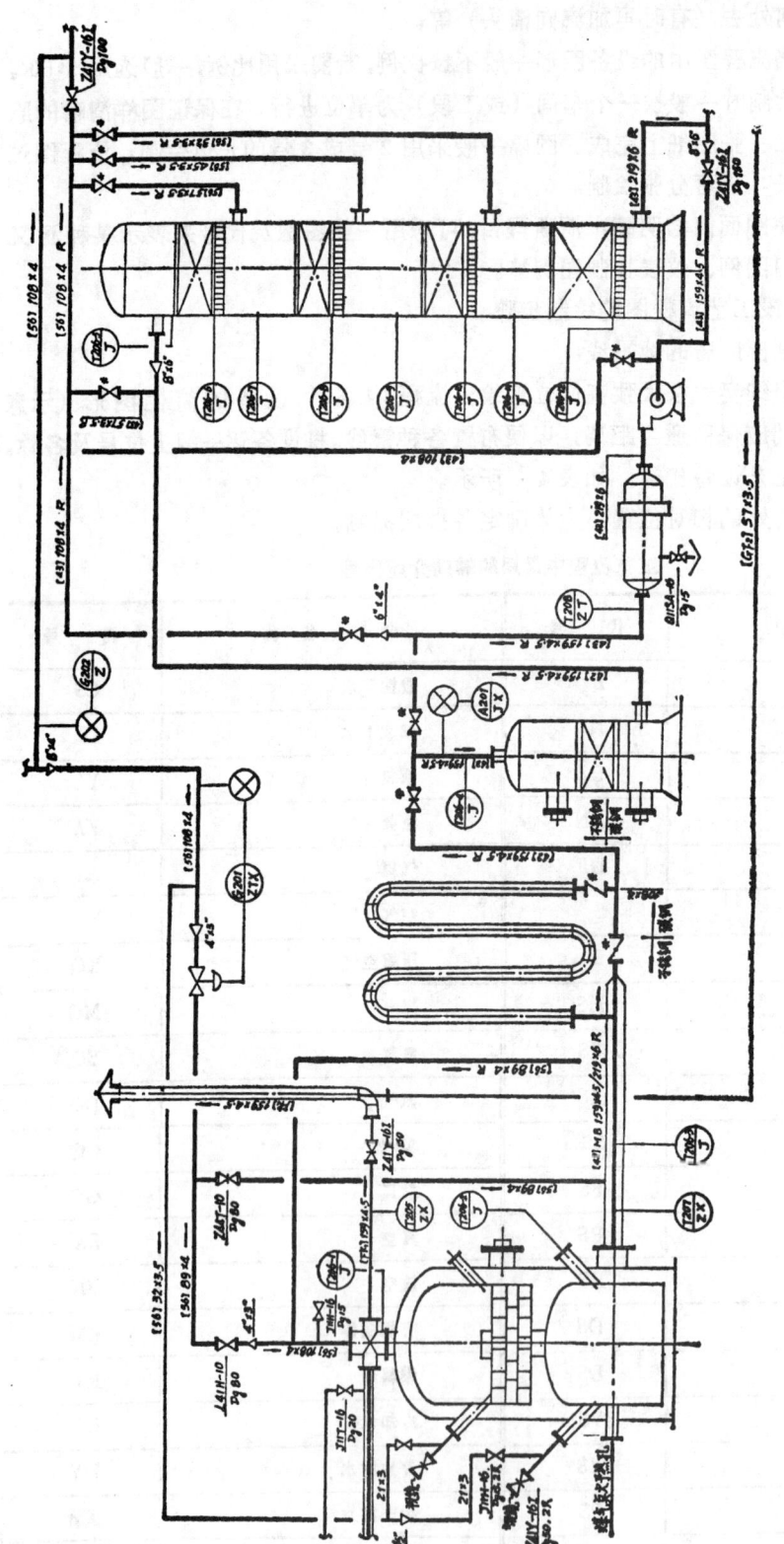

图 4-1 初步(扩初)设计阶段工艺流程图(取部分)示例图

(4) 用粗实线画出主要物料的流程线,在流程线上画流向箭头,并在流程线的起始和终了处注明物料的名称(常用物料号)来源和去向。水、蒸汽、压缩空气、冷冻盐水等辅助物料线(常用代号表示,见表 4-2)用细实线表示,并画出流向箭头。

(5) 工艺过程中的物料流量,主要工艺参数,如温度、压力等均需表示清楚。

(6) 图纸的左上角或右端,列举物料平衡表。

(7) 画出主要阀门;协助仪表专业设计和绘制主要控制方案(详见本章第四节)。

(8) 列出设备一览表。这是以表格形式表示流程图中所采用的设备情况,其内容一般包括设备位号、名称、型号、主要规格、台数及备注。此表位置一般安排在图纸右下方紧贴在标题栏之上。

图 4-1 为初步(扩初)设计阶段工艺流程图(取部分)示例图。

第四节 施工图阶段工艺流程设计

一、任务和作用

本阶段流程设计的主要任务是完成施工工艺流程图。它是在初步设计阶段工艺流程设计已批准的基础上进行的,主要是将所选用的设备、管道、阀门、仪表等在初步设计的工艺流程图中作进一步的说明。

施工工艺流程图的作用是,为设备布置、管道布置设计提供依据;为设备布置、管道布置及仪表控制等施工安装提供依据;它是施工安装的指导性文件。

二、主要内容

施工工艺流程图是此阶段设计的最终成果。它亦称带控制点工艺流程图或管道和仪表系统图,见图 4-8。其主要内容包括以下几个方面:

(1) 必须反映生产过程中的全部设备(包括主要设备、辅助设备及现场备用设备)。

(2) 必须反映生产过程中的全部主物料管线。

(3) 必须反映生产过程中的全部公用工程管线。

(4) 必须反映生产过程中的全部工艺阀门。

(5) 必须反映生产过程中的全部仪表控制点、检测点及选用的自控仪表。

三、施工图阶段工艺流程图设计

本阶段流程图的绘制同初步设计阶段一样,但在表示方法上则有别于初步设计阶段。

1. 设备的表示方法

(1) 凡生产过程中的全部设备都需以示意图形式画出,并尽可能反映出设备主要结构的特征(如夹套、搅拌器、蛇管、填料塔或干燥器的填料、板式塔的塔板等。板式塔的总板数、控制板、进料板、回流板及侧线板等的位置应加以注明)。

(2) 凡有两条以上相同的生产线时,只需详细设计绘制一条生产线的流程图,其他生产线用细实线框起来,填写说明相应的生产系列号即可。

(3) 设备上的管口应全部画出,并注明管口编号。

(4) 设备按所在楼层标高进行绘制。层高以细实线表示。当设备穿过楼层时,**层高线要断开**。

(5) 低于地面的设备,应相应画在地面线以下。

(6) 对有位差要求的设备,还应注明其限定尺寸。

2. 管道的表示方法

(1) 图上要求全部反映出各种管道,包括主物料、辅助物料、公用工程管线以及放空管、排污管、排液管、液封管、取样管等。绘制时,除主物料管用粗线外,其余均采用细实线,并均用箭头表示流向。

(2) 当管道:

大小变径时,画成

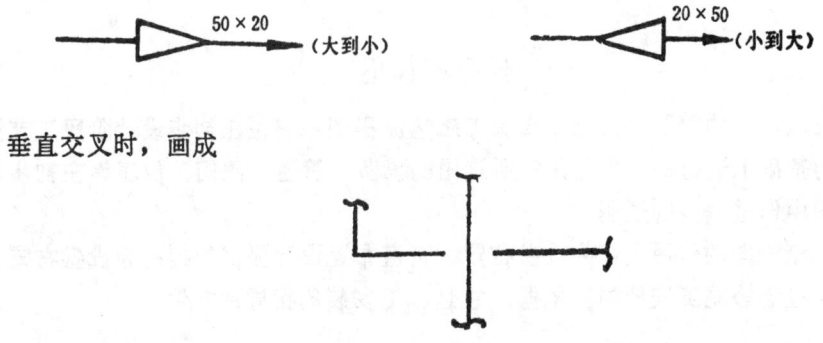

垂直交叉时,画成

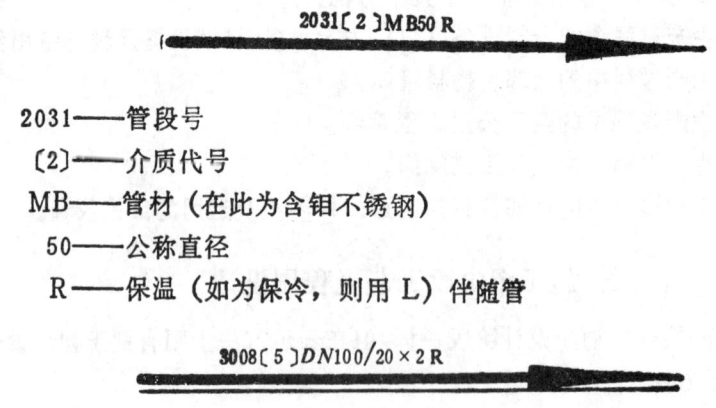

(3) 管道标注

裸管

$$\xrightarrow{\quad 2031〔2〕MB50R \quad}$$

2031——管段号

〔2〕——介质代号

MB——管材(在此为含钼不锈钢)

50——公称直径

R——保温(如为保冷,则用 L)伴随管

$$\xrightarrow{\quad 3008〔5〕DN100/20 \times 2R \quad}$$

$DN100/20$——主管为 $DN100$,伴管为 $DN20$

2——伴管根数(单根不注)

夹套管

$DN50/80$——主管为 $DN50$,套管为 $DN80$

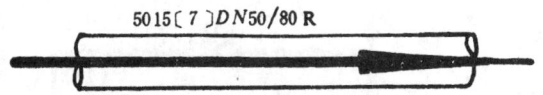

(4) 当管线复杂时,可单独绘制公用工程流程图,而在工艺流程图中不再画出有关公用工程的图线,只注明见某公用工程管线图号。

(5) **物料代号** 有以物料名称的汉语拼音的第一字母为代号的,也有以阿拉伯数字作为代号及以英文名称的为首字母作为代号的。物料代号不要因物料成分稍有变化(或工艺参数稍有变化)分成太多的代号。全部物料代号应在工艺流程图上编制图例标明。

(6) **管道材料** 常用拼音字母表示(见表4-3)。

表4-3　　　　　　　　管道材料代号举例

管道名称	代号	管道名称	代号
焊接钢管	G_1	聚氯乙烯管	YL
无缝钢管	G_2	石棉酚醛管	SF
镀锌焊接钢管	DX	钢管衬玻璃	GB
普通不锈钢管	B	钢管搪瓷	GC
含钼不锈钢管	MB	钢管衬玻璃钢	GG
合金钢	用钢号	钢管内涂树脂	GZ
铸铁管	Z	钢管衬胶	GJ
铝管	L	玻璃管	BL
紫铜管	T	软胶管	RJ
铅管	Q	白铁管	BT

3. **阀门与管件的表示方法**

(1) 管线上所有阀门和部分管件(如视镜阻火器、盲板、过滤器、流量计、疏水器等)均需以细实线按规定的图例画出。对阀门必须逐个标明阀门代号及规格,但如图中某种型号的阀门大量采用时,可在图纸上加以说明,而不逐个注明。

(2) 管件中的一般连接件,如法兰、三通、四通、弯头、管接头等,若无特殊需要,均不予画出。

(3) 在工艺流程图上,也可将管线上的控制阀组(包括正常生产时检修该阀所需之前后阀及旁路阀)编成控制阀表附在图样的左下角,按有控制阀组的仪表,分项一一填写各阀的有关数据,如图4-2所示。有了控制阀表,在流程图上就不必一一画出各控制阀组。图4-3和图4-4即表示了两种方法的对比情况。

4. **仪表和控制点的表示方法**

仪表和控制点除安装在设备上外,有许多是安装在管道上,它们都以代号和符号表示。

(1) **仪表图例代号** 检测仪表、显示仪表、调节器(单独或由几个单元组成)的图

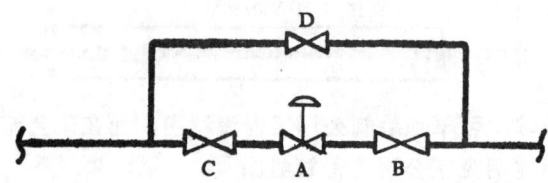

仪表号	管段号	各阀尺寸			B	C	D	备注
		A						
		DN (mm)	PN (MPa)	法兰面				
T301	JS-3003	25	3.92	凹面	50	50	50	
P303	YW-3003	125	3.92	凹面	250	250	250	

图 4-2 控制阀表

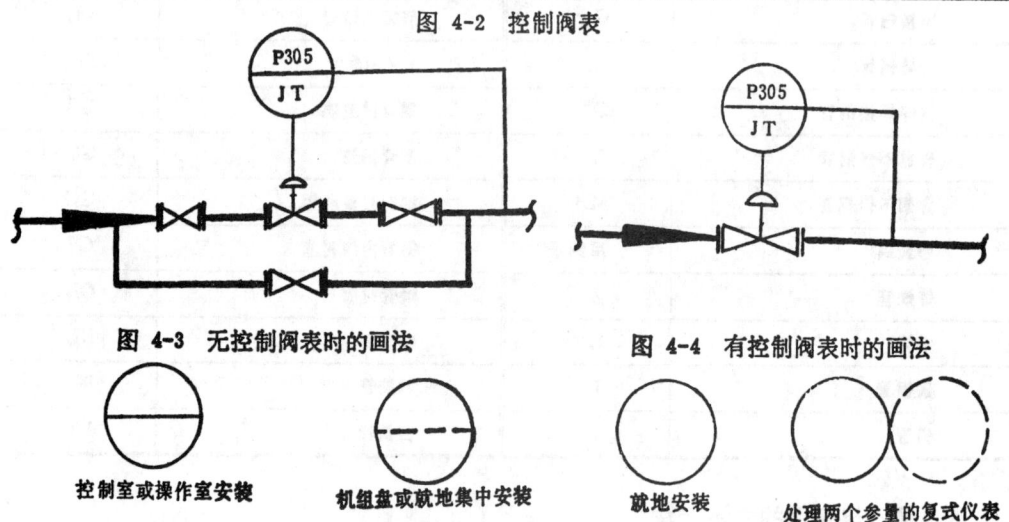

图 4-3 无控制阀表时的画法　　　图 4-4 有控制阀表时的画法

控制室或操作室安装　　机组盘或就地集中安装　　就地安装　　处理两个参量的复式仪表

图 4-5 仪表图例

表 4-4　　　　　　　　　仪表参量代号

参　量	代　号	参　量	代　号
温度	T	密度(相对密度)	γ
温差	ΔT	分析	A
压力(或真空)	P	湿度	φ
压差	ΔP	厚度	δ
重量(或体积)流量	G	频率	f
液位(或料位)	H	位移	S
质量(重量)	m(W)	长度	L
转速	N	热量	Q
浓度	C	氢离子浓度	pH

形符号采用细实线,以圆表示;并以其中间的横线区别安装地点。如图 4-5 所示。

(2) 参量代号　常用参量的代号如表 4-4 所示。

(3) 功能代号　表示仪表的功能代号,如表 4-5 所示。

表 4-5　　　　　　　　　　仪表功能代号

功　能	代　号	功　能	代　号
指　示	Z	信　号	X
记　录	J	手动遥控	K
调　节	T	联　锁	K
积　算	S	变　送	B

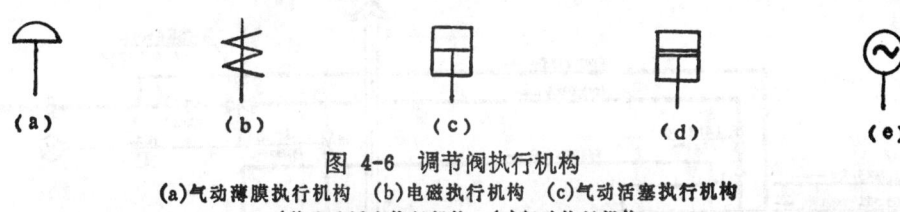

图 4-6　调节阀执行机构
(a)气动薄膜执行机构　(b)电磁执行机构　(c)气动活塞执行机构
(d)液动活塞执行机构　(e)气动执行机构

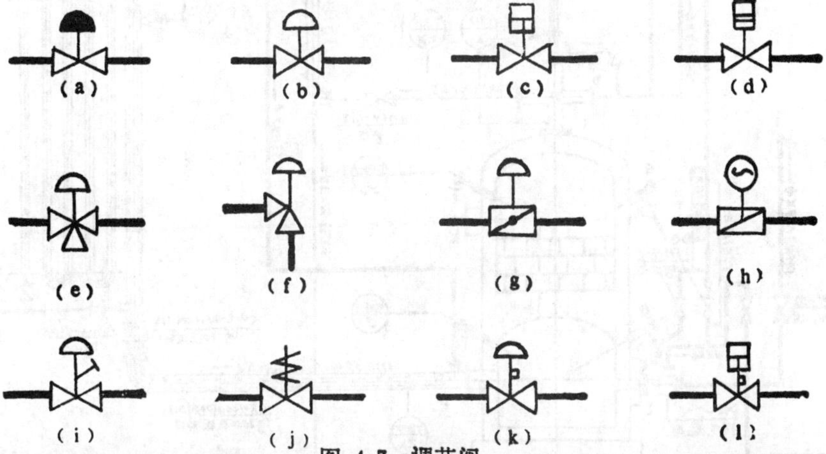

图 4-7　调节阀
(a)气动薄膜调节阀(气闭式)　(b)气动薄膜调节阀(气开式)　(c)气动活塞式调节阀
(d)液动活塞式调节阀　(e)气动三通调节阀　(f)气动角形调节阀　(g)气动蝶形调节
阀　(h)电动蝶形调节阀　(i)气动薄膜调节阀（带手轮）　(j)电动调节阀　(k)带阀
门定位器的气动薄膜调节阀　(l)带阀门定位器的气动活塞式调节阀

(4) 调节阀的符号　表示调节阀的图形符号,也以细实线画制。图形分执行机构与阀体两部分。各种执行机构的规定符号如图 4-6 所示。各种调节阀的规定符号如图 4-7 所示。

(5) 表示方法　如图 4-3 或图 4-4 中,一个引至控制室仪表盘的压力计,其编号为"101",它既有记录又有调节的功能。管道中的压力变化通过变送器（图中已省略）将讯号送至压力计,并通过它控制气动薄膜调节阀的开启,以调节管道内的流体压力,使其保持在正常操作范围之内。

图 4-8 为施工图阶段工艺流程图（取部分）示例图

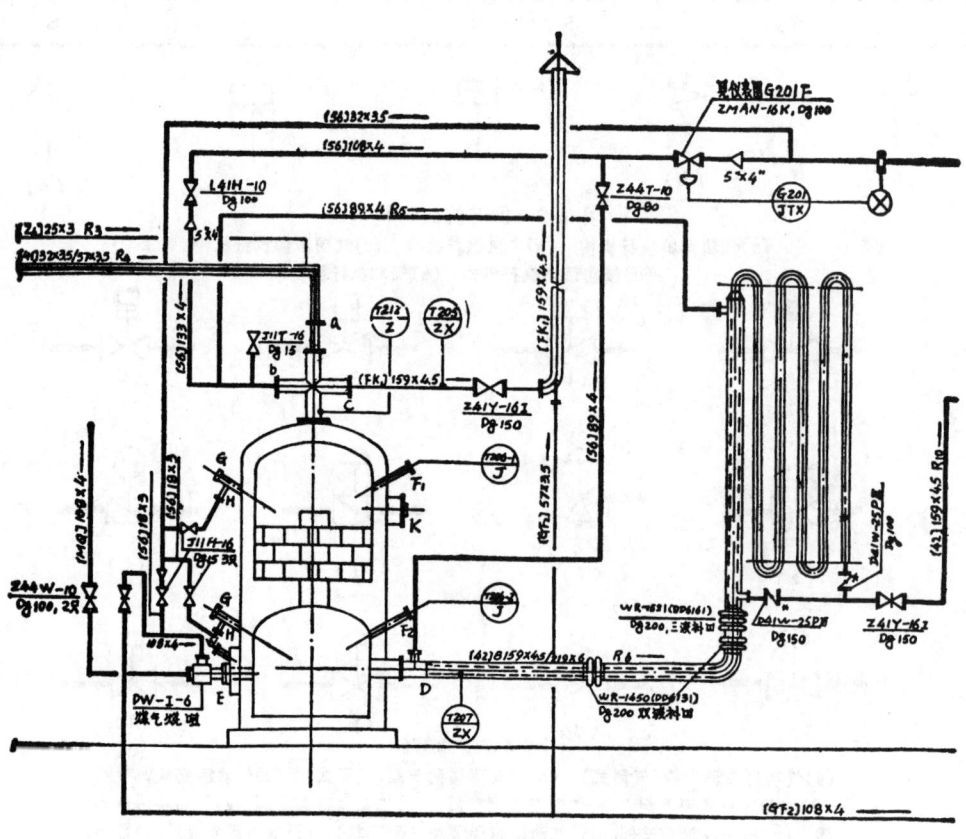

图 4-8 施工图阶段工艺

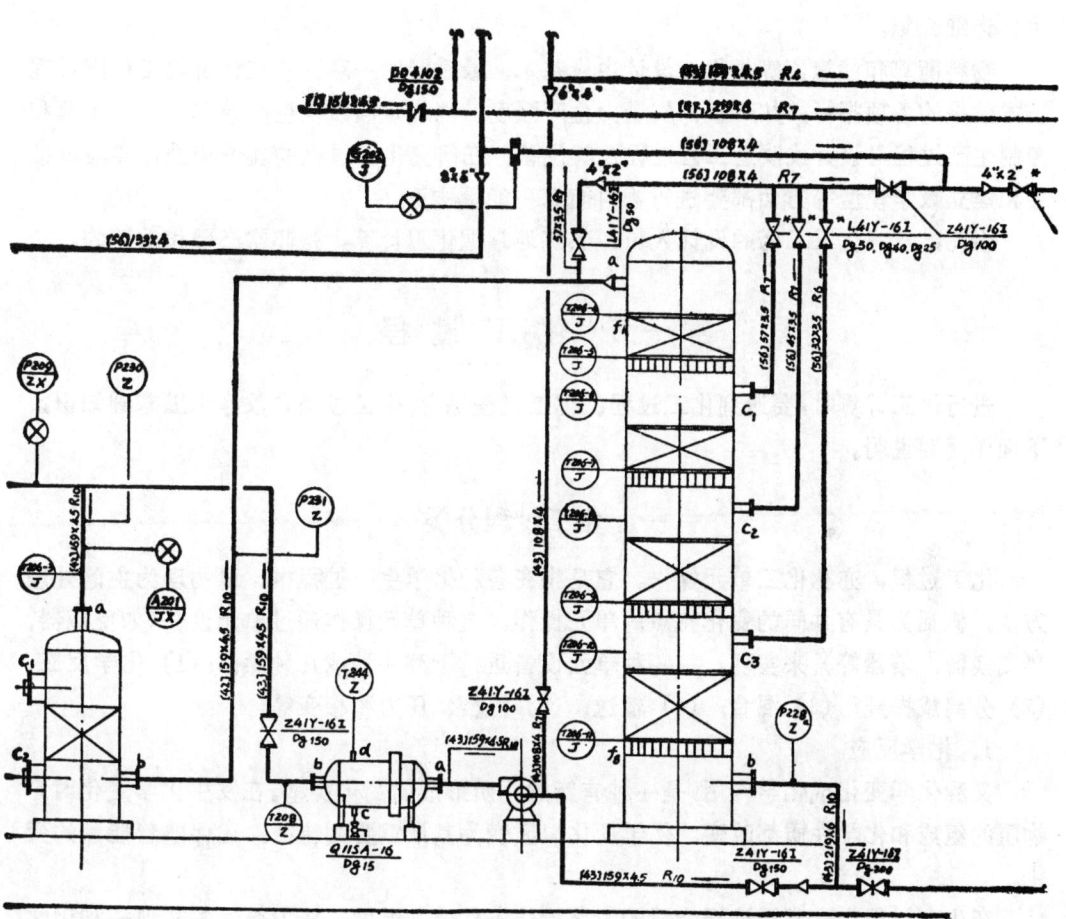

4121	4123	4124	4122
二氧化碳过滤器	转化器保温电热器	转化器保温风机	转化器

流程图（取部分）示例图

第五章 化工计算

化工计算是运用数学、物理和化学等基础知识研究化工过程中物料和能量的相互关系，是化工过程的基本计算，也是工艺设计的核心。

化工计算包括工艺设计中的物料衡算、能量衡算以及设备选型和计算三部分内容。本章着重介绍化工过程的物料衡算和能量衡算，而化工设备的选型和计算则在第六章中另作详细介绍。

物料衡算和能量衡算是化工设计中最基本、最重要的一环。它在评价化工生产过程技术效果的各项指标，如产量、质量、生产强度、消耗定额以及生产成本等；在了解和控制生产过程与设计或改造工艺过程及其设备；在研究化工过程的理论和进行实验以推导和建立数学模型等方面都要进行物料衡算和能量核算。

因此，从事化工工艺的设计人员，熟练地掌握化工计算，是非常必要和重要的。

第一节 化工过程

进行化工计算时，要遇到化工过程、化工过程综合、化工过程参数等化工基础知识，下面作扼要说明。

一、化工过程分类

化工过程，亦称化工单元操作。它是指在各种化学生产过程中，以物理为主的处理方法，概括为具有共同的变化特点的单元操作。这种单元操作通过单元设备(如反应器、热交换器、塔器等）来实现。每一种单元设备进行下列一种或几种操作：(1) 化学反应；(2) 分离或提纯；(3) 混合；(4) 输送；(5) 温度、压力和相变等。

1. 化学反应

又称化学变化或化学作用，是一种有新的物质形成的变化类型。在发生化学变化时，物质的组成和化学性质都改变。化学变化以质变为其最重要的特征，还伴随着能量的变化。

在生产过程中，常需选择合适的工艺操作条件，如温度、压力等，去实现一种化学反应。操作条件如何，直接决定化学反应中诸如平衡产率、反应速率、副反应等因素。例如，平衡产率低可适当调整温度与压力去提高。又如，有些反应平衡产率虽高，但由于反应速度太慢而实际上不能实现，此时，我们可以选择一种合适的催化剂来提高反应速度，这种催化剂能加速主反应，抑制副反应。

2. 分离或提纯

分离是一种物理过程，不发生化学变化。在化工生产中，它是利用物质在相变化中的某些性质，如沸点、溶解度、熔点等差异来实现。如蒸馏是基于沸点或挥发度的不同；

结晶是利用其熔点的不同；而萃取是利用不同物质在选定溶剂中溶解度的不同以分离混合物中组分的方法。

3．混合

混合它是与分离相反的过程。通常指用机械方法使两种或多种物料相互分散而达到均匀状态的操作。有用于加速传热、传质和化学反应的，如硝化、磺化、皂化等；也有用于促进物理变化制取混合物的，如溶液、乳浊液、悬浮液、混合物等。

4．输送

用于流体过程操作的，如流体输送；用于机械过程操作的，如机械输送、风动输送。

5．温度、压力和相变

温度是化学反应中控制反应速率和产率的一个重要参数。改变温度可使物质产生相变化，如蒸汽的冷凝、液体的凝聚或蒸发、固体的熔化等。此外，物质的一些性质如粘度、溶解度与表面张力等，也会随温度的变化而发生变化。

压力，同样是化学反应中需要控制的又一个重要参数。压力是相变化的推动力，如蒸汽冷凝及液体汽化。压力对液体的性质影响很小，但对气体在液体中的溶解度有很大影响。在化学反应中，当反应物中有气体时，压力对平衡产率就会有影响。例如，合成脂肪醇反应

$$RCOOH + 2H_2 \longrightarrow RCH_2OH + H_2O$$

增高压力，醇的产率就增加。

相变是由于温度和压力的改变引起的。在分离过程中，调节温度和压力，使物质同时存在两相，利用两相密度的差异而分离。

二、化工过程综合

过程综合是开发化工过程十分重要的一步。制造一种化工产品，需要一系列的单元过程组合。如何选择最佳组合方案，以使生产过程安全、可靠、经济，是一项很复杂的工作。这种优化组合一般分为过程综合、过程分析和最优化及过程选择三个步骤。

1．过程综合要求

过程综合的要求是，根据目的产品组合单元过程，并绘出标有质量和能量变化的工艺流程图；提出几个方案，以便进行比较分析。

2．过程分析和最优化

过程分析和最优化的任务是，根据目的产品改变不同操作条件（如温度、压力、配比、循环量等），使过程的总费用（设备费和操作费）为最低。

3．过程选择

过程选择的目的是，对比各个最优化的设计方案，选定其中最好的过程用于开发和建设。

三、化工过程参数

在化工生产中，温度、压力、流量、组成等，都常作为控制生产过程的重要参数。

不同的参数反映出物质的不同物理性质和化学性质。因此，了解和熟悉这些参数对指导化工生产有十分重要的意义。例如，温度与温标、压强与真空度、质量流量与体积流量、浓度（包括重量浓度、摩尔浓度、重量分数、摩尔分数、比重量分数、比摩尔分数）以及转化率、选择率、产率等的基本含义及其使用等，都应很好掌握。

第二节 物料衡算

一、物料衡算的意义和作用

物料衡算是化工计算中最基本、最重要的内容之一，是进行化工计算的基础。

在化学工程中，为了导出某一过程的基本方程式和建立数学模型，设计或改造工艺流程和设备，了解和控制生产操作过程，核算生产过程的经济效益等都要进行物料衡算。

物料衡算在生产和设计中都得到广泛的应用。

在工厂设计中，物料衡算是在工艺流程及工艺参数确定后即开始的一项化工计算工作。由此，设计工作从定性分析转入定量计算。

物料衡算是通过每一道工序的物料变化情况进行平衡计算，从而得到在正常生产情况下各股物料的量。通过物料平衡，在已知产品生产任务情况下算出所需原材料、生成的副产物及废物等的生成量；或者在已知原材料投放情况下算出产品、副产物及废物量。此外，通过物料衡算，不仅可算出原材料消耗定额，并在此基础上作出能量平衡，算出动能消耗和消耗定额，算出生产过程所需热量或冷量，同时为设备选型和计算提供依据。

物料衡算的结果直接关系到生产成本和车间运输量，对工厂技术经济指标有举足轻重的影响。为此，工艺设计人员对此必须十分重视，并应熟练地掌握物料衡算的步骤和方法。

二、物料平衡方程式

物料平衡是质量守恒定律的具体表现形式。对物料平衡进行计算称为物料衡算。用数学公式描述物料平衡的关系称为物料平衡方程式。

物料平衡的内容是分析和定量计算各股物料，确定它们的数量、组成及相互的比例关系，并确定它们在物理或化学变化过程中相互转移或转化的定量关系。

按质量守恒定律，物料平衡的基本表达式为：

$$\sum F - \sum D = A \tag{2-1}$$

式中：F 为体系的进料量；D 为体系的出料量；A 为体系中的累积量。

若要表达体系中某一组分的物料平衡式，则有：

$$F \cdot x_f = P \cdot x_p + W \cdot x_w \tag{2-2}$$

式中：F 为体系的进料量；P、W 为从体系中排出的两股物料量；x_f、x_p、x_w 分别为 F、P、W 中同一组分的物质的分率。

在建立组分的物料平衡方程式时，在同一个物流中各组分的物质分率之和等于1。即

$$\sum x_{f_i}=1$$
$$\sum x_{p_i}=1$$
$$\sum x_{w_i}=1$$

上述的各组分物料平衡式是指没有发生化学反应的情况。对有化学反应的体系就不能用式（2-2）来作组分的物料衡算，而只能对体系中某种元素作物料衡算。例如，硫的燃烧过程：

$$S+O_2=SO_2$$

作为物料衡算时可以 S 或 O_2 为基准进行计算。

在物料平衡中，实际应用的平衡方程式有三种：

1. 普遍用的平衡式

图 5-1，即为过程的物料输送图。

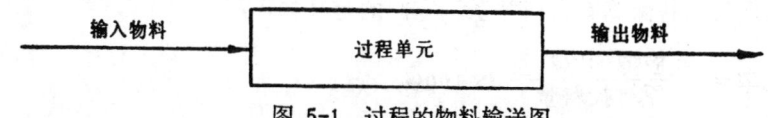

图 5-1 过程的物料输送图

在这个体系中，物料平衡方程式可以写成如下的普遍形式：

输入量＋产生量－输出量－消耗量＝累积量 (2-3)

上式适用于任何输入或输出体系的物料衡算，可用于体系的总物料平衡，也可以计算过程内某一组分或任何分子、原子的平衡。

2. 连续稳定过程的平衡式

在此过程中，物料由输入到输出是连续而稳定的，体系中没有物料的积累。若体系中有物料的积累，则物料输送量必随时间而改变，过程为不稳定状态。由于过程处于连续稳定的流动状态，故有：

输入量＋产生量＝输出量＋消耗量 (2-4)

3. 间歇过程的平衡式

在一间歇反应器里进行 A＋B＝R 的化学反应。当 $t=0$ 时，产物 R 的物质的量为 m_0；当 $t=t_f$ 时，R 的物质的量为 m_f。则在 t_0 到 t_f 的时间内，产物 R 在反应器里的累积量为 m_f-m_0。

该过程的平衡方程式为：

最终输出量－初始输入量＝累积量＝生成量－消耗量

或

初始输入量＋生成量＝最终输出量＋消耗量 (2-5)

三、物料衡算的方法和步骤

物料衡算是在给定某些物料量的值的情况下求解另一些物料量的值。众所周知，化工工艺流程是多种多样的，因而物料衡算的具体内容与解决问题的方法也是多种多样的。在物料衡算中，有的计算过程十分简单，而有的却十分复杂。如对于一个多组分物流的体系，其变量的分析和未知数的确定，以及解决满足题解需要的方程式，并不是容易的。

为此，正确地学会和掌握物料衡算的方法和步骤是十分重要的。

为了有层次地、循序渐进地进行物料衡算，且为了避免差错，一般采用下列步骤。

1. 收集计算数据

(1) 原料、辅料、中间产物及产品的规格。

(2) 过程中单位时间内的物流量。

(3) 有关消耗定额　消耗定额是反映生产技术水平的一项重要经济指标，**是进行物料衡算的基础数据之一**。消耗定额是指生产每吨合格产品需要的原料、辅料及试剂等的消耗量。消耗定额低，说明原料得到充分利用；这样产品的得率高，成本低，也说明生产过程中副反应少，三废少。反之，消耗定额高，产品的成本必定高，势必带来治理三废的更重的负担。

(4) 有关转化率、选择性、单程收率　这些是化学反应工程中的几个专门名词，**它们和带化学反应的物料衡算有密切关系**。它们的定义如下：

$$转化率 = \frac{反应掉的原料量}{原料投料量} \times 100\%$$

$$= \frac{原料投料量 - 反应后原料剩余量}{原料投料量} \times 100\% \tag{2-6}$$

$$选择率 = \frac{反应为目的产物的原料量}{反应掉的原料量} \times 100\% \tag{2-7}$$

$$单程收率 = \frac{反应为目的产物的原料量}{原料投料量} \times 100\% \tag{2-8}$$

由上面定义可知，转化率反映出原料通过反应器后产生化学变化的程度。转化率愈高说明产生化学变化的原料在总投料量中所占比率愈大。

在生产中，从设备生产能力看，转化率愈高愈好，因这样可减少原料剩余量，减少分离精制与原料再循环，有利提高生产能力，降低设备投资及操作费用，但从反应速度考虑，随着转化率升高，必然使原料浓度降低，从而导致反应速度变慢，这样，要达到较高转化率所需的时间就长，反而使设备生产能力下降，这是值得注意的问题。其次，由于化学反应过程中往往有多种反应同时发生，不仅有主反应，而且有副反应，所以转化了的原料中只有一部分的原料生成目的产物。

选择性是指生成目的产物所消耗的原料在全部转化了的原料中所占的比率。它反映出在各种主、副反应中，主反应所占百分比。在化工生产中，必须考虑在提高转化率时选择性变化的趋势。一般要求选择性愈高愈好，因为选择性差，即意味副反应增加，这样会使原料消耗量增加，而目的产物的产量减少。不过应注意，不能单纯从选择性高的一面去考虑，这是因为选择性高只能说明过程的副反应少，并不意味着过程就一定经济合理。例如，若通过反应器（或过程）的原料只有很少一部分进行反应，即使这部分反应掉的原料全部变成目的产物，其设备的利用率仍然很低。因此，要确定合理的工艺参数，就必须对转化率和选择性这两个指标进行综合的考虑。

单程收率（简称单收）是指得到的目的产物量占原料量的百分比。单收高反映反应器生产能力大,这就可减少未反应原料的回收量,并减少动力(如水、电、汽等)消耗,标志整个过程既经济又合理,所以在生产中应力求达到最高的单程收率。

上述转化率、选择性和单程收率,三者之中只有两个是独立的。当它们都用衡分子为单位时,其相互依赖关系可以表示为:

$$\text{转化率} \times \text{选择性} = \text{单程收率}$$

工业生产中还遇到产率(或收率)这个专门名词,它有时指选择性,有时是指单程收率。因此,用"产率"这个名词时,必须明确以哪一个物料量为基准。

(5) **有关物理化学常数** 如相对密度、视比重、相平衡常数等。这些数据一般可从有关资料中查找。

2．画物料流程图

根据计算任务,画物料流程图或物料衡算方框图。画图的目的是为了物料衡算时分析问题,便于展开计算以及为建立平衡方程式作好准备。因此,这种图要画得相当详尽,不但所有已知数据要标明在图上,那些待求的未知数据(以恰当的符号表示)也应一并标明在图上。在图上,还应画出所有物料线,并包括每股物料的**名称**、**数量**、**组成**及流向,以及与计算有关的工艺条件(如温度、压力、流量、配比等)。

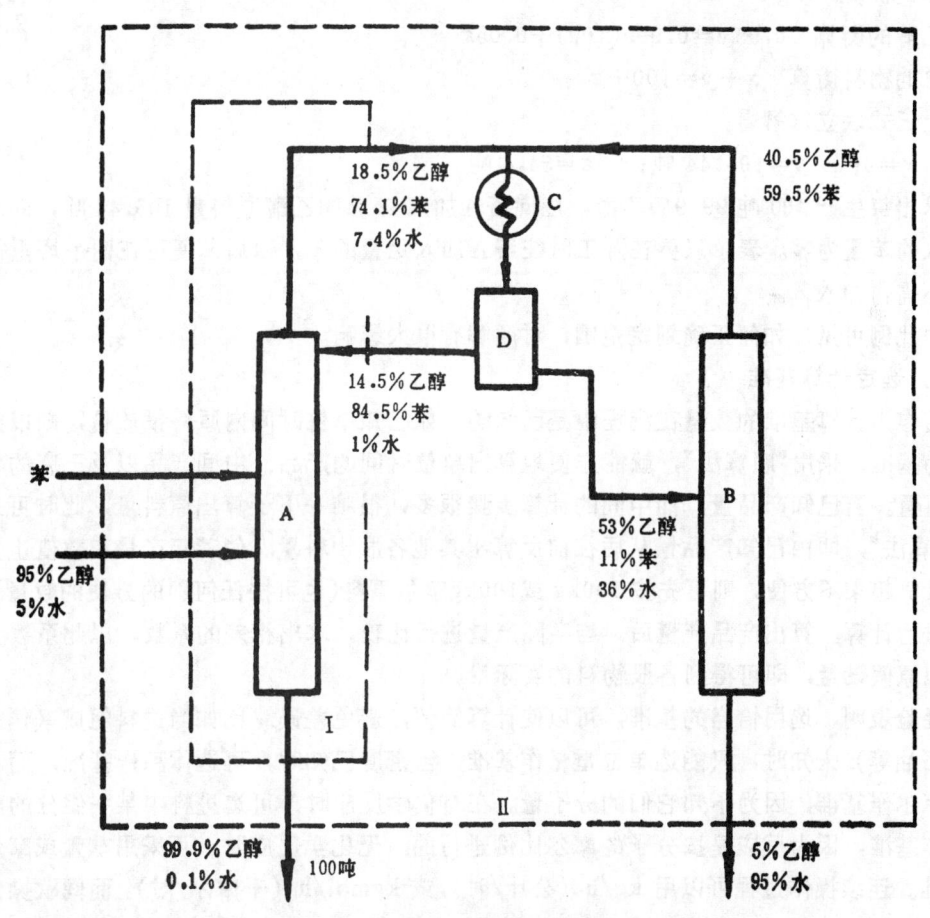

图 5-2 乙醇精馏
A—恒沸精馏塔 B—苯回收塔 C—冷凝器 D—分离器

3. 确定衡算范围

在物料衡算中，会遇到较复杂的计算。为便于计算，常采用划定衡算范围的方法。衡算范围一经划定，便可假想成为一个独立的体系。凡是通过边界进入体系的物料属于输入项；凡是穿越边界离开体系的物料属于输出项。现举例说明如下。

例 5-1 用恒沸蒸馏法，将含有 95% 的乙醇水溶液制成浓度达 99.9% 的乙醇，以苯作溶剂。其流程及各物流的组成如图 5-2 所示。试计算每生产 100 吨 99.9% 的乙醇，应向塔 A 加入的：① 95% 原料液量；② 苯量。

解：若以塔 A 为衡算范围，如图 5-2 的边界 I 所示。输入与输出系统的共有 5 股物料，其中只有塔底出料为已知，其他都为未知。但物料中只有三个组分，只能列出三个独立的物料衡算式，无法求解，所以这个衡算范围选得不合适。

若取包括 A、B、C、D 全部设备在内的整个系统作为衡算范围，如图 5-2 的边界 II 所示，问题容易解决。

设：$x=$ 苯的输入量；$y=$ 95% 乙醇输入量；$z=$ 5% 乙醇输出量；共有三个未知数。列出衡算式：

$$\text{苯的衡算} \quad x=0 \tag{1}$$

$$\text{乙醇的衡算} \quad 0.95y=0.999(100)+0.05z \tag{2}$$

$$\text{总的物料衡算} \quad x+y=100+z \tag{3}$$

上三式联立求解得：

$$x=0; \quad y=105.44 \text{ 吨}; \quad z=54.4 \text{ 吨}$$

求出每生产 100 吨 99.9% 乙醇，应向塔 A 加入 95% 的乙醇原料量 105.44 吨，向塔 A 加入的苯量为零。表示只要在开工时往塔 A 加入足量的苯，以后苯便可在两个塔里循环，不需再加入苯。

由此例可见，如何正确划定范围，对题解有很大影响。

4. 选定计算基准

若作为计算基准的数量在流程中是已知的，如已知单位时间内原料投放量，则以此数值为基准，采用"顺算法"，就能方便地算出单位时间的产品、中间产品以及三废的各股物料量。若已知产品量，而中间的计算步骤很多，很难一下子算出原料量，此时可采用"倒算法"，即由已知产品量从后往前反算出其他各股物料量。倘若年产量在数值上太大，计算起来不方便，则可先按 100kg 或 100kg 摩尔原料（也可按任何别的方便的数量）出发进行计算。算出产品产量后，与实际产量进行比较，求出相差的系数，以此系数分别乘以原假设量，即可得到各股物料的实际量。

经验表明，选用恰当的基准，可以使计算简便，避免差误。比如当进料组成（例如煤、石油等）未知时，只能选单位重量作基准；当密度已知时，可选体积作基准，而不能选摩尔作基准，因为不知它们的分子量。在有化学反应时，可选进料中某一组分的摩尔数作基准，因为反应是按分子的摩尔比例进行的。无化学反应时，可采用重量或摩尔作基准。连续操作过程可以用 kg/h（公斤/时），或 kgmol/h（千摩尔/时），而间歇操作过程则应以 kg（原料量或产品量）/批为基准。究竟采用什么作基准最适宜，要看具体情况，不好作硬性规定。

此外,生产中的物料,不论是气态、液态或固态,不含水分者是极少数,因而计算中有选择湿基、也有选择干基计算的。如空气组成通常取为 $O_2 21\%$、$N_2 79\%$,就是以干基计算;如果把水蒸汽计算在内,N_2、O_2 的百分比就变了。

下面介绍一题选择不同基准时看哪种计算方便些,以说明选择基准的重要性。

例 5-2 C_3H_8 在 125% 的过量空气中完全燃烧,其反应式为:

$$C_3H_8 + 5O_2 \longrightarrow 3CO_2 + 4H_2O$$

问每产生 100mol 燃烧产物(烟道气),需多少摩尔空气?

解:此题计算基准的选择有三种可能性:① 空气的量;② C_3H_8 的量;③ 烟道气的量。由题意,因为求 100mol 烟道气所需要的空气量,为了直接求解,可能选择③ 作为基准。但计算是否方便呢?可看下面三种不同基准计算的答案。

(1) 基准 1mol C_3H_8

根据化学方程式,燃烧 1mol C_3H_8 所需空气量为:

燃烧需氧量	5mol
实际供氧 5×1.25	6.25mol
需空气量(空气中氧占21%)	29.76mol
氮气量	23.51mol

物料平衡表如下:

	进	入		离	开
组成	mol	g	组成	mol	g
C_3H_8	1	44	CO_2	3	132
空气	29.76	858.28	H_2O	4	72
	(分子量为28.84)		O_2	1.25	40
			N_2	23.51	653.3
总计	30.76	902.28	总计	31.76	902.3

每 100mol 烟道气需空气量设为 x mol,则:

$$31.76 : 29.76 = 100 : x$$

$$x = \frac{100 \times 29.76}{31.76} = 93.7 \text{mol}$$

(2) 基准 1mol 空气

按照 C_3H_8 燃烧要过量 125% 空气的要求,1mol 空气可燃烧 $(21\%/125\%) \times 1/5 = 0.0336$ mol C_3H_8。据此,可列出物料平衡表见下页表:

每 100mol 烟道气需空气量设为 x mol,则:

$$1.068 : 100 = 1 : x$$

$$x = \frac{100}{1.068} = 93.7 \text{mol}$$

(3) 基准 100mol 烟道气

进入			离开		
组成	mol	g	组成	mol	g
C_3H_8	0.0336	1.48	CO_2	0.101	4.44
空气	1	28.88	H_2O	0.135	2.43
			O_2	0.042	1.36
			N_2	0.79	22.12
总计	1.0336	30.36	总计	1.068	30.35

设 N——烟道气中 N_2 的量，mol

M——烟道气中 O_2 的量，mol

P——烟道气中 CO_2 的量，mol

Q——烟道气中 H_2O 的量，mol

A——进入空气的量，mol

B——进入 C_3H_8 的量，mol

共有6个未知数，因此求解必须6个独立方程式。

分别列出物料衡算式：

C 平衡 $3B = P$ (1)

H_2 平衡 $4B = Q$ (2)

O_2 平衡 $0.21A = M + \dfrac{Q}{2} + P$ (3)

N_2 平衡 $0.79A = N$ (4)

按基准平衡 $N + M + P + Q = 100$ (5)

过剩空气中氧 $0.21A \times \dfrac{0.25}{1.25} = M$ (6)

按反应式的化学计量关系：

$$0.21A = 5B \times 1.25 \qquad (7)$$

$$4P = 3Q \qquad (8)$$

空气平衡 $A = N + M + P + \dfrac{Q}{2}$ (9)

以上9个线性方程中，式（7、8、9）与式（1）—（6）相关，故式（1）—（6）为独立方程，并含有6个未知数，有确定值，用矩阵解之。

将上述6个线性方程式写成矩阵形式：

A	B	N	M	P	Q	C
0	+3B	+0	+0	−P	+0	= 0
0	+4B	+0	+0	+0	−Q	= 0
0.21A	+0	+0	−M	−P	−0.5Q	= 0
0.79A	+0	−N	+0	+0	+0	= 0
0	+0	+N	+M	+P	+Q	=100
0.042A	+0	+0	−M	+0	+0	= 0

写成系数矩阵：

$$\begin{pmatrix} 0 & 3 & 0 & 0 & -1 & 0 \\ 0 & 4 & 0 & 0 & 0 & -1 \\ 0.21 & 0 & 0 & -1 & -1 & -0.5 \\ 0.79 & 0 & -1 & 0 & 0 & 0 \\ 0 & 0 & 1 & 1 & 1 & 1 \\ 0.042 & 0 & 0 & -1 & 0 & 0 \end{pmatrix} \begin{pmatrix} A \\ B \\ N \\ M \\ P \\ Q \end{pmatrix} = \begin{pmatrix} 0 \\ 0 \\ 0 \\ 0 \\ 100 \\ 0 \end{pmatrix}$$

当方程组有唯一解时，应有：

$$x = A^{-1} \cdot C$$

式中：

$$x = \begin{pmatrix} A \\ B \\ N \\ M \\ P \\ Q \end{pmatrix}; \quad A^{-1} \text{为逆矩阵}; \quad c = \begin{pmatrix} 0 \\ 0 \\ 0 \\ 0 \\ 100 \\ 0 \end{pmatrix}$$

$$A^{-1} = \frac{(A_{jk})^T}{\det(A)} = \frac{(A_{kj})}{\det(A)}$$

式中：

A_{jk}——为$|A|$中 j 行 k 列元素的代数余因子式

$(A_{jk})^T$——为转置矩阵，$(A_{jk})^T = (A_{kj})$

$\det(A)$为行列式$|A|$，其值为 -5.336

求余因子 A_{jk} 并列成矩阵，得

$$(A_{jk}) = \begin{pmatrix} * & * & * & * & * & * \\ * & * & * & * & * & * \\ * & * & * & * & * & * \\ * & * & * & * & * & * \\ -5 & -0.168 & -3.98 & -0.21 & -0.504 & -0.672 \\ * & * & * & * & * & * \end{pmatrix}$$

$$(A_{jk})^T = \begin{pmatrix} * & * & * & * & -5 & * \\ * & * & * & * & -0.168 & * \\ * & * & * & * & -3.98 & * \\ * & * & * & * & -0.21 & * \\ * & * & * & * & -0.504 & * \\ * & * & * & * & -0.672 & * \end{pmatrix}$$

$$A^{-1}=\frac{1}{-5.336}\begin{bmatrix} * & * & * & * & -5 & * \\ * & * & * & * & -0.168 & * \\ * & * & * & * & -3.98 & * \\ * & * & * & * & -0.21 & * \\ * & * & * & * & -0.504 & * \\ * & * & * & * & -0.672 & * \end{bmatrix}$$

据 $x=A^{-1} \cdot C$

得　$A=93.703$；$B=3.148$；$N=74.588$；$M=3.936$；$P=9.445$；$Q=12.594$。

（单位均为 mol）

从上例可见，基准选取的不同，计算的量是不同的。显然，采取前二种基准比后一种基准计算起来简便得多。

5．列出输入—输出物料平衡表

此表用来描述和识别所有进入体系和离开体系的物料。表中列出了已知变量和要求解的未知变量，有时还列出经过导出和计算的有关数据。

至此，物料平衡工作告一段落，可以着手进行下一步的热量衡算、设备选型和计算等项工作。但还必须指出，工艺设计人员要善于和充分运用物料衡算的成果，从技术经济角度去分析和发现包括整个工艺流程、每个工段，以至每个设备等方面是否达到设计要求，如生产能力、效率是否符合预期要求，物料损耗是否合理、工艺条件是否合适，等等。

第三节　能量衡算

在化工生产过程中，各工序都要在严格控制的工艺条件下（如温度、压力、流量、浓度等），经历各种化学变化和物理变化，进行着物质的生产。在这过程中，各类化工单元操作，或者有动量的传递（如流体输送），或者有热量的传递（如换热设备），或者有伴随着热量的质量传递（如精馏、吸收等）；若有化学反应，则不仅兼有"三传"（动量传递、热量传递、质量传递），还具有"一反"（化学反应产生的热效应——吸热或放热）。物质在整个过程中发生质量的传递和能量的变化。前者可从物料衡算中求得，后者则根据能量守恒定律，利用能量传递和转化的规律，通过平衡计算求得，这样的化工计算称为能量衡算。

同物料衡算一样，能量衡算也是化工计算中的一种基本计算，它不仅对生产工艺条件的确定、设备设计是不可缺少的，且在实际生产中分析生产问题、评价技术经济效果等方面的工作也是很需要的。

在化工生产中，能量衡算概括起来应用于以下几个方面：

① 确定功率　如流体输送、搅拌、过滤、粉碎等单元操作中所需功率。

② 确定热量或冷量　如蒸发、蒸馏、冷凝、冷却、闪蒸等所需热量或冷量。

③ 确定供热速率或放热速率　如化学反应中，由于热效应（使体系温度的上升或下

）需确定的一个合适温度。

④ 确定节能措施 为充分利用余热，降低总能耗采取相应的措施。

一、能量的形式和概念

1. 动能 (K)

表示物体作相对于环境运动所具有的能量。如果物体的质量为 m，以速度 v 运动，则具有动能为：

$$K = \tfrac{1}{2}mv^2 \qquad (3-1)$$

在化工生产中，一些静止或流速不大的物系，它们的动能与热效应比较常可忽略不计。如果是喷嘴出来的高速气流等，则由于动能的数值较可观，就不能忽略。

2. 势能 (Z)

表示物体在重力场中受重力作用而具有的能量。如果物体的质量为 m，在重力场中加速度恒为 g，物体中心离某基准面的距离为 h，则该物体相对于 $h=0$ 的势能为 $Z = mgh$。

3. 内能 (U)

表示物体内分子、原子和亚原子能量的宏观尺度，即是物体除了宏观的动能和势能外所具有的能量。内能是状态的函数，当体系从一个状态过渡到另一个状态时，单位质量的内能可通过一些能宏观测量的变量如压力、温度、容积、组成等，由计算得到的相对于某些基准状态〔如25℃，0.098MPa(1atm)〕的改变值 (ΔU) 来表示。此外，内能的变化也可由焓的变化计算。

4. 热 (Q)

热是体系与环境之间由于温差而引起越过体系边界流动或传递的能量。

5. 功 (W)

为体系在边界上，由矢量力驱动通过矢量位移而在体系和环境之间传递的能量。

热和功只能在能量传递过程中出现。它们不是物质的性质，因此不能说体系内含有多少热量或功，故不是状态函数。

二、能量平衡方程式

1. 能量衡算的基本方程式

$$\text{输入的能量} - \text{输出的能量} = \text{累积的能量} \qquad (3-2)$$

若以 U_i、K_i、Z_i 分别表示体系初态的内能、动能和势能；以 U_f、K_f、Z_f 分别表示体系终态的内能、动能和势能；以 Q 表示从环境吸收的热量；以 W 表示环境对体系所作的功，则该体系从初态到终态，单位质量的总能量平衡关系为：

$$(U_f + K_f + Z_f) - (U_i + K_i + Z_i) = Q - W$$
$$\Downarrow$$
$$\Delta U + \Delta K + \Delta Z = Q - W$$
$$\Downarrow \text{设 } E_f = U_f + K_f + Z_f;\ E_i = U_i + K_i + Z_i$$
$$\Delta E = Q - W \qquad (3-3)$$

式(3-3)即为热力学第一定律的表达式。它指出,体系总能量变化(ΔE)等于所吸收的热减去环境对体系所做的功。

式(3-3)也叫普遍能量平衡方程式,它适用于任何均相体系。

化工过程的类型不同,能量衡算的方式也不一样。下面介绍几种典型的化工体系的能量平衡方程式。

2. 间歇过程的能量平衡方程式

间歇系统是一个封闭系统,系统与环境之间只有能量的交换,而没有物质的交换。

根据上述定义,其能量衡算方程式可由式(3-3)简化为:

$$\Delta U = Q - W \tag{3-4}$$

式(3-4)表明,封闭体系吸热和作功的结果只引起内能的变化。

如果封闭体系的温度与环境相同(或体系与环境完全绝缘),则$Q=0$。因此,式(3-3)可简化为:

$$\Delta U = -W \tag{3-5}$$

3. 连续稳定流动过程的能量平衡方程式

此种稳定流动过程包括连续过程和半连续过程。这种体系在某一时间间隔内的能量平衡关系应为:

$$\text{输入的总能量} = \text{输出的总能量} \tag{3-6}$$

式中的"总能量"是指体系的动能、势能、内能和表现为功和热的形式传递的能量形式。

根据热力学第一定律表达式$\Delta E = Q - W$得稳定流动过程的能量平衡方程式为:

$$\Delta \hat{H} + \Delta \hat{K} + \Delta \hat{Z} = Q - W \tag{3-7}$$

式中:

$\Delta \hat{H}$、$\Delta \hat{K}$、$\Delta \hat{Z}$——分别为体系的单位质量的内能、功能、势能从初态到终态的增量。

由于稳定过程动能和势能的变化,相对于其他项能量的变化小得多,所以在衡算中常可略而不计。因而式(3-7)可简化为:

$$\Delta H = Q - W \tag{3-8}$$

对比式(3-4)与式(3-8)可得到:间歇过程(或非流动系统)的总能量变化是以内能(ΔU)变化来表示的;而连续过程(或流动系统)的总能量变化是焓(ΔH)变化来表示的。

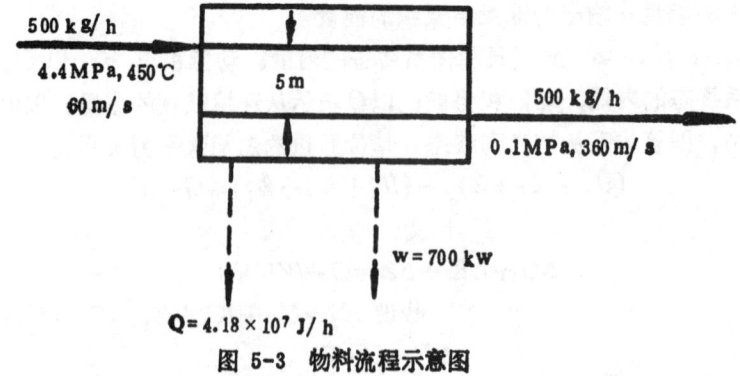

图 5-3 物料流程示意图

下面举例说明连续稳定流动过程的这种能量变化。

例 5-3 以 500kg/h 蒸汽推动汽轮机，进口蒸汽为 4.4MPa，450℃，流速 60m/s。蒸汽出口较进口低 5m，出口蒸汽为 0.1MPa，流速 360m/s。汽轮机作功 700kW，热损失 4.18×10^7 J/h。计算该过程焓的变化，以 J/kg 表示。

解：绘出过程的物料流程示意图，如图 5-3。

根据式(3-7)，使

$$\Delta \hat{H} = Q - W - \Delta \hat{K} - \Delta \hat{Z}$$

已知 $m = 500$ kg/h $= 0.139$ kg/s

$$\Delta \hat{K} = \frac{m}{2}(v_2^2 - v_1^2)$$

$$= \frac{0.139}{2}(360^2 - 60^2)$$

$$= 8.76 \text{ kJ/s}$$

$$\Delta \hat{Z} = mg(h_2 - h_1)$$

$$= 0.139 \times 9.81 \times (-5 - 0)$$

$$= -6.82 \times 10^{-3} \text{ kJ/s}$$

又因 $Q = -10^4 \times 4.18/3600 = -11.63$ kJ/s

$W = 700$ kW $= 700$ kJ/s

故 $\Delta \hat{H} = -11.63 - 700 + 6.82 \times 10^{-3} = -720$ kJ/s

因 $\Delta H = m(H_f - H_i)$

故过程的焓变

$$H_f - H_i = \frac{\Delta H}{m} = \frac{-720}{0.139} = -51.8 \text{ kJ/s}$$

4. 机械能平衡方程式

在化工生产中，物料常从一处理单元送到另一处理单元。当输送的物料是不可压缩的流体时，体系的动能、势能和轴功（如泵送物料时，泵的旋转部分对单位质量物料所作的功，称为轴功）等机械能的变化比内能、热能的变化大得多。能量平衡时，内能、热能的变化常可略而不计，只考虑机械能的平衡。

关于机械能平衡方程式，如伯努利方程式，在"化工原理"、"化工基础"等教材中已有详细介绍，本书不再赘述。

三、热量衡算

已知前述，对稳定流动，如连续的反应过程中，体系中动能和势能的变化相对于其他能量的变化小得多，所以在能量衡算中常略而不计。在能量衡算中，这种不讨论能量转换而只考虑热量变化的计算，称为热量衡算。

1. 热平衡方程式

(1) 根据热力学第一定律,对于一个等压过程,在只做膨胀功的情况下,其焓变就等于反应所需吸收或放出的热量,也就是外界(环境)对反应系统提供或取出的热量。因此,对流动系统,如连续过程,一般为恒压过程,如不考虑其他能量变化,仅研究热量衡算,其热量衡算式为:

$$\Delta H = \Sigma H_{出} - \Sigma H_{入} = \Sigma Q \tag{3-9}$$

式中:
ΣQ——设备或系统与环境各种换热量之和,其中包括热损失;
$\Sigma H_{出}$——离开设备或系统各股物料的焓和;
$\Sigma H_{入}$——进入设备或系统各股物料的焓和。

(2) 对于非流动系统,如间歇过程,忽略体系中动能和势能的变化,仅研究热量变化,其热量衡算式为:

$$\Delta U = \Sigma U_{出} - \Sigma U_{入} = \Sigma Q \tag{3-10}$$

式中: $\Sigma U_{出}$、$\Sigma U_{入}$——分别为离开或进入设备或系统各股物料的总内能
ΣQ——同上

(3) 在解决实际问题中,热平衡方程还可以写成如下形式:

$$Q_1 + Q_2 + Q_3 = Q_4 + Q_5 + Q_6 \tag{3-11}$$

式中:
Q_1——各股物料带入的热量;
Q_2——加热剂(或冷却剂)传给设备和物料的热量;
Q_3——各种热效应,如反应热、溶解热等;
Q_4——各股物料带走的热量;
Q_5——消耗在加热设备上的热量;
Q_6——热损失。

2. 热量衡算的方法和步骤

(1) 分析各股物料之间热平衡关系　必须根据各股物料走向及变化具体分析热量间关系,然后借助热平衡建立各热量之间的数学关系式。

在应用式(3-11)时,应注意其中除 Q_1、Q_4 两项外,其他 Q 值都有正负两种情况,对 Q_5 一般均省略不计,因其热量较小,所占比率较小。

(2) 收集数据　必须弄清过程中存在的热量形式,从而确定需要收集的物性数据,要注意数据的准确性,以保证计算结果的可靠性。

(3) 标绘能量衡算示意图。

(4) 确定衡算范围。

(5) 选定计算基准。

(6) 列出输入—输出热平衡表。

以上第(3)~(6)项类似物料衡算的方法和步骤,可参照进行。

3. 有关热数据的计算

(1) **焓**　对于没有化学反应的体系,恒压热容是焓对温度的一阶导数,用积分热容的方法可以计算焓值。

因 $C_P=\left(\frac{\partial H}{\partial T}\right)_P$,

故恒压时，$\Delta H=\int_{T_1}^{T_2}C_P dT$ (3-12)

当温度变化不大时，可用平均热容进行简化计算：

$$\Delta H=\bar{C}_P\Delta T=\bar{C}_P(T_2-T_1)$$ (3-13)

当体系中某物质有相变化时，体系的焓变还必须考虑由相变潜热引起的焓变。故

$$\Delta H=\Delta H_{潜}+\int_{T_1}^{T_2}C_P dT$$ (3-14)

对于有化学反应的体系，在温度T时，进、出体系的物料中各反应化合物的焓变等于在298.15K时从元素到化合物的生成焓加上从298.15K到T时所引起的焓变，即

$$\Delta h_i=(\Delta h_i^f)_{298}+\int_{298}^{T}C_{P,i}dT$$ (3-15)

式中：h代表摩尔焓；i代表体系中某一组分。

(2) 真实热容与平均热容　热容是温度的函数。这种函数关系可由实验归纳的多项式表示。

$$C_P=a+bT+cT^2+dT^3$$ (3-16)

或 $C_P=a+bT+cT^2$ (3-17)

式中：a、b、c、d为特性常数，可查有关手册。

在工程计算中，为避免积分给焓的计算带来不便，常以平均热容$\bar{C}_P$来代替真实热容。平均热容的值可以下面的方法求得：

直接从有关平均热容表查得。

通过真实热容的经验公式计算得：

$$\bar{C}_P=\frac{\Delta H}{T_2-T_1}=\frac{\int_{T_1}^{T_2}(a+bT+cT^2)dT}{T_2-T_1}$$

$$=a+\frac{b}{2}\left(\frac{T_2^2-T_1^2}{T_2-T_1}\right)+\frac{c}{3}(T_1^2+T_1T_2+T_2^2)$$

即

$$\bar{C}_P=a+\frac{1}{2}(T_2 T_1)+\frac{c}{3}(T_1^2+T_1T_2+T_2^2)$$ (3-18)

(3) 热容的估算　热容的近似值可按下面方法进行估算：

柯普法则　1mol化合物的总热容(C_P)近似地等于化合物里以原子形式存在的元素热容的总和。

一般元素的热容列在表5-1内。

例如，要估算固体$Ca(OH)_2$的热容，按柯普法则应为：

$$(C_P)_{Ca(OH)_2}=(C_P,a)_{Ca}+2(C_P,a)_O+2(C_P,a)_H$$
$$=[26+(2\times17)+(2\times9.6)]$$

表 5-1　　　　　　　　　柯普法则元素的热容

元素	C_P, a [J/(mol·℃)]	
	固体	液体
C	7.5	12
H	9.6	18
B	11	20
Si	16	24
O	17	25
F	21	29
P	23	31
S	26	31
其他	26	33

$$=79 \text{J/(mol·℃)}$$

正确值为 89.5J/(mol·℃)。此法适合于估算固体或液体化合物的热容值。

混合物热容

$$C_{P,m}=\sum_{i=1}^{n} N_i C_{Pi} \tag{3-19}$$

式中：

　　N_i——混合物中某组分的重量百分数；

　　C_{Pi}——混合物中某组分的热容。

(4) 潜热　可运用下面计算方法求得。

用热力学函数表及图计算：

在热力学函数表及图上查出该物质在指定温度下不同相态的比焓值（即单位质量的焓变）h_1 与 h_2，代入公式计算。

$$Q=\Delta H=m(h_2-h_1) \tag{3-20}$$

Wasten公式：

汽化热随温度的变化可用以下经验公式换算，即由已知一个温度 T_1 下的 ΔH_{v_1}，求另一个温度 T 下的 ΔH_v。

$$\Delta H_v = \Delta H_{v_1}\left(\frac{1-T_r}{1-T_{r_1}}\right)^{0.38} \tag{3-21}$$

式中，T_r、T_{r_1} 为相应 T 和 T_1 下的对比温度。

此式比较简单也具足够准确，在高于临界温度10℃以上，平均误差仅为1.8%。

克拉贝龙—克劳修斯公式：

$$\text{Ln}\frac{P_2}{P_1}=\frac{\Delta H}{R}\left(\frac{1}{T_1}-\frac{1}{T_2}\right) \tag{3-22}$$

式中，P_1、T_1与P_2、T_2分别代表两组蒸汽时的压力和对应的饱和温度。因此，只要知道两组蒸发数据，就可求得该液体的潜热值ΔH。

例5-4 水的饱和蒸汽压力与对应的饱和温度为：0.0483MPa，353.16K；0.0715MPa，363.16K。求水的汽化热。

解：
$$\mathrm{Ln}\frac{P_2}{P_1}=\frac{\Delta H}{R}\left(\frac{1}{T_1}-\frac{1}{T_2}\right)$$

$$\mathrm{Ln}\frac{0.0715}{0.0483}=\frac{\Delta H}{1.986}\left(\frac{1}{363.16}-\frac{1}{353.16}\right)$$

得$\Delta H=9743.75$ cal/mol $=541.32$ cal/g
$$=22.66 \text{J/kg}$$

(5) 反应热 化工生产中，化学反应过程通常都伴随着较大的热效应，因此计算体系焓变时，必须将这部分热量考虑进去。有关反应热的计算方法主要有以下两种：

由标准生成热ΔH_f°计算标准反应热ΔH_r°。

由标准燃烧热ΔH_c°计算标准反应热ΔH_r°。

上述二种方法在《物理化学》教材中有详细介绍，在此不再叙述。此外，有时也有从键能来估计反应热的，其公式如下：

$$\Delta H = -\Delta(\Sigma e) \tag{3-23}$$

式中表示了在反应中键能总和的减量$-\Delta(\Sigma e)$，基本上等于反应中热焓的增量ΔH。

例5-5 估计乙烷裂解制乙烯的反应热。

解：1. 列出反应式
$$C_2H_6 \longrightarrow C_2H_4 + H_2$$

2. 写成化学键形式

$$\begin{array}{c}H\quad H\\H-C-C-H\end{array}\longrightarrow\begin{array}{c}H\quad H\\C=C\end{array}+H-H$$
$$\begin{array}{c}H\quad H\end{array}\qquad\qquad\begin{array}{c}H\quad H\end{array}$$

3. 归纳改组化学键

$$6\text{C—H}+\text{C—C}\longrightarrow 4\text{C—H}+\text{C=C}+\text{H—H}$$
$$2\text{C—H}+\text{C—C}\longrightarrow \text{C=C}+\text{H—H}$$

4. 查键能数据（见表5-2和表5-3）

$\varepsilon_{\text{C-H}}=414.51$kJ，$\varepsilon_{\text{C-C}}=347.52$kJ

$\varepsilon_{\text{C=C}}=615.49$kJ，$\varepsilon_{\text{H-H}}=435.45$kJ

5. 代入公式

$$\Delta H = -[(\varepsilon_{\text{C=C}}+\varepsilon_{\text{H-H}})-(2\varepsilon_{\text{C-H}}+\varepsilon_{\text{C-C}})]$$
$$=-[(615.49+435.45)-(2\times414.51+347.52)]$$
$$=+125.6\text{kJ}$$

说明每摩尔乙烷分解为1摩尔乙烯和1摩尔氢时，要吸收热125.6kJ。

表 5-2　　　　　　　　　　　单键的键能，kJ/mol

	F	O	N	Cl	Br	I	C	H	S
S				251.22	213.54		259.59	339.1	213.54
H	565.25	460.57	389.39	431.26	364.27	297.28	414.51	435.45	
C	439.64	351.71	293.09	322.4	276.34	238.66	347.52		
I				209.35	180.04	150.07			
Br	255.41			217.72	192.6				
Cl	255.41	208.16	200.97	242.85					
N	272.16		159.11						
O	184.23	138.17							
F	154.92								

表 5-3　　　　　　　　　　　双键和叁键的键能，kJ/mol

	C C	N N	O O	C O	C N
双键	$\mathrm{C{=}C}$ 615.49	$-\mathrm{N{=}N}-$ 418.7	$\mathrm{O{=}O}$ 494.07	$\mathrm{C{=}O}$ 736.91	$\mathrm{C{=}N}-$ 615.49
叁键	$-\mathrm{C{\equiv}C}-$ 812.28	$\mathrm{N{\equiv}N}$ 946.26			$-\mathrm{C{\equiv}N}$ 879.27

第六章 设备选型及其工艺设计

设备选型及其工艺设计，一般是在物料衡算和热量衡算基础上进行，但有时也与选择生产方法、确定工艺流程同时进行。前已述，工艺流程设计是轻化工工厂设计的核心；而设备选型及其工艺设计，则是工艺流程设计的主体。因为先进工艺流程能否实现，往往取决于提供的设备是否相适应。

由于轻化工工厂工艺流程的多样性，设备类型也随之多，为实现同一工艺要求，既可选用不同的单元操作方式，也可以选用不同类型的设备。在设计中，应尽可能选择一种既能符合工艺要求，而且又是高效经济的设备类型，这对关键设备尤为重要，必须逐一落实。

设备的选型及其工艺设计，包括定型设备与非定型设备两大类。定型设备通过选型计算确定规格型号，非定型设备则需通过设计与计算，确定设备的主要结构及其主要工艺尺寸。

关于化工设备设计的方法可参考有关化学工程书籍、文献及专用手册。本章主要从工艺设计角度对设备的选型原则、设计计算的一般程序以及有关注意问题作扼要介绍。通过这些工作，以确定各个车间内工艺设备的类型、规格、尺寸和台数，了解工艺设备在建厂投资、生产成本中所占的费用比重，并为施工图设计提供条件。

第一节 设备分类与选型原则

一、设 备 分 类

轻化工工厂设备一般分为两大类，即定型设备和非定型设备；有时根据设备在生产过程中的作用和供应渠道，分为专用设备、通用设备及非标准设备。

1. 专用设备

专用设备一般是指生产过程中主物料、半成品、产品直接经过的，并有一定生产技术参数要求的设备。如合成洗衣粉生产过程中的熔硫、燃硫、转化、磺化、中和、配料、喷雾干燥、包装等设备。专用设备因直接与物料接触，大部分为连续运转，对机械性能及材质要求较高，加工制造技术性强，因此，一般由专业性的机械厂设计和制造，有时还要引进国外专门技术和设备。

2. 通用设备

通用设备一般是指由机械工业部系统主管及生产的泵、通风机、压缩机、离心机、螺旋输送机、皮带输送机等。

3. 非标准设备

非标准设备一般是指规格和材质都不定型的辅助设备。在工厂设计中，此类设备多属容器、贮槽之类，根据生产需要而配置。

二、选型原则

1. 满足工艺要求

设备的选择和计算必须充分考虑工艺上的要求，力求做到技术上先进，经济上合理。亦即选用的设备能与生产规模相适应，并应获得最大的单位产量；能适应产品品种变化的要求，并确保产品质量；能降低劳动强度，提高劳动生产率；能降低原材料及相应的公用工程（水、电、汽）的单耗；能改善环境保护；设备制造较易，材料易得，操作及维修保养方便。

设备选择时，要能完全满足上述各方面的条件是相当困难的，但一定要参照上述几个方面对拟采用的设备进行详尽地比较，并拿出最佳的方案来。

2. 设备成熟可靠

作为工业生产，不允许把不成熟或未经生产考验的设备用于设计。设计中所选用的设备不但技术性能要可靠，设备材质也要可靠。对从国外引进的设备，同样必须强调设备及其所采用材质的可靠性。特别对生产中的关键设备，一定要在充分调查研究和对比的基础上，作出科学地选定。

3. 尽量采用国产设备

在设备选型时应尽量采用国产设备，这样不但可以节约外汇，而且可以促进我国机械制造工业的发展。当然，根据条件和可能，引进少量进口装置或关键设备也是必要的，但同样必须坚持设备先进可靠，经济合理，并应考虑在引进的基础上如何消化吸收以及仿制等工作。

第二节 泵 的 选 择

一、泵的分类和特性

1. 泵的分类

根据作用于液体的原理，泵可以分成两种类型，一种是容积式类型，例如往复泵、**齿轮泵、螺杆泵、水环泵**等。它是利用活塞、齿轮、螺杆、水环直径直接挤压流体，以增加流体的静压头，因此，又叫做正位移式的流体输送设备；另一种是叶片式类型，例如**离心泵、旋涡泵、轴流泵**等。它是利用叶片在高速旋转时产生的离心力作用，供给流体动能，然后流体的动能再转变为静压头，因此，也叫做离心式的流体输送设备。

泵也常按泵的使用性能而命名，如水泵、油泵、砂泵、泥浆泵、耐腐蚀泵、冷凝液泵等。

泵有时也按结构特点叫做如齿轮油泵、螺杆油泵、悬臂式水泵以及立式、卧式泵等。但从作用原理，它们仍属于两大类型中的一种。

此外，还有一种喷射泵，其工作原理是，工作流体（如高压蒸汽、高压水等）在经过直径很小的喷嘴时，其静压能大部分转变为动能，产生负压，从而把系统中的流体吸入，被吸入的流体又被高速的工作流体夹带着，很快地排出系统以外。喷射泵的特点是无运动部件，不易损坏，结构简单，操作方便，广泛应用于真空系统抽气之用。

2．泵的特性

近十多年来，由于石油化工的迅速发展，泵的形式和功能都有很大的变化，总的趋势是向着大型化、高速化、特殊化和自动化的方向发展。表6-1为我国目前轻化工生产中常用泵类及其综合性能。

表 6-1　　　　　　　　　　泵特性简介

指标	叶片式			容积式	
	离心式	轴流式	旋涡式	活塞式	回转式
液体排出状态	流率均匀			有脉动	流率均匀
液体品质	均一液体（或含固体液体）	均一液体	均一液体	均一液体	均一液体
允许吸入真空度，m	4～8	—	2.5～7	4～5	4～5
扬程	范围大 10～600m（多级）	低 2～20m	较高，单级可达100m以上	范围大，排出压力高，排出压力 0.294～58.8MPa	
体积流量，m^3/h	范围大 5～30000	大约 60000	较小 0.4～20	范围较大 1～600	
流量与扬程关系	流量减小，扬程增大，反之流量增大，扬程减低	同离心式	同离心式。但增率和减率较大（即曲线较陡）	流量增减排出压力不变，压力增减，流量近似为定值（原动机恒速）	
构造特点	转速高，体积小，运转平稳。基础小，设备维修较易	与离心式基本相同，但叶轮较离心式叶片结构简单，制造成本低		转速低，能力（排量）小，设备外形庞大，基础大，与原动机联接较复杂	同离心式
流量与轴功率关系	依泵比转数而定。流量减少，轴功率减少	依泵比转数而定。流量减少，轴功率增加	流量减少，轴功率增加	当排出压力定值时，流量减少，轴功率减少	同活塞式

二、选泵的原则和程序

1．选泵原则

（1）综合考虑泵的流量　在选泵时，一方面应按设计要求达到的能力确定泵的流量，并使之与其他设备能力协调平衡；另一方面，也应根据生产上需要确定泵的流量，例如当原料变换或产品要求不同等因素的影响。所以，在确定泵的流量时，应综合考虑：

装置的富裕能力及装置内各设备能力的协调平衡。

工艺过程影响流量变化的范围。

根据工艺设计的要求，选泵时通常采用设计中所给的最大流量值。

（2）根据生产要求确定扬程　单位重量流体由于流动的起点和终点的位能变化、动能变化、静压能（即势能）变化和克服阻力而需要外界作的功，就是该过程所需要的扬程。

在选泵时，由于工艺过程设计中管道系统（包括设备）压力降计算比较复杂，因此泵的扬程就需要留有适当的余量，一般为正常需要扬程的1.05～1.1倍。

(3) 根据流体输送设备的特性曲线（或设备的标牌）确定泵型选泵时，确定哪一种设备，应在生产上所需要的流量和扬程确定后进行。图6-1、6-2为几种泵型的工作范围，可供初选时参考。

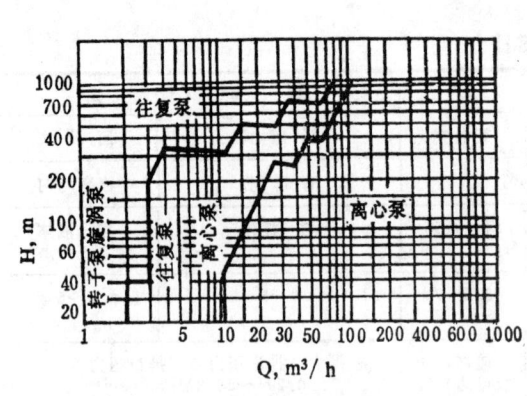

图 6-1　各种泵的工作范围　　图 6-2　离心泵和往复泵适用的粘性介质范围

下面介绍几种泵型的选用范围：

① 离心泵：在输送温度下介质粘度不宜大于 $6.50 \times 10^{-4} m^2/s$，否则会使泵效率降低很多；流量小、扬程高的不宜选用一般离心泵，可考虑选用高速离心泵；介质中溶解或夹带气体量大于5%（体积）时，不宜选用离心泵；要求流量变化大、扬程变化小者选用平坦的 $Q-H$ 曲线离心泵，而要求流量变化小、扬程变化大者宜选用陡降的 $Q-H$ 曲线离心泵；在介质中含有固体颗粒在3%以下的，宜选用一般离心泵，超过3%时要选用特殊结构离心泵。

② 旋涡泵：在输送温度下介质粘度不大于 $0.20 \sim 0.35 \times 10^{-4} m^2/s$（3～5°E）、温度不大于100℃、流量较小、扬程不高、$Q-H$ 曲线要求较陡的，或介质中夹带气体大于5%（体积）时，可选用旋涡泵；要求自吸时可选用WZ型旋涡泵。

③ 容积式泵：在输送温度下介质粘度在 $10^{-2} m^2/s$ 以下的宜选用容积式泵；粘度在 $0.3 \sim 120 Pa \cdot s$ 的可选用3UN型高粘度三螺杆泵；夹带或溶解气体大于5%（体积）时，可选用容积式泵；流量较小、扬程高的宜选用往复泵；介质润滑性能差的不应选用转子泵，可选用往复泵。

(4) 计算装置（系统）的有效气蚀余量 泵所输送的液体在操作条件下有不同的饱和蒸汽压，若汽化了的物料在离心泵内被增压后，势必又凝结成液体，于是在泵内会造成局部真空，致使四周的高压液体就会以极大的速度冲击过去；这样，一方面使泵达不到原有的流量和扬程，破坏了泵的正常操作，另一方面，液体剧烈地冲击叶片和转轴也会造成整个泵体颤动，并且很快就会将叶片或转轴毁掉。这种现象叫离心泵的"气蚀"现象。为了避免气蚀现象，就必须使泵入口端的压头高于物料在输送条件下的饱和蒸汽压所相当的压头，高出之值称作泵的"需要气蚀余量"，也称作"净正吸入压头"。

在正常操作时，装置的（系统的）有效气蚀余量应大于泵的需要气蚀余量。对进口侧物料处于减压状态或其操作温度接近于汽化条件时，泵的气蚀安全系数宜取较大值，如减压塔的塔底泵的气蚀安全系数至少取 1.3。

"需要气蚀余量"可按下面公式计算。

图6-3为一离心泵入口端液面的示意。液面上方的绝对压力为 P_0，泵入口的静压为 $P_λ$；截面1-1处的流速近似为零，泵入口处的流速为 $W_λ$；入口端液面（1-1处）与泵入口处（2-2处）高度相差 Z；而液体在操作条件下的饱和蒸汽压为 P^0，则

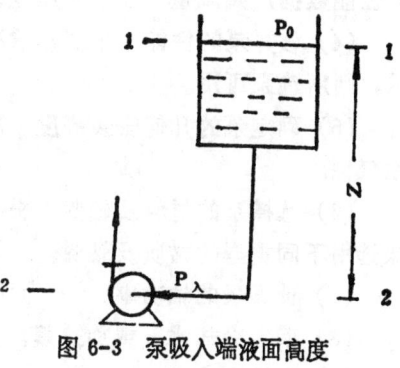

图 6-3 泵吸入端液面高度

$$需要气蚀余量 = \left(\frac{P_λ}{\rho g} + \frac{W_λ^2}{2g}\right) - \frac{P^0}{2g} \tag{6-1}$$

式中 ρ 为液体密度。又根据图6-3中截面1-1和2-2间的能量衡算可得：

$$\frac{P_λ}{\rho g} - \frac{2W_λ^2}{2g} = \frac{P^0}{\rho g} + Z - h \tag{6-2}$$

式中 h 为流体 1→2 的压头损失。将此关系式代入上式可得：

$$需要气蚀余量 = \frac{P_0 - P^0}{\rho g} + Z - h \tag{6-3}$$

例 6-1 已知泵的需要气蚀余量是 4.0m 液柱，被输送的液体在操作条件下的饱和蒸汽压是 700毫米汞柱，密度为 1000kg/m³，入口端管道因阻力损失的压头为 0.2m 液柱，入口端容器是敞开容器。入口端液面应距泵入口多高？

解： 已知 $P_0 = 9.81 \times 10^4$ Pa

$$P^0 = 13600 \times 0.7 \times 9.81 = 9.34 \times 10^4 \text{Pa}$$

$$h = 0.20 \text{m 液柱}$$

代入公式（6-3）得

$$4.0 \times 1.3 = \frac{9.81 \times 10^4 - 9.34 \times 10^4}{1000 \times 9.81} + Z - 0.20$$

$$Z = 4.9 \text{m}$$

式中取气蚀安全系数为 1.3。

附录 2 为一些常用泵的规格和性能，可供选泵时参考。

2. 选泵的方法及步骤

(1) 确定基本参数 包括介质物性（如密度、粘度、蒸汽压、腐蚀性、毒性等）；介质中含气量、含固量；操作条件（如温度、压力）；泵所处位置情况（包括环境温度、海拔高度、装置平立面布置要求等）以及管线当量长度等。

(2) 确定流量和扬程 流量应按最大流量或正常流量的 1.1～1.2 倍计算。扬程（或压差）是指所需的扬程。按泵的不同布置情况，利用柏努利方程求出泵的扬程。再根据工艺过程情况，采用 1.05～1.1 的安全系数。所选泵的扬程值应大于所需的扬程值。

(3) 选择泵型和型号 根据介质物性、已确定的流量、扬程，以及上述选用原则，选出合适型式的泵，然后根据样本和说明书选择泵的具体型号，并列出该型号以及有关

的性能数据，如流量、扬程或压差、效率、允许吸入高度等。

（4）**核算泵的性能**　按实际情况对泵进行性能核算。性能参数核算后如符合工艺要求，则所选泵可用。

（5）**确定泵的几何安装高度**　决定泵安装高度的原则是，使泵在给定的条件下不发生气蚀。

（6）**选择泵的材料及轴封**　根据介质腐蚀性以及泵的操作条件（如温度、转速等）来选用不同类型的材质及轴封。

（7）**计算泵的轴功率。**

（8）**确定冷却水（或加热蒸汽）耗用量。**

（9）**选用电动机。**

（10）**确定泵的台数**　同时必须考虑备用率。

（11）**填写泵规格表**　作为泵订货的依据和选泵过程各项数据的汇总。

第三节　换热器的选型及其工艺设计

利用一种热流体将其热能通过器壁传给另一种冷流体，达到热交换，这就是换热器的功能。

工业上常见的换热器，按热交换的目的不同，可以分为加热器、冷却器和冷凝器等**三类**。在轻化工工厂中，应用比较广泛的换热器有：夹套式换热器、蛇管式换热器、**套管式换热器、管壳式换热器、板式换热器**等，其中以固定管壳式换热器使用最多。

换热器的材料一般使用普通碳钢、不锈钢，但对某些有特殊要求的换热器，也采用有色金属，如铜、铅、钛等。此外，也可采用非金属材料，如石墨等。

一、换热器的结构特点

1. **管壳式换热器**

管壳式换热器是目前应用最广、最成熟的一种换热器。它的式样很多，如固定管板式、浮头式、填料函式、U型管式等，但其主要结构为在圆筒形壳体内装有很多平行**管子**所组成的换热器。这种换热器的最大优点是能承受高温高压，在有限的空间内可安**置较**大的传热面，故适用于流体的处理量大及需要较大传热面积的场合。缺点是它的换热效率和单位传热面积所需的金属量等不如某些换热器。其中，固定管板式构造简单，造价较低，但壳程清理困难；浮头式和填料函式管束可拉出，管子有膨胀裕度，可承受较大的温差作用，清洗容易，但构造复杂；U型管式管束也可拉出，管子可自由膨胀，但管内清洗困难，管子不能排得多。

2. **夹套式换热器**

此种换热器的热交换方式为在器壁与夹套之间形成密闭的空间，以便载热体流过。它广泛应用于反应物料的加热或冷却，其优点是构造简单，缺点是传热面积及传热系数小，所以一般加搅拌来提高传热系数。

3. **套管式换热器**

此种换热器是采用两种不同大小的标准管连接成为同心圆的**套管**,而后由多段的这**种套管连接而成**。每一段套管称为一程,每程内管与次程的内管顺序地用U形管相连接,**而外管**则与外管相连。各程连接成排,还可数排并列。

套管式换热器结构简单,制造方便;操作可按逆流方式进行;**换热流体可较高速度流动**,传热效果较好,同时并可阻止换热流体中污脏物料的沉降;而排数和程数的伸缩性大,可按工艺需要增减。缺点是可拆连接处容易造成泄漏;单位传热面所需的金属量与外廓尺寸均比其他换热器要大;清洗检修比较麻烦。

4. 板式换热器

板式换热器是由许多板片组合而成,板片表面具有波纹或沟槽,如平直波纹、人字**波纹、锯齿形波纹、截球形等**,其作用是增加有效传热面,提高刚性和强度,促进湍流。**此种换热器**优点是结构紧凑,检修清理方便;适当组合板片,可以满足对流速、传热面**积等的不同要求**;不同能力、不同作用的换热也可以组合在一起;由于其板面具有波纹**或沟槽等**,且流向多变,故在较低流速下易于形成湍流,因而在压降相同时,传热系数**较之管壳式换热器可高达数倍**;此外,由于此种换热器的滞留量较小,**特别适用于处理贵重物料及对热敏性物料作快速加热或冷却**。但是这种换热器由于密封线长,**难以压紧,故操作压力不能高**;且由于密封材料的限制,操作温度也不宜太高;如果换热流体之间**压差较大,则亦不宜采用**。

5. 螺旋板式换热器

此种换热器是由两张平行的薄钢板卷制而成,构成互相隔开的螺旋形通道,冷、热流体以螺旋板为传热面进行热量传递。它适用于:液/液、气/液、汽/液、气-汽/液、气/气等的换热,也可用于沸腾,以用于液/液、汽/液、气-汽/液为佳。此种换热器的优点是结构紧凑,换热效率高,单位传热面所消耗的金属量较小,且不易堵塞;**由于流体在螺旋通道中流动**,具有离心力,故可在较低流速下达到湍流,在消耗相同动力的条件下,比管壳式换热器的传热能力可提高30～40%。此种换热器的缺点是,**不易检修,操作压力和温度不能太高**,同时换热流体之间的温差也不能太大。

二、管壳式换热器选择中应注意的问题

1. 流体在管内外的选择

一般应从下述几方面考虑:

① 不清洁的、粘度大的应在管内,以便于清洗。

② 腐蚀性强的流体,尽可能走管程,以免和壳同时被腐蚀。

③ 具有压力的流体应在管内,以免壳体承受高压。

④ 流量大的流体走壳程,流量少的走管程。这样便于管内选择理想流速,并可做成**多程流动**。

⑤ 饱和蒸汽宜走壳程,这样有利于冷凝液排除。

⑥ 与外界温差大的流体宜通入管内,与外界温差小的宜通入管间。这样可**减少温差效应**,以减少管、壳间的相对伸长。两流体温差不大,而给热系数相差很大,则宜将给**热系数大的流体走管程**,因为在管外加翅或螺旋片比较方便。

2. 热补偿的选择

当筒壁与管壁温差在50℃以上时，为避免温差效应而导致的结构变形或破坏，应考虑热补偿问题。通常采用的补偿方法有：补偿圈补偿、U形管补偿、垫塞补偿、浮头补偿等，一般采用U形膨胀节。

3. 管程数、壳程数的选择

(1) 管程数　系指介质沿换热管长度方向往、返的次数。当管间为恒温时，管程数多有利。当管内走小流量时，适当增加管程数可达到理想流速。按我国"钢制管壳式换热器"标准（GB 151—89），管程数分为：1、2、4、6、8、10、12 等七种。在分程中，应尽可能使各程的换热管数大致相等；分程隔板槽形状简单，密封面长度较短。

(2) 壳程数　系指介质在壳程内沿壳体轴向往、返的次数。一般按纵向隔板分成的程数计算。仅有横向折流挡板者仍作单程。只有当壳方污垢热阻小于 0.0008374 kJ/m·h·K时，才宜用纵向隔板。最多的壳程数有达6程以上。

4. 管壳长径比的选择

管壳长径比在 4～25 之间。对卧式管壳式换热器，以 6～10 为最常见。加热管细长者，投资较省。在立式管壳式换热器，从稳定性考虑，长径比以 4～6 为宜。

5. 折流板的选择

折流板的常见形式有弓型和圆盘-圆环型两种。弓型折流板有单弓型、双弓型和三弓型三种。切去弓型的高度一般为圆筒内直径的 20～45%。无相变时切去面积通常为25%，蒸发切去45%左右，冷凝有时切去50%左右。为减少压降损失，应使缺口处的流道与折流板间的流道面积接近。

折流板间的间距应不小于圆筒内直径的五分之一，且不小于 50mm。最大间距应不大于圆筒内直径，且应满足表 6-2 的要求。板间距过小，不便制造及检修，阻力也增大；板间距过大，则流向与管轴间的交角＜60～70°，对传热不利。必要时，可采用不同的板间距。

表 6-2　　折流板间距要求

换热管外径，mm	10	14	19	25	32	38	45	57
最大支撑跨距，mm	800	1100	1500	1900	2200	2500	2800	3200

三、管壳式换热器设计中有关参数的确定

1. 传热系数 K

除基本条件（如设备型式、物性、Re 等）相同时的 K 值可直接用外，应由各给热系数及其他热阻计算的结果求得。但在实际设计中，往往先选定 K 值，再求得传热面积 A，而后选用合适的换热器，再根据此换热器所确定的工艺条件计算各流体的给热系数 α，通过求得 α 值去校核所选定的 K 值是否合适。最初选定 K 值时，可参考工厂同类型设备的 K 值，或选用 K 值的经验数据。

2. 传热面积 A

传热面积A为表示K的基准传热面积，通常以α值较小的一侧的传热面积为基准；当α_i（内侧α）和α_o（外侧α）相差不大时，即以平均面积A_m为基准。实际选用的面积通常比计算结果大 10~20%，计算公式误差大或操作波动幅度大者，A有时增大30%。

3．污垢热阻系数 R。

传热过程，热阻是导致换热器传热能力急剧下降的主要因素，因此在生产操作中应尽可能将流体中所带杂质等在壁面上沉积形成的垢层清扫除去。此外，在生产中还可采取加强水质处理等净化流体的措施来降低污垢热阻，并在设计时除合理决定流体的流速和操作温度去确定污垢的热阻外，应尽可能引用经验数据。

4．传热壁温与定性温度

传热壁温是确定定性温度的依据，而定性温度则是在传热计算中确定物性的依据。

传热壁温过高，容易引起物料变质；过低，则会使物料凝固。在一般情况下，凝固层对传热不利（利用凝固层以减少器壁的腐蚀和热损失不在此列）。

传热壁（例如管子）和器壁（壳体）温差相差较大时，要根据其开车、清洗等作业中的最大温差去考虑膨胀节。

在高温（如电热）设备中，正确计算传热壁温，有助于选用较适宜的材料及操作条件，避免设备损坏。

5．流速选择

在选择流速时，为有利于传热，宜采用较高流速。但是，加大流速将使压力降增加，动力消耗也随之增大，且易使管子产生振动。

对高密度流体，适当提高流速对传热有利；反之，对低密度流体，由于其传热系数低，而克服阻力所需的动力又较大，因此在考虑提高流速时，应注意其合理性。

对粘度高的流体一般按滞流设计。

在传热计算中，一般参照换热器内常用流速范围选择。

6．流体进、出口温度的确定

流体进、出口温度通常是由工艺条件确定的，但有时是在设计换热器时决定。例如，冷却水进口温度取决于当地的水源及气候条件，而出口温度要在比较冷却水费用与换热器的设备费用以后，选取成本最低的出口温度。一般可取冷却水进、出口温升为5~10℃。从传热角度看，两股流体间最小温差不应小于5℃，不然会使传热面积过多地增加。

四、管壳式换热器的选用

根据"钢制管壳式换热器"（GB 151—89）规定，标准换热器型式为：固定管板式、浮头式、U形管式和填料函式。这些换热器的主要部件的分类及代号见图6-4。

1．标准换热器型号的表示方法

$$\times\times\times DN-\frac{P_1}{P_2}-A-\frac{LN}{d}-\frac{N_t}{N_s}\text{I}（或\text{II}）$$

×××——第一个字母代表前端管箱形式；第二个字母代表管壳形式；第三个字母代表后端结构形式。详见图6-4。

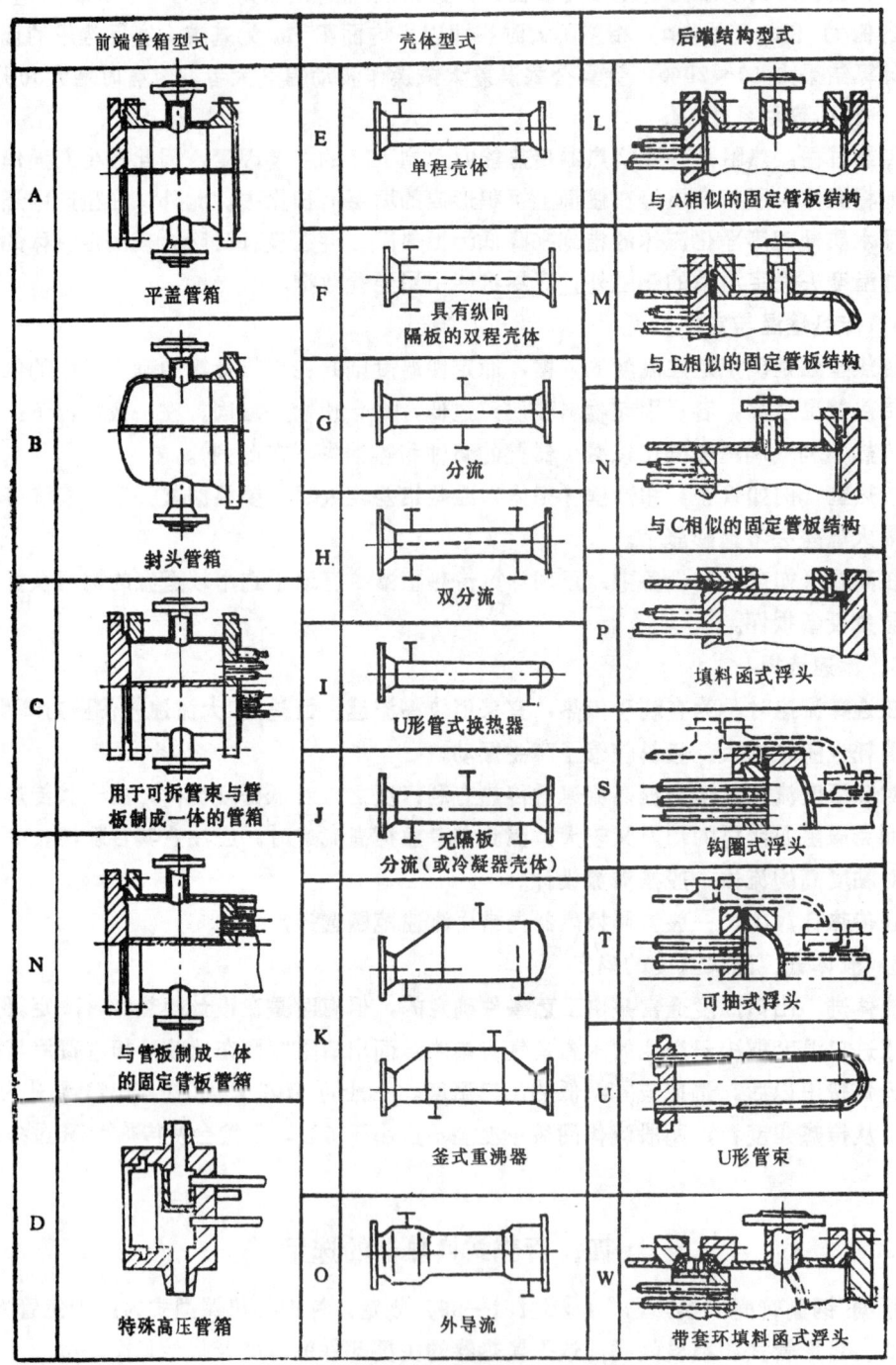

图 6-4 管壳式换热器主要部件分类及代号

DN——公称直径,mm。对于釜式重沸器用分数表示,分子为管箱内直径,分母为圆筒内直径。

P_1/P_2——管/壳程设计压力,MPa。压力相等时只写 P_1。P_1 为管程设计压力,MPa。

A——公称换热面积，m^2。

LN/d——LN 为公称长度，m；d 为换热管外径，mm。

N_t/N_s——管/壳程数，单壳程时只写 N_t。

Ⅰ（或Ⅱ）——Ⅰ级（或Ⅱ级）换热器。

示例：

(1) 浮头式换热器　平盖管箱，公称直径 500mm，管程和壳程设计压力均为 1.6MPa，公称换热面积为 $54m^2$，较高级冷拔换热管外径 25mm，管长 6m，4 管程，单壳程的浮头式换热器。其型号：

$$AES500-1.6-54-\frac{6}{25}-4\text{Ⅰ}$$

(2) 固定管板式换热器　封头管箱，公称直径 700mm，管程设计压力 2.5MPa，壳程设计压力 1.6MPa，公称换热面积 $200m^2$，较高级冷拔换热管外径 25mm，管长 9m，4 管程，单壳程的固定管板式换热器。其型号为：

$$BEM700-\frac{2.5}{1.6}-200-\frac{9}{25}-4\text{Ⅰ}$$

(3) U 形管式换热器　封头管箱，公称直径 500mm，管程设计压力 4.0MPa，壳程设计压力 1.6MPa，公称换热面积 $75m^2$，较高级冷拔换热管外径 19mm，管长 6m，2 管程，单壳程的 U 形管式换热器。其型号为：

$$BIU500-\frac{4.0}{1.6}-75-\frac{6}{19}-2\text{Ⅰ}$$

(4) 填料函式换热器　平盖管箱，公称直径 600mm，管程和壳程设计压力均为 1.0MPa，公称换热面积 $90m^2$，较高级冷拔换热管外径 25mm，管长 6m，2 管程，2 壳程的填料函式浮头换热器。其型号为：

$$AFP600-1.0-90-\frac{6}{25}-\frac{2}{2}\text{Ⅰ}$$

(5) 浮头式冷凝器　封头管箱，公称直径 1200mm，管程设计压力 2.5MPa，壳程设计压力 1.0MPa，公称换热面积 $610m^2$，普通级冷拔换热管外径 25mm，管长 9m，4 管程，单壳程的浮头式冷凝器。其型号为：

$$BJS1200-\frac{2.5}{1.0}-610-\frac{9}{25}-4\text{Ⅱ}$$

(6) 釜式重沸器　平盖管箱，管箱内直径 600mm，圆筒内直径 1200mm，管程设计压力 2.5MPa，壳程设计压力 1.0MPa，公称换热面积 $90m^2$，普通级冷拔换热管外径 25mm，管长 6m，2 管程的釜式重沸器。其型号为：

$$AKT\frac{600}{1200}-\frac{2.5}{1.0}-90-\frac{6}{25}-2\text{Ⅱ}$$

2. 标准换热器的选用程序

换热器的选用程序一般包括以下几个步骤:

(1) 确定基本参数　包括流量、温度、压力、物性数据以及介质性质特性（如腐蚀性、易燃性、粘滞性等）。

(2) 选择换热器类型。

(3) 确定流体在空间的流向。

(4) 计算定性温度以及在该温度下有关的物性数据。

(5) 计算热负荷。

(6) 选取传热系数K值或计算K值。

(7) 计算有效平均温差Δt_m。

(8) 计算所需传热面积A，并考虑通常情况下为10～20%、特殊情况下为30%的安全系数。

(9) 确定需要设备的台数　根据计算的传热面积，确定一台、二台或多台设备串联，应在工艺允许范围内调整有效平均温差，再重复计算一次所需传热面积。

(10) 计算压力降　在工艺允许范围内，如超出允许范围，则需重选设备。

五、管壳式换热器的工艺设计

在设计中，如选用不到合适的标准管壳式换热器，就要根据换热任务自行设计。

管壳式换热器的设计程序一般如下：

(1) 计算定性温度，查出定性温度下有关物性数据。

(2) 计算热负荷Q。

(3) 确定流体在空间的流向。

(4) 计算有效平均温差Δt_m。

(5) 选取传热系数或假设一个传热系数K'值。

(6) 由下式计算传热面积A'：

$$A' = \frac{Q}{K' \Delta t_m}$$

(7) 由A'初定设备结构尺寸：

① 选定换热管规格，根据A'计算出管子总长。

② 确定换热管段长，求出换热管数。

③ 根据已知管程流量，初选管程流速、求出一程管子的截面、管数及需要的程数。

④ 确定管子排列形式；定管心距；求出壳内径，并圆整至最接近的DN。

⑤ 确定是否采用折流板以及采用折流板的形式、规格、板间距，计算需要板数；同时确定拉杆的数量和位置。

⑥ 定出实际换热管数，并验算管程流速是否合乎要求。流速过大或太小，可通过调节管数、管长及管程达到解决。

⑦ 计算壳程流通面积，并验算壳程流速。若超出常用流速范围，则可修改板间距。

由以上初定的设备结构尺寸计算有效传热面积、管程及壳程流速。若是多程结构，

还要修正平均温度差（即以校正系数 φ 乘以 Δt_m 值）。

⑧ 计算初定设备的管、壳程流体的给热系数。

⑨ 选取管、壳程的污垢热阻系数。

⑩ 计算初定设备的传热系数。

⑪ 计算传热面积。根据传热系数、平均温度差及热负荷求出实际所需的传热面积。一般上述有效传热面积应比实际所需的传热面积大 10～20%，甚至大 30%。

如果有效传热面积太小或太大，则应修改初定设备，重新进行计算，直到合适时为止。

⑫ 确定换热器的进、出管口尺寸。

⑬ 计算管、壳程压力降，如果超出许可值，就要修改设计、重新计算。

⑭ 根据温差计算，确定是否需要膨胀节。如果需要，则应确定哪一种膨胀节。

⑮ 换热器结构的工艺设计包括支座、前端管箱、后端结构（含管束）、壳体法兰等。

第四节 塔设备的选型及其工艺设计

一、塔设备的性能比较

塔设备是实现气液或液液间传质分离的设备，广泛应用于轻化工工厂的蒸馏、吸收、解吸、萃取等单元操作过程。根据塔设备的结构，一般分为填料塔和板式塔两大类。

1. 填料塔

填料塔是最常用的气液传质设备之一。它结构的主要部分为一圆筒形塔体，筒内分若干层或全部装满填料。操作时，气相由下而上，液相由上而下，逆流接触，两相间的传热、传质主要在填料表面上进行，所以填料的选择是个关键问题。

填料塔的特点是结构简单，制造较容易，便于采用耐腐蚀材料，适用于塔径较小的场合，压力降较小；应用于大直径塔时，则有效率低、重量大、造价高以及清理检修麻烦、填料损耗大等缺点。在50年代至60年代期间，倾向于采用高效板式塔来取代填料塔，但近年来，认为在一定塔径范围内（例如塔径 1.5m 以下），采用新型高效填料，仍可以得到较好的经济效果。因此，根据不同的具体条件（特别是在塔径较小，压力降有一定的限制，或介质有腐蚀情况时），填料塔还是具有很多适用性的。

填料塔如按填料可分成实体填料（如拉西环、鲍尔环、鞍形填料、波纹填料、θ 环、十字环、单螺旋环等）和网体填料（如鞍形网、θ 网环等）塔两大类，此外还有一些特殊结构的塔，如多管塔、湍球塔、乳化塔等，也属于填料塔的范围。

2. 板式塔

板式塔是在塔内装有一层层的塔板（或称塔盘），气液的传质、传热过程是在每层塔板上进行的。

板式塔的种类很多，最早使用的有泡罩塔和筛板塔，但目前使用较多的为浮阀塔；此外还有舌形板塔、浮动喷射板塔、栅板塔、筛板塔及波纹板塔等。

浮阀塔具有生产能力大，分离效率高，雾沫夹带少，液面梯度较小，操作弹性大，节约金属及结构较泡罩塔简单等优点。这种塔型是本世纪50年代发展起来的一种气液传质设备。

筛板塔是传质设备中最早出现的塔设备之一,但由于操作性能较差,长期未能获得推广应用,直到本世纪50年代,经过改进,才得以在工业上用作为一种传质设备。它的特点是结构简单,制造方便,成本低(造价约为浮阀塔的80%左右,约为泡罩塔的60%),压降小,处理量大(可比泡罩塔提高10~25%),清洗和修理也比较容易。其缺点是必须维持恒定的操作条件,要求一定的气速,所以操作范围较小,而且筛孔容易堵塞。因此,它适用于处理清洁物料。

泡罩塔是权式塔中使用最早的一种典型传质设备,具有气液接触充分保证,操作范围大的特点。但此种塔制造较复杂,具有金属耗用量大,液面落差大,分离效率不够高等缺点。

上面介绍的三种板式塔,由于它们的性能各有所长,但它们的设计方法都相当成熟,因此是目前工业生产中主要使用的塔型,它们的一般性能如表6-3所示。

表6-3 几种常用板式塔的一般性能比较

塔型	相对生产能力(以气体负荷计算)	效率		负荷弹力 最大负荷与最小负荷之比	流体阻力 mmH₂O柱 负荷为最大值的85%	可能的板间距 mm	结构	相对造价比较
		当负荷为最大负荷的30%时	负荷的可允许变化范围内					
泡罩塔	1	80	60~80	5	80	400~800	复杂	1
泡罩塔(S型塔板)	1.1~1.2	80~90	65~90	8	80	400~800		½~⅔
浮阀塔	1.2~1.3	80	70~90	9	50	300~600	简单	⅔
筛板塔	1.2~1.4	80	70~90	3	40	400~800	最简单	½

表6-4为板式塔与填料塔的主要性能对比。

表6-4 板式塔与填料塔对比

序号	填料塔	板式塔
1	φ800mm以下,造价一般比板式塔低,直径大则价高	φ600mm以下时,安装较困难
2	用小填料时,小塔的效率高,塔较低。直径增大,效率下降,所需填料高度急增	效率较稳定。大塔板效率比小塔板有所提高
3	空塔速度(生产能力)低	空塔速度高
4	大塔检修费用大,劳动量大	检修清理比填料塔容易
5	压降小。对阻力要求小的场合较适用(例如,真空操作)	压降比填料塔大
6	对液相喷淋量有一定要求	气液比的适应范围大
7	内部结构简单,便于非金属材料制作,可用于腐蚀较严重场合	多数不便于非金属材料制作
8	持液量小	持液量大

二、塔设备的选型要求

在塔设备的选型中,一般应注意以下几方面的要求。如生产能力大,有足够弹性;机械性能好,可靠性高;满足工艺要求,操作稳定,效率高;结构简单,制造和维修方便,成本低。

在选型时,要完全满足达到上述要求是较困难的,有时甚至相互抵触。为此,必须根据塔设备在工艺流程中的地位和特点,详细对比各类塔在本流程中的作用和要求,尽量做到满足主要方面的条件和要求。

三、塔设备的精馏、冷凝、再沸器方案的设计

1. 精馏方案的设计

精馏是利用各种物质挥发性的不同将一个多组分溶液中的各组分分离的方法。它是最常用、最有代表性的均相分离操作,在轻化工厂生产中被广泛地采用。

一个较好的精馏分离方案,应尽量做到以下几点。

(1) 能量利用好,单耗低　精馏过程能量的消耗主要表现在塔顶冷凝器和塔底再沸器的能量消耗上。现以分离四组分溶液的五种方案(图6-5)为例进行说明。方案(Ⅰ)与(Ⅱ)比较,若塔为液相进料,方案(Ⅰ)中组分A、B或C都只各被加热汽化和冷凝一次,即可得到塔顶液体产品;而在方案(Ⅱ)中,组分A要被汽化和冷凝各三次,组分B被汽化和冷凝各二次才能得到液体产品。两者比较,方案(Ⅱ)要比方案(Ⅰ)消耗更多的热量和冷量。一般说,按A、B、C挥发度递减的顺序从塔顶采出的流程要比按D、C、B挥发度递增的顺序从塔釜采出的流程节省能量。方案(Ⅲ)、(Ⅳ)、(Ⅴ)处于方案(Ⅰ)和(Ⅱ)之间。不过当此四组分中A的沸点很低,以致为分离A必须将进料压缩和预冷,因而需要消耗更多的能量时,采用方案(Ⅲ)或(Ⅴ)先将组分C、D或组分D除去,比采用方案(Ⅰ)可以节省较多的能量。

(2) 尽量降低设备投资　显然,方案(Ⅰ)的设备投资要比方案(Ⅱ)少,因为A、B的

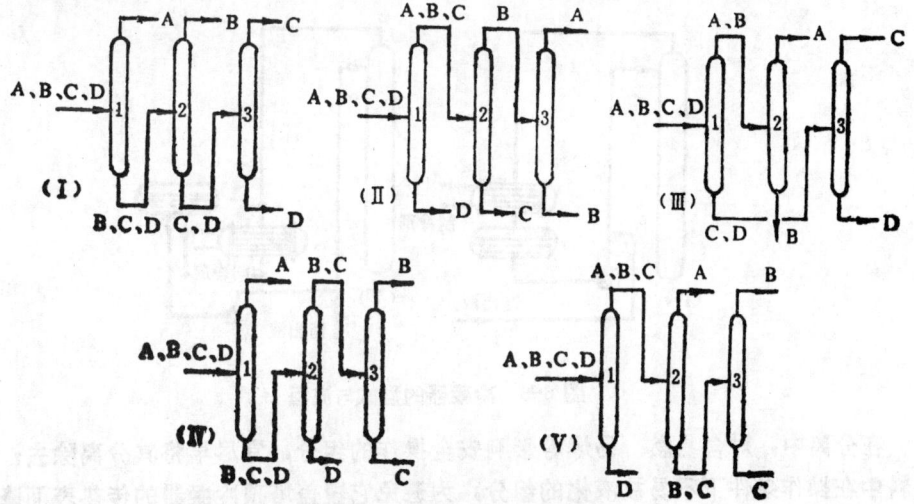

图 6-5　分离四组分溶液的五种方案

汽化和冷凝次数前者要比后者少，从而使方案（Ⅰ）中的塔径减小，而同时再沸器和冷凝器的传热面积也可相应减少。

在A、B、C、D四组分中，若D的含量最高，则采用方案（Ⅴ）有利，因此时先将D组分分离后，即可对后续设备如再沸器、冷凝器等的负荷相应减轻，这样就比采用方案（Ⅰ）节省设备投资。

如果组分中具有强腐蚀性的组分，则应尽早分出，以免后续塔不必采用耐腐蚀材料，这样可以节省投资。

对相对挥发度接近于1的组分，分离时需要较多理论塔板，这样塔将增高，如果此时将这对组分放在最后分离，便可减少塔径和降低能耗。

(3) 保证产品质量和产量，操作稳定，效率高　从分离的程序上，容易聚合的组分应提前在较低的釜温下分离出来，这样可减少系统中聚合物的产生和积聚。

在上述四组分的分离中，若A和C是所需产品，为避免分离组分C的塔在操作上不稳定而影响产品A的质量，则可采用图6-5中的方案（Ⅲ），使分离组分C的塔和分离组分A的塔处于并联位置。

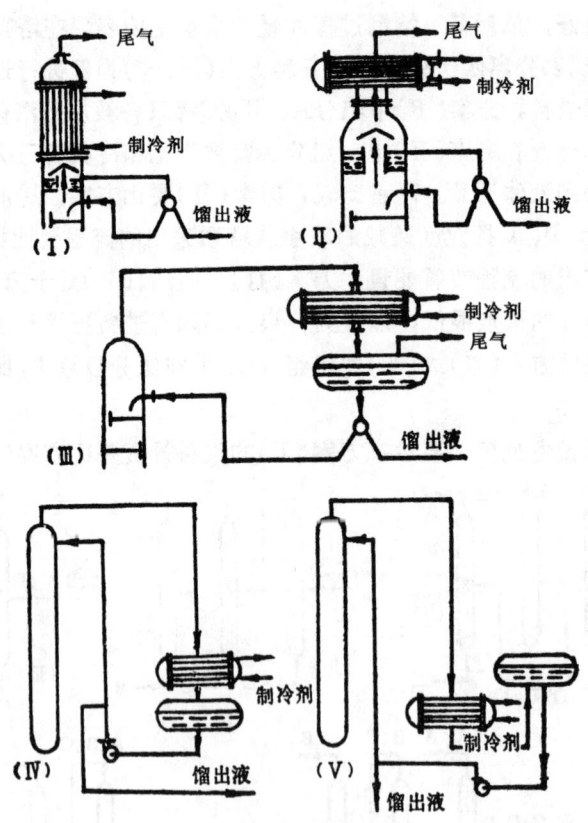

图 6-6　冷凝器的型式与流程

在分离中，对含易燃、易爆等影响安全操作的组分，宜尽早将其分离除去；而对在进料中在操作条件下不易被液化的组分，为避免它覆盖塔顶冷凝器的传热表面降低传热效果，也应尽早将它分离出来。

对于回收率要求比较高的塔，应在最后分出，这样可使最后成品采出塔处理量减少，从而减少随釜液损失的产品量。

上述条件在多组分精馏中不可能全部得到满足，必须首先满足工艺条件，保证产品质量和产量前提下，再考虑提高收率和降低能耗等问题。

2．冷凝方案的设计

塔顶冷凝器的布置形式，常用的如图6-6所示。

方案（Ⅰ）、（Ⅱ）为整体式，优点是占地面积小，节省塔顶或冷凝器封头；缺点是塔顶结构较复杂，检修不便。此种设计，多用于冷凝器传热面积较小（一般小于$50m^2$），或凝液难以用泵以及用泵输送有危险的场合。

方案（Ⅲ）为自流式，有类似整体式特点，凝液藉重力自流入塔，可由改变回流液的液位差来调节回流的速度。此种方案一般采用较多。

方案（Ⅳ）、（Ⅴ）为强制循环式，适用于生产规模较大、塔顶冷凝器太大而塔顶附近难以安装或维修的场合，但它必须提供合适的泵设备。

在塔顶冷凝器方案设计中，根据工艺需要，有时要求气相全凝，有时要求气相分凝，采用哪种方案，一般由以下因素来确定。

塔顶出料状态　如果塔顶在后续加工过程中是以气态使用的，同时也满足其他工艺要求的话，则可采用分凝。反之，如果塔顶要求得到液态产品，则可采用全凝。后者要比分凝气相出料再去压缩冷凝获得液态产品经济。

回流控制　在采用分凝条件下，一般回流液的温度是泡点，也就是蒸汽出料的露点，这就需要较多的回流循环以增加回流。若为全凝，回流液是作为过冷液体送回塔内，其回流量可由回流温度来控制。

分凝与全凝的比较　冷凝方式决定采用的操作压力，所以需要从投资费用和操作费用去考虑，两种方案的选择，可按表6-5进行比较。

表6-5　　　　　　　　　　　　分凝与全凝的比较

因 素	分 凝	全 凝	因 素	分 凝	全 凝
塔顶产品	蒸 汽	液 体	塔板数	少	多
压 力	较 低	较 高	塔壁厚	较 薄	较 厚
温 度	相 同	相 同	处理能力（以蒸汽速度计）	小	大

3．再沸器方案的设计

再沸器的方案设计如图6-7所示。

（1）立式再沸器　如图6-7（Ⅰ）。这是一种立式虹吸循环型再沸器，其原理是利用再沸器中物料与塔底物料相对密度之差所引起的循环作用。它的优点是釜液在加热区停留时间短，釜液通过管内容易清洗；再沸器与塔釜的配管短，配管中压力损失小，且可配置流量计，易于调节流量；装置紧凑，传热效果好，占地面积小，基础简单。缺点是为使釜液具有足够的循环压头，必须使塔的裙座提高很多；为保持热虹吸循环所需的压

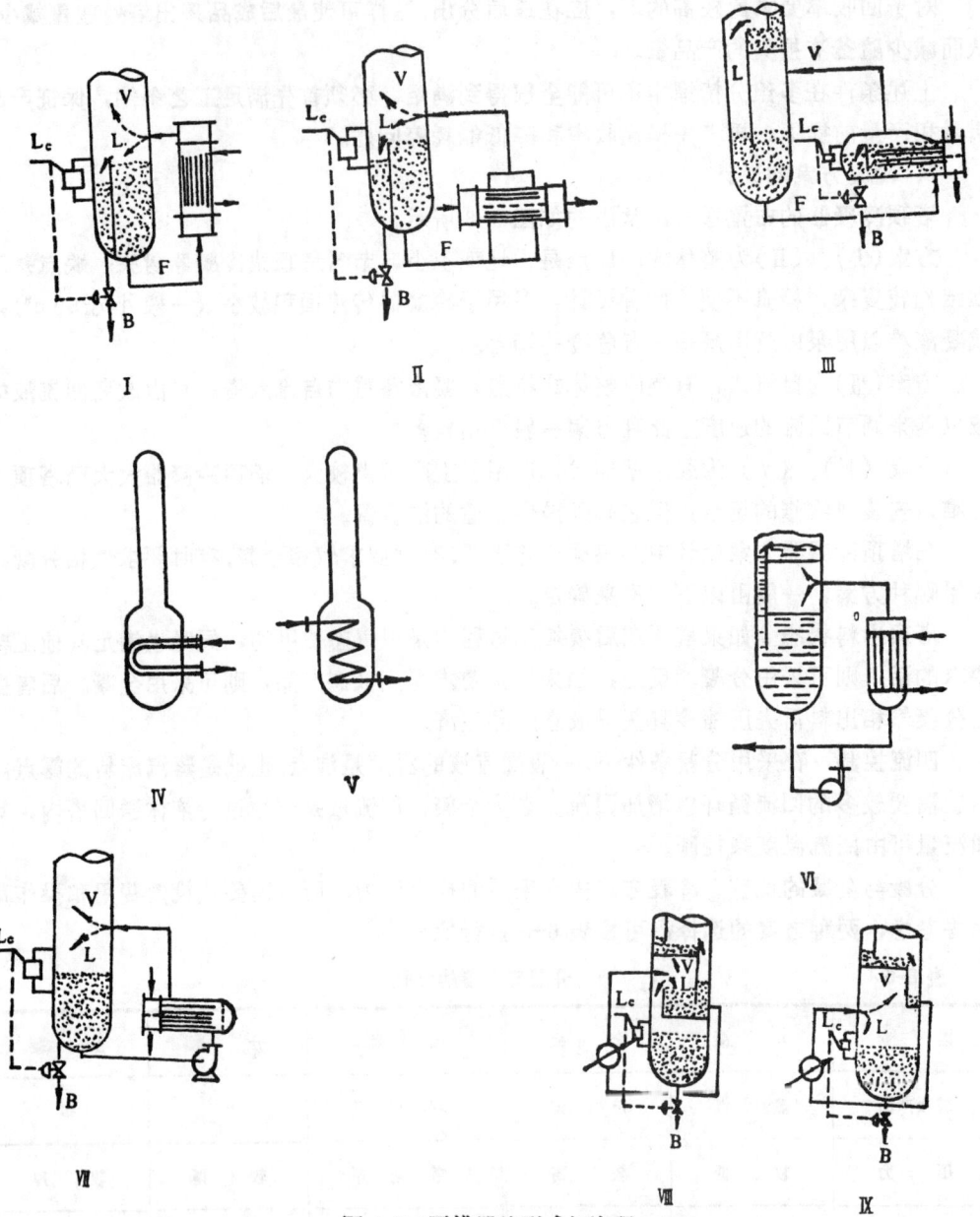

图 6-7 再沸器的型式与流程

力平衡,塔釜必须保持一定的液面,为此塔釜要设置堰板,还要防止液面调节阀工作失灵;再沸器的蒸发率有限制(一般在 30% 以下),以防止蒸发效率过高,体积膨胀大,导致压力损失增加;一个塔在操作中不可能同时用几个再沸器,因釜液循环难以平均分配,所以传热面积受到限制;只有釜液循环量大时,再沸器才相当于一块理论塔板。

(2) 卧式再沸器 如图 6-7(Ⅱ)、(Ⅲ),这是一种卧式热虹吸循环型再沸器。优点是传热面积可比立式再沸器大;有效压头较立式再沸器大,从而可增大循环量;塔釜与再沸器之间管道可装流量计,调节流量容易。缺点是占地面积大,基础和台架费用高;釜液通过管间清洗困难,故不适用于釜液中有污染和粘结性的场合(为此,需采用 U 型插入管，以便管束从再沸器中抽出清洗）；蒸发率限于30%以下；只有循环量大时再沸器才相当于一块理论塔板。

（3）内插入再沸器 如图6-7(Ⅳ)、(Ⅴ)所示。它有不需要再沸器的壳体和循环系统的配管、无釜液泄漏、且小塔可采用蛇管等**优点**。缺点是再沸器热负荷受到限制，塔釜内部要装管束支架，为抽出管束需开大口径人孔或手孔，更换管束时必须停工等。

（4）强制循环型再沸器 如图6-7(Ⅵ)、(Ⅶ)所示。优点是能通过泵实行强制循环，改善传热条件；利用泵控制流量，达到一个塔同时使用几个再沸器；在低蒸发率条件下亦能操作运转。缺点是需增加泵设备的投资，操作和检修费用较高。此种方案一般在自然循环不能操作的情况下才采用。

（5）特殊溢流装置再沸器 当塔底物料有聚合或生成膏状物时，可采用图6-7(Ⅷ)所示结构。在液体量变动很大，为了避免产生脉冲现象，可采用图6-7(Ⅸ)所示结构。

四、塔设备的工艺设计

塔设备的工艺设计程序视工艺流程和塔设备的型式而异。现以工业上常用的填料塔和浮阀塔为例，作扼要介绍。

1．填料塔的工艺设计程序

（1）**基础数据** 包括全塔的物料平衡及温度、压力；塔内液相及气相流量；气、液相**密度**、粘度、扩散系数；气、液相平衡曲线或亨利常数（在稀溶液时），或溶解度数据。

（2）选择填料。

（3）确定操作速度 利用基础数据中的有关物性数据及选择的填料种类和大小等因素，由"泛点速度计算图"计算出液泛速度（即泛点气速）。取操作速度为一般液泛速度的60～80%。

（4）计算塔径 计算出的塔径数值应圆整至标准的公称直径。

（5）校核吸收剂的喷淋密度及填料表面的润湿率。

（6）计算压降。

（7）计算填料层高。

（8）根据塔径及填料总高，确定填料的分段数，并选定填料的装卸形式。

（9）设计栅板结构、液相喷淋装置、液相再分配器，必要时设置除雾器。

（10）计算进出口接管直径。

2．浮阀塔的工艺设计程序

（1）基础数据 包括操作速度及压力、气液相负荷及其密度、液体的表面张力及粘度、负荷最大及最小的波动范围以及塔板数等。

（2）塔径计算 化工用塔一般都希望操作时具有一定的弹性，故推荐用"初选塔径用的算图"进行计算。

（3）板面布置设计 确定塔板上的液流型式，确定降液管及堰尺寸等。

（4）塔板上浮阀布置 根据动能因素计算出孔速，求得浮阀个数，布置浮阀并画简图。

经排列后，为了凑满两端，可以适当增减浮阀数，并按调整后的阀数，验算动能因素是否合适。

(5) 计算板压降　计算干板压降、液层阻力及塔板压降。

(6) 淹塔情况　求出降液管内液面高度；校核塔板间距；校核液相在降液管中的停留时间。

(7) 雾沫夹带　采用验算泛点的方法进行。

(8) 确定负荷的允许上下限。

(9) 计算进出口接管直径。

(10) 塔结构工艺设计　包括除沫器、人孔、塔体、支座或裙座等。

第五节　反应器的选型及其工艺设计

一、反应器的分类及特点

1. 分类

反应器的种类很多，分类方法也不一样。例如有按反应器的换热情况把反应器区分成等温的、非等温的、绝热的等几种类型；有按操作情况和物料的流动情况不同把反应器区分成间歇操作的搅拌釜、连续操作的管式反应器、连续操作的搅拌釜、串联的连续操作搅拌釜等类型；有按照操作特点和物料的相态区分成釜式反应器、固定床反应器、流化床反应器、鼓泡式反应器等；还有按反应器的基本结构区分成管式反应器、釜式反应器、固定床反应器、流化床反应器等等。总之，主要应根据分析问题的不同角度按不同的分类方法去看一个反应器究竟属于哪一种类型。

2. 特点

上述几种反应器，都具有自己的特点，大致可归纳如下。

(1) 釜式反应器　其特点是既可间歇操作也可连续操作；连续操作时既可以单釜进行，也可以多釜串联操作。此种反应器物料的停留时间可长可短，温度、压力范围可高可低，在停止操作时易于开启进行清理。

在间歇操作时，物料一次加入釜中，反应结束后物料一次排出，所以所有物料的反应时间是相同的，只要适当搅拌，釜内物料的温度、浓度可达均匀一致。但釜内物料的浓度随时间而变化，因此其化学反应速度也随反应时间而变化。

在单釜连续操作时，物料一面加入，同时一面流出，连续流动，在强烈搅拌下，釜内各点的物料浓度均匀一致，出口浓度与釜中浓度相同，而且不随时间而变化，因此反应速度始终为一常数，这是单釜连续操作的最大特点。单釜连续操作时的另一特点是，物料在强烈搅拌下连续流动，但有的物料微团可能立即离开反应器，也可能在釜内停留很长时间，因此各个物料微团在单釜连续操作条件下的停留时间可能由 0 到 ∞。这就是反应物在连续操作时的平均停留时间和间歇操作时的反应时间虽然一样，而且其他工艺条件也相同，但反应的转化率却不一样的原因之一。

多釜串联的优点是，既具有单釜连续操作的特点，即反应物浓度和反应速度恒定不变,可使反应在最有利的反应条件下进行,又可以分段控制反应,还可以使物料在反应器中的停留时间比较集中。

(2) 管式反应器　近年来此种反应器在化工生产中使用越来越多,而且越来越趋向大型化和连续化。它的特点是传热面积较大,传热系数较高,**流体流动速度较快**,物料停留时间短,便于分段控制以创造最适宜的温度梯度和浓度梯度,此外还有耐**高压**、**高温**,结构简单等特点。

此种反应器在连续操作时,物料沿管长方向流动,反应时间是管长的函数,**所以反应物浓度沿管长变化**;但是沿管长各点上的反应物浓度有一个确定不变的值,不随时间而变化。在间歇操作的反应釜中,最快的反应速度是在操作过程中某一时刻,而在管式反应器中,最快的反应速度则是在管长的某一点。

(3) 固定床反应器　此种反应器结构较简单,操作稳定,便于控制,是近代化工生产中最普遍采用的反应器之一。它的特点是气固相间(固体催化剂处于静止不动状态,而原料气体则为连续流动的)传热、传质面积大,传热、传质系数高,便于实现过程连续化和自动化。由于催化剂的粒子静止不动,从而带来床层的导热性不好,床层的温度分布也不易均匀。因此在设备的结构设计上必须考虑,对放热较大的过程,必须尽快地把热量移出;而对吸热较大的反应,必须迅速供给热量。即使如此,反应床层也难保持等温(所以绝大多数固定床反应器是属于非等温式反应器),这是此类反应器的一大缺点。

(4) 流化床反应器　此种反应器常用于气固相反应和气固相的催化反应,被石油、化工、冶金等工业部门广泛采用。流化床或称沸腾床,它作为反应器的特点是催化剂颗粒很细,在气流作用下,床层催化剂被冲击而悬浮起来,上下翻动,剧烈运动,整个系统很象沸腾的液体。因此,这种操作过程亦称固体的流态化。

流化床反应器比固定床反应器有传热、传质面积大;传热、传质系数高;可避免局部过热;便于连续化和自动化生产等优点。但也存在一些重大缺点,如床层常会出现过大的气泡、腾涌等现象而带来颗粒密集,影响气体与催化剂颗粒的接触;同时由于固体颗粒的剧烈搅动和循环运动,易造成催化剂的磨损,这就一方面对催化剂的耐磨性,另一方面对细微催化剂的回收都提出更高的要求;此外,由于固体颗粒和流体的轴向混合**严重**而带来的反应速度降低、转化率下降、选择性变差等问题,亦必须十分注意。

二、反应器的选择

由于轻化工生产的多样化,因此给反应器的选择也带来一定的困难。从目前工厂生产的实际情况来看,一般是根据生产实践的经验;此外,有的需要通过试验研究而确定。

下面从不同类型反应器中反应物浓度的特点以及根据动力学特点选择反应器类型两个方面作扼要说明。

1. 根据反应器中反应物浓度的特点

由前述反应器的分类和特点可知,间歇操作的搅拌釜的反应物浓度仅是时间的函数,任何时刻的反应物浓度都大于反应终了时的浓度;连续操作的管式反应器的反应物浓度沿管长而渐变,沿管长任一点的反应物浓度都大于出口反应物的浓度;连续操作的搅拌釜，釜中反应物浓度不随时间、位置而变，其数值等于出口浓度，对于生成物来说，也是这样；串联的连续操作搅拌釜，反应物浓度呈阶梯形逐渐降低，釜越少反应物浓度的变化接近连续操作的搅拌釜，釜越多反应物浓度的变化接近管式反应器。

图 6-8 为不同类型反应器中反应物浓度的变化情况。

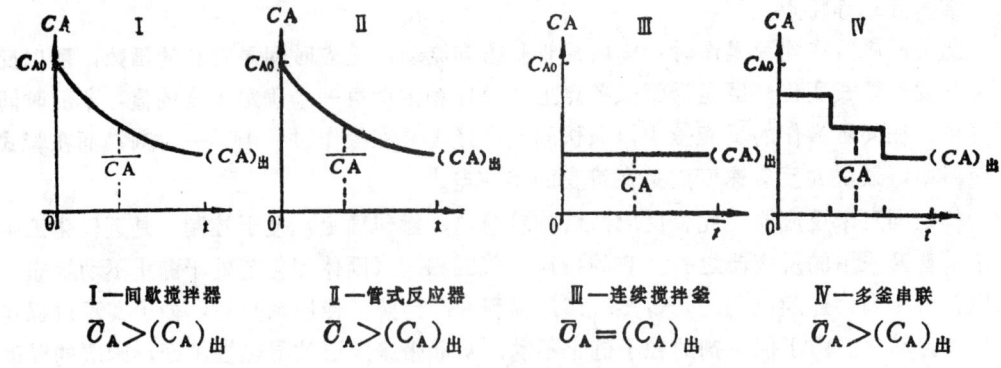

图 6-8 不同类型反应器中反应物的浓度变化

通过以上分析可以看出，对于不同类型的反应器，即使反应物具有完全相同的出口浓度，但是在反应器中的浓度却很不相同，这就为根据反应动力学的特点去选择反应器提供了可能和依据。

2. 根据动力学特点选择反应器类型

(1) 简单反应 其反应通式为：

$$A \xrightarrow{k_C} B$$
$$\gamma_A = k_C C_A^n$$

对于零级反应 ($n=0$)，因反应物浓度对反应速度 (γ_A) 没有影响，故可选用任何类型的反应器。式中 k_C 为反应速度常数。

对于非零级反应 ($n>0$)，γ_A 的大小与 C_A（釜中反应物 A 的浓度）有关，应选择能具有较大 C_A 的管式反应器或间歇操作的反应釜，因这两种类型反应器中反应物浓度大于出口（或反应终了时）的浓度；若采用多釜串联，则要求釜数多一些为好。同时，反应级数越多，C_A 对于 γ_A 的影响越大，因此，不同类型反应器对化学反应速度的影响就越大。

(2) 平行反应 其反应以下式为代表：

$$A \begin{matrix} \xrightarrow{k_1} B \\ \xrightarrow{k_2} C \end{matrix} \quad \begin{matrix} \gamma_B = k_1 C_A^{n_1} & \text{(主反应)} \\ \gamma_C = k_2 C_A^{n_2} & \text{(副反应)} \end{matrix}$$

在选择反应器时，主要是比较主副反应的反应级数。

若 $n_1 > n_2$，则选用具有较高反应物浓度的反应器为好，即应选用间歇操作的搅拌釜或连续操作的管式反应器，而不选用连续操作的搅拌釜，因前者有利于主反应的进行，提高选择性。

若 $n_1 < n_2$，则选用连续操作的搅拌釜比选用连续操作的管式反应器或间歇搅拌釜为好，此时反应速度可能要慢一些，但是反应过程中主反应所占的比率增加。

(3) 连串反应 其反应以下式表示：

$$A \xrightarrow{k_1} B \xrightarrow{k_2} C$$

$$\gamma_B = k_1 C_A^{n_1} - k_2 C_A^{n_2}$$

$$\gamma_C = k_2 C_B^{n_2}$$

对于连串反应，应根据不同的目的产物去选择反应器的类型。

若 B 是目的产物，则为使反应过程有较高的 γ_B，希望反应器中有较大的 C_A 和较小的 C_B，故宜选用间歇操作的搅拌釜或连续操作的管式反应器，而不宜选用连续搅拌釜。

若 C 是目的产物，则为使 $\gamma_B < \gamma_C$，应选用具有较小反应物浓度的连续反应釜；若是一定要用多釜串联，也要尽量使串联的釜数少一些为好。

根据上面的分析，从动力学特点选择反应器类型，可归结为表 6-6。

表 6-6 化学动力学与反应器选择

反 应 类 型	动 力 学 特 征	反 应 器 选 择
A——B	$n = 0$	Ⅰ，Ⅱ，Ⅲ，Ⅳ
	$n > 0$	Ⅰ，Ⅱ，Ⅳ
A<B,C	$(n)_{主反应} > (n)_{副反应}$	Ⅰ，Ⅱ，Ⅳ
	$(n)_{主反应} < (n)_{副反应}$	Ⅲ
A——B——C	B 是主要产物	Ⅰ，Ⅱ，Ⅳ
	C 是主要产物	Ⅲ

注：Ⅰ—间歇搅拌釜；Ⅱ—管式反应器；Ⅲ—连续搅拌釜；Ⅳ—多釜串联。

显然，四种典型反应器各适用于不同的动力学特征，都没有绝对的优势。但是，也应指出，新建工厂使用连续操作的反应器，有利于提高设备的处理能力。

三、搅拌反应釜的工艺设计

搅拌反应釜是轻化工厂最常用的典型设备之一。在轻化工工艺中，涉及众多反应类型，如酯化、皂化、氧化、氢化、胺化、酰胺化、乙氧基化、磺化、水解、中和、乳化、混合等等。在这些反应中，一般都要用到搅拌反应釜，而在操作条件上，有的是高压高温，有的须减压真空，有的要防燃、防爆，有的须防毒、防腐蚀等。所以在设计和制造各种反应釜时，都必须分别满足上述工艺条件及其安全操作条件，此外，还要考虑到技术经济指标和结构条件的要求。图 6-9 为一种搅拌反应釜的基本结构。

搅拌反应釜的基本结构包括：

(1) **釜体** 由筒体和上下封头组成。它提供足够的反应体积以保证反应物达到规定转化率所需的时间；必须有足够的强度和耐腐蚀能力以保证操作安全和运行可靠。

(2) 换热装置 要有效地保证化学反应（或物理化学反应）所需要的热量或者移出的热量，达到最适宜的操作温度。换热装置有的采用夹套，有的采用蛇管，有的两者皆用。

(3) 搅拌装置 由搅拌器及搅拌轴等组成。它的传动由马达和减速装置再通过联轴节带动搅拌轴装置。良好的搅拌装置，既可使釜内物料充分混合，均匀分散；也可使悬浮体系或乳状体系保持稳定；同时还能强化釜内传热和传质。

(4) 轴封装置 用来防止釜体与搅拌轴之间的泄漏。有静密封和动密封两大类型，必须根据工艺要求选定。

(5) 工艺接管 根据工艺要求，反应釜上要配有各种管口，例如加料、出料、排气、人孔、手孔、视镜、测温孔、测压孔、防爆孔、安全阀等。它们的尺寸大小和安装位置均由工艺条件决定。

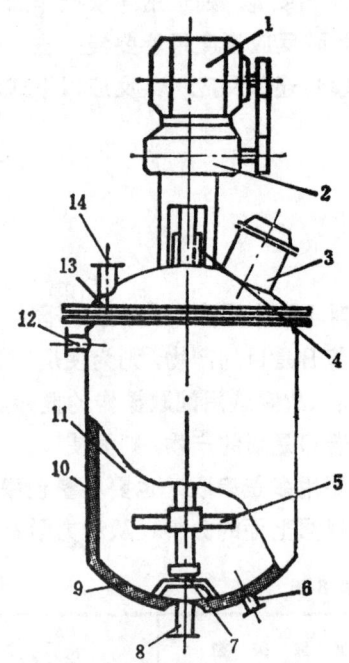

图 6-9 搅拌反应釜的基本结构
1—电动机 2—传动装置 3—人孔
4—密封装置 5—搅拌器 6,12—接管 7—搅拌器底轴承 8—出料管
9—釜底 10—夹套 11—釜体
13—顶盖 14—加料管

下面将此类反应釜的工艺设计作一概括的介绍。

1．确定操作方式

根据工艺要求确定反应釜的操作方式。

2．确定工艺计算依据

如生产能力、转化率、反应时间、装料系数、操作温度、压力、比热容等。

3．收集有关物性数据

包括反应物料、生成物以及其他组分的物性数据。

4．反应釜容积计算

(1) 间歇反应釜

$$V=\frac{V_c \cdot \tau \cdot n}{24m \cdot \varphi}, \ m^3 \tag{6-4}$$

式中 V_c——每昼夜处理的物料量，m^3/d

τ——每批物料反应的时间，h

n——设备的备用系数，通常在 1.05～1.3 范围内

m——设备台数

φ——装料系数，通常取 0.7～0.8，对容易起泡或沸腾或有气相参加的反应，φ 取 0.4～0.6。

(2) 连续反应釜

$$V = \frac{V_h \cdot \tau \cdot n}{m \cdot \varphi}, \text{ m}^3 \tag{6-5}$$

式中 V_h——每小时处理的物料量，m³/h

τ——反应所需的时间，h

n, m, φ 意义和取值如间歇反应釜所述。

5. 反应釜直径与筒体高度

设釜内径为 D_0，筒体高为 H，高径比为 r（即 $r = H/D_0$；r 一般取 1~3 之间）。若已知釜容积为 V，且 r 已选定，即可确定 D_0 和 H 的大小。

筒体体积为

$$V - V_0 = \frac{\pi}{4} D_0^2 \cdot H$$

因

$$H = rD_0$$

所以

$$V - V_0 = \frac{\pi}{4} D_0^2 \cdot rD_0$$

即

$$D_0 = \sqrt[3]{\frac{V - V_0}{\pi/4r}} \tag{6-6}$$

式中 V_0——封头容积。先初算出 D_0 值，据此 D_0 圆整至公称直径，再由公称直径查手册，将查得的 V_0 容积代入计算。

必须注意，在初算出 D_0 后，必须圆整至公称直径后再确定 r 与 H。

6. 搅拌器设计

(1) 选型　搅拌器型式很多，必须根据工艺要求进行选型。常见的搅拌器型式有：推进式（船舶型）、桨式（平直叶、折叶）、涡轮式（开启平直叶、开启弯叶、开启折叶、圆盘弯叶、圆盘平直叶）、锚式或框式、螺杆式、螺带式等。

上述几种搅拌器的主要特性参数如下：

推进式（船舶型）　$S/D = 1$，$Z = 3$，$U = 5 \sim 15$ m/s，$n = 300 \sim 600$ r/min。

桨式（平直叶、折叶）　$D/B = 4 \sim 10$，$Z = 2$，$U = 1.5 \sim 3$ m/s，$n = 20 \sim 80$ r/min。

涡轮式（开启平直叶、开启弯叶、开启折叶）　$D/B = 5 \sim 8$，$Z = 6$，$U = 3 \sim 8$ m/s，$n = 150 \sim 350$ r/min。

涡轮式（圆盘弯叶、圆盘平直叶）　$D:L:B = 20:5:4$，$Z = 6$，$U = 3 \sim 8$ m/s。

锚式或框式　$C/D_0 = 0.05 \sim 0.08$，$B/D_0 = 1/12$，$U = 0.5 \sim 0.15$ m/s，$n = 20 \sim 80$ r/min。

螺杆式　$S/D = 1$，$Z \geqslant 1$，$n = 5 \sim 20$ r/min。

螺带式　$S/D = 1$，$B/D = 0.1$，$Z = 1 \sim 2$，$n = 5 \sim 20$ r/min。

符号说明：

D_0——搅拌釜内径

D——搅拌叶直径

B——搅拌叶宽度

Z——搅拌叶叶数

S——搅拌叶螺距

L——搅拌叶长度

C——搅拌叶距釜底的距离

n——搅拌器转速

表6-7可供搅拌器型式选用时作为参考。

表6-7　　　　　　　　　　搅拌器型式选用参考表

工艺要求	控制主要因素	选用型式	D_0/D	H/D	层数及位置
调和混合	液体循环流量（容积循环速率）	推进式、涡轮式、桨式(低要求时)	推进式：4～3 涡轮式：6～3 桨式：2～1.25	不限	单层或多层，中间插入$C/D=1$, $C/D=0.5～0.75$
分散混合	液滴大小(分散度) 容积循环速率	涡轮式	3.5～3	0.5～1	$C/D=1$
固体悬浮和固体溶解	容积循环速率 湍流强度	桨式、推进式、涡轮式	推进式：2.5～3.5 桨式、涡轮式：2～3.2	0.5～1	根据固体粒度和含量及相对密度决定C/D
气体分散和气体吸收	剪切作用 高速度	涡轮式	2.5～4	1～4	单层或多层$C/D=1$
热量传递	容积循环速率 对传热面的湍流程度	桨式 推进式 涡轮式	桨式：1.25～2 推进式：3～4 涡轮式：3～4	0.5～2	
搅拌(对高粘物料)	容积循环速率 低速度	涡轮式、锚式、框式、桨式、螺杆式、螺带式	涡轮式：1.5～2.5 桨式：～1.25	0.5～1	
结晶	容积循环速率 剪切作用，低速度	涡轮式 桨式或改进式	涡轮式：2～3.2		单层或多层，单层一般在$H/2$处

注　表中除H表示液面高度外，其他符号同前。

(2) **确定搅拌器主要尺寸及转速**　根据搅拌器的主要特性参数以及表6-8中列出的D_0/D、H/D_0、D/B、C/D、U（而$U=\pi Dn/60$）等，其中D_0在一般设计中为已知值，即可求出D、B、C、n值。而在$U=\pi Dn/60$公式中，若选定n对U进行验算；若选定U而对n进行验算。

(3) **搅拌轴直径的计算**　搅拌轴材料常用45号钢，极少的情况下才选用A_5钢甚至A_3钢。当耐腐蚀要求较高或要求釜内反应物不被铁离子污染时，应当选用不锈钢。这些常用材料的许用剪应力$[\tau]$值及与之对应的变化系数(A)列入表6-8中。

搅拌轴的直径可按下式计算：

$$d \geqslant A\sqrt[3]{\frac{N}{n}}, \text{cm} \tag{6-7}$$

式中　N——轴上传递的功率，kW

表 6-8 常用材料的〔τ〕及 A 值

轴材料	A₃, 20	A₃, 35	45	1Cr18Ni9Ti
〔τ〕, MPa	10~20	20~30	30~40	15~25
A	14.34~12.14	12.2~10.6	10.6~9.64	13.4~11.3

n —— 轴转速，r/min
d —— 轴最小计算直径，cm
A —— 随许用剪应力〔τ〕变化的系数
〔τ〕—— 轴材料的许用剪应力，kgf/cm²

在搅拌轴的设计中，有时采用无缝钢管作空心轴。空心轴的外径计算公式如下：

$$d_{外} \geq A \sqrt{\frac{N}{n} \cdot \frac{1}{b}}, \text{ cm} \tag{6-8}$$

式中 N, n, A 的意义和单位与式 6-7 相同。

$d_{外}$ —— 空心圆轴计算直径的外径，cm
b —— 空心圆轴换算系数，$b = 1 - a^4$
a —— 空心圆轴计算直径的内外径之比，即 $a = d_{内}/d_{外}$。在选定一个 a 值后，b 可由表 6-9 中查取。

表 6-9 空心圆轴 a 与 b 之关系

$a\left(\dfrac{\text{轴内径}}{\text{轴外径}}\right)$	$\dfrac{1}{4}$	$\dfrac{1}{3}$	$\dfrac{1}{2}$	$\dfrac{1}{1.6}$	$\dfrac{1}{1.4}$	$\dfrac{1}{1.25}$
$b = 1 - a^4$	0.9961	0.9877	0.9375	0.847	0.73	0.59

上述 d 的确定是按强度计算进行的，但在确定轴的结构尺寸时，还必须考虑轴上因开有键槽或孔等所引起的轴截面的局部削弱，因此，轴的直径应按计算直径适当给予放大。

按一般经验，开一个键槽或浅孔时，计算直径应增大 4~5%；若同一横截面位置上有两个键槽或浅孔时，轴的计算直径应增大 7~10%；若轴上沿径向开有对穿销孔，孔径/轴径 = 0.05~0.25 时，轴的直径至少增大 15%。

考虑腐蚀裕度，轴径可增大 2~4mm。

最后轴径还应按标准直径系列进行圆整。

(4) 搅拌轴的支承条件 保持搅拌轴悬臂稳定性的允许条件，在一般工作条件下，根据经验数据，推荐以下两个关系式：

$$\frac{L}{B} \leq 4 \sim 5 \tag{6-9}$$

$$\frac{L}{d} \leq 40 \sim 50 \tag{6-10}$$

式中 L——悬臂轴长度，cm

d——搅拌轴直径，cm

B——二轴承间距离，cm（B通常为减速器二轴承间的距离，如果轴封处能起到轴的支承作用，例如带衬套的填料箱轴封时，则B可算至轴封处）。

如果上述两个条件不能满足时，可增加直径d，但增加轴径，有时是不够经济的。若轴封处能起到轴承的支承作用，则增加减速器的支架高度，亦即使B增大来达到上述两个条件。如不能用增加d或B来满足各条件时，可采取加底轴承或中间轴承的办法，但在一般情况下，应尽可能避免在釜内安装轴承，因这样将使整个轴系的结构复杂得多，对检修带来困难，且物料可能进入轴承造成堵塞咬死。

(5) 搅拌器轴功率的计算　按搅拌器的不同类型和操作方式，有专门书籍介绍各种搅拌器轴功率的计算公式，因此在计算时应事先进行详细查阅。

(6) 计算搅拌器实际消耗功率及电动机所需功率　根据化工计算得到的搅拌器轴功率有时与实际情况出入较大，此时需要参考相近物料相近情况下所需的功率，然后进行校正，求取实际消耗功率，并由此进一步计算电动机所需功率。

$$N_{电机} = \frac{N_{搅拌}}{\eta_{总}} \tag{6-11}$$

式中 $N_{搅拌}$——搅拌器实际消耗功率，kW

$\eta_{总}$——总效率，包括：减速装置传动效率；搅拌器轴封摩擦损耗和其他损耗。

7. 确定换热型式及计算传热面积

反应釜的换热型式常用的有夹套和蛇管（或列管）两种，但也有采用外冷却装置，如将物料引出釜外经换热后重新返回釜内；又如将溶剂或反应物在釜中汽化吸收热量，在釜外经冷凝回流入釜。

反应釜所需的传热面积按化工计算利用传热方程求取。

8. 轴封装置

反应釜的"轴封"是指静止的封头与转动的搅拌轴之间为防止介质泄漏所采用的密封装置。

反应釜的轴封装置主要采用填料密封和机械密封两种。前者以往使用较多，它的优点是结构简单，填料装卸方便，造价低；缺点是使用寿命较短，密封可靠性较差（轴旋转时，轴和填料之间的摩擦和磨损是不可避免的，因而总有微量的泄漏）。后者具有密封性能可靠（一般平均泄漏量只有填料密封的1%），使用寿命长（0.5～1年或更长），很少需要维护，轴几乎无磨损，功率消耗少（机械密封的摩擦功损失为填料密封的10～50%），应用范围广等优点，但它的造价高，安装精度要求高。

第六节　非标容器设备的选型及其工艺设计

非标容器设备一般是指规格和材质都不定型的辅助设备。此类容器设备加工精度要求不太高，供货渠道也不固定；在工厂设计中，常根据生产需要而配备。

一、选 型

非标容器设备应尽量在已有的通用设计图系列中进行选择。例如，从《碳素钢和低合金钢容器通用设计图系列》中，就可提供8类系列容器的选用。这8类系列容器是：

1. 立式平底平盖容器系列

此系列图样符合 JB1421—74《平底平盖容器基本参数》的规定，用于常压，$DN=400\sim2000\text{mm}$，$V_N=0.6\sim8\text{m}^3$。

2. 立式平底锥盖容器系列

此系列图样符合 JB1422—74《平底锥盖容器基本参数》的规定，用于常压，$DN=2000\sim4000\text{mm}$，$V_N=10\sim80\text{m}^3$。

3. 90°无折边锥形底平盖容器系列

此系列图样符合"90°无折边锥形底平盖容器基本参数"（JB1423—74）的规定，用于常压，$DN=400\sim2000\text{mm}$，$V_N=0.06\sim8\text{m}^3$。

4. 立式无折边球形封头容器系列

此系列图样符合"立式无折边球形封头容器基本参数"（JB1424—74）的规定，用于 $p_设=0.0686\text{MPa}$，$DN=400\sim2000\text{mm}$，$V_N=0.06\sim8\text{m}^3$。

5. 90°折边锥形底椭圆形盖容器系列

此系列图样符合 JB1425—74《90°折边锥形底椭圆形盖容器基本参数》的规定，用于 $p_设=0.588\text{MPa}$，$DN=400\sim2000\text{mm}$，$V_N=0.06\sim8\text{m}^3$。

6. 立式椭圆形封头容器系列

此系列图样符合（JB1426—74）《立式椭圆形封头容器基本参数》的规定，用于 $p_设=0.245、0.588、0.98、1.568、2.45、3.92\text{MPa}$，$DN=400\sim2800\text{mm}$，$V_N=0.06\sim40\text{m}^3$。

7. 卧式椭圆形封头容器系列

此系列图样符合（JB1428—74）《卧式椭圆形封头容器基本参数》的规定，用于 $p_设=0.245、0.588、0.98、1.568、2.45、3.92\text{MPa}$，$DN=600\sim3000\text{mm}$，$V_N=0.5\sim1000\text{m}^3$。

8. 卧式无折边球形封头容器系列

此系列图样符合 JB1427—74《卧式无折边球形封头容器基本参数》的规定，用于 $p_设=0.0686\text{MPa}$，$DN=600\sim3000\text{mm}$，$V_N=0.5\sim50\text{m}^3$。

在选择时要注意：

一要考虑合理的容积。如容积过小，就要增加设备台数，致使操作管理不便；容积过大又会造成浪费。实践表明，酸、碱等液体贮槽的容积一般考虑3～4班的用量较为合适。

其次要根据介质性质选择设备材质。轻化工厂生产中腐蚀性介质较多，因此材质选择很重要，这方面可根据工厂实际生产所使用的材质情况加以确定。

此外，非标容器设备应尽量选用已有的产品，若选不到合适设备，再进行设计。

二、工 艺 设 计

非标容器的工艺设计由工艺专业人员负责。工艺专业人员根据生产要求，提出工艺技术条件和要求，然后提供给机械设计人员进行施工图设计。设计图纸完成后，再返回给工艺人员核实条件并会签。

工艺专业向机械专业提供的技术条件和要求如下：

1．设备名称、作用和使用场合
2．有关技术参数
(1) 物料组成、粘度、相对密度等。
(2) 操作条件 如温度、压力、流量、酸碱度、真空度等。
(3) 容积 包括全容积、有效容积。
(4) 传热面积 包括蛇管和夹套传热。
(5) 工作介质性质 是否易燃、易爆、有腐蚀、有毒等。

3．结构要求
(1) 材质要求 工艺人员应提出材质的建议，供机械人员参考。
(2) 主要尺寸要求 如容器的外形（轮廓）尺寸；容器的直径、长度、各种管口大

表 6-10 设备设计条件单

工程项目		设备名称	贮 槽	设备用途	高位槽
提出专业	工 艺	设备型号		制 单	

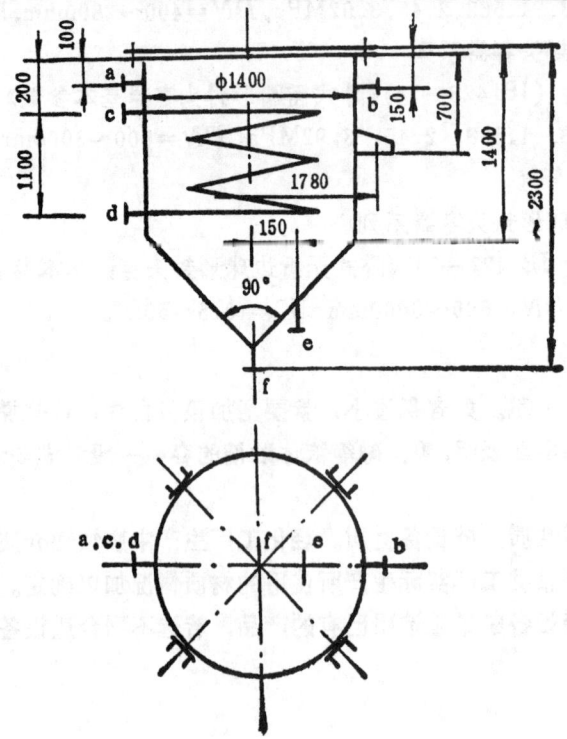

技术特性指标			管口表		
操作压力		常压	编号	用途	管径
操作温度		22~25℃	a	进口	DN 50
介质	体内	溶剂油	b	回流口	DN 70
	蛇管内	冷却水	c	冷却水入口	DN 25
腐蚀情况		无	d	冷却水出口	DN 25
冷却面积		～0.18m²	e	出口	DN 50
操作容积		2.3m³	f	放净口	DN 70
计算容积		2.5m³			
建议采用材料		A₃			

小等性能尺寸；管口方位等定位尺寸；设备基础或支架等安装尺寸。

(3) 传热面要求 如内换热采用盘管或列管；外换热使用夹套是否包括封头等。

4. 其他特殊要求

上述工艺条件及要求，以表格形式提出，其内容包括：

(1) 技术特性指标。

(2) 管口表。

(3) 设备示意图。

表 6-10 为一非标容器的设备设计条件单。

第七章 车间布置设计

第一节 概 述

车间布置设计是工厂设计中很重要的一环，它是在工艺流程图(初)设计、化工计算及设备选型和计算完成后工艺设计中的又一重大内容。一个合理的车间布置设计，不仅可在建设投资、经济效益等方面取得良好的效果，且对今后的正常生产、安全运行、车间管理、设备维修、能量利用、物料输送、人流往来等许多方面有极大的影响。

从车间布置设计开始，设计进入各专业间的共同协作阶段。工艺专业在此阶段除集中主要精力考虑工艺设计本身的问题外，还需要了解和考虑总图、土建、设备、仪表、电气、供排水、暖通等专业及机械、安装、操作等各方面的要求；上述非工艺专业也同时相应地提出各自对车间布置的要求。因此，车间布置是以工艺生产为前提，各专业全面考虑，共同协作，对车间各工段、各设施在车间场地范围内的生产厂房、生产附房、生活附房和全部设备进行合理布局，合理排列、设计的结果，它最后以图纸的形式由工艺设计人员汇总表示出来。

一、车间布置设计的类别

车间布置设计按其内容可分为车间平面布置和工艺设备布置两种。前者是对整个厂区内的各个车间和设施，按照它们在生产中和生活中所起的作用进行合理的平面布置和安排；后者则是根据生产流程情况及各种有关因素，把各种工艺设备在一定的区域内进行排列。在工艺设备布置设计中又可分为初步设计和施工图设计两个阶段，每一设计阶段均要进行平面立（剖）面布置。

车间平面布置和工艺设备布置设计一般是同时进行的，这是因为两者之间存在着密切的联系。工艺设备布置草图是车间平面布置设计的前提，而最后确定的车间平面布置又是工艺设备布置定稿的依据。

同工厂组成差不多，车间组成一般有生产、辅助、生活等三部分。因此，车间平面布置与工厂总平面布置有许多相似之处，但车间平面布置中的生活行政和辅助设施要比总平面布置少。例如，一个较大的轻化工车间，通常由生产设施（包括生产工段、原料和成品仓库、控制室、露天堆场、贮罐区等）、辅助设施（包括中心试验室、机修间、配电间、仪表间、水泵房、车间化验室等）、生活及行政设施（包括车间办公室、更衣室、浴室、厕所等）及其他特殊用室（如保健室、劳动保护室）等部分组成。

二、车间布置设计的原则

1. 车间平面布置的原则

车间平面布置首先必须适合全厂总平面布置的要求，应尽可能使各车间的平面布置在总体上达到协调、整齐、紧凑、美观，相互融合，浑成一体。**其次，必须从生产需要出发，最大限度地满足生产包括设备维修的要求。**即要符合流程、满足生产、便于管理、便于运输、利于设备安装和维修。第三，生产要安全。即要全面妥善地解决防火、防爆、防毒、防腐、卫生等方面的问题，符合国家的各项有关规定。第四，要考虑将来扩建及增建的余地，为今后生产发展、品种改革、技术改造提供方便。但这些一定要最有效地利用车间建筑面积（包括空间）和土地（设备装置能露天布置的尽量露天布置，建筑物能合并的应尽量合并）。

2. 工艺设备布置的原则

在进行工艺设备布置时应注意：第一，符合生产工艺要求。即要做到流程通畅，生产连续正常。第二，符合设备安装检修要求。即要考虑设备的安装、检修和拆卸的可能性及方式方法。第三，符合安全要求。即要创造良好的工作条件和环境，保证劳动者身心健康和生产正常运转。

一个优良的工艺设备布置设计应做到**合理排列**，**简洁紧凑**，**整齐美观**，**操作方便**，利于维修，节约投资。

第二节 车间布置设计中的有关资料及技术问题

一、布置设计资料

1. 车间平面布置的资料

（1）总平面布置草图 根据总平面布置草图可了解本车间在总图中所占的地位，周围的环境和条件，全厂道路和场地的情况。由此可从彼此之间的相互联系、人流物流等方面的关系来确定本车间各工段的位置。

（2）工艺流程图 根据工艺流程图可了解本车间的组成、工段划分、物料（包括原料、半成品、成品、副产品、废料等）的特性、数量、存放要求及输送情况，由此可估算出各工段面积，并在布置设计时确定有关附房大小、位置以及考虑运输通道的依据。

（3）有关设计资料 例如，从有关周围环境的地形资料，就可了解本车间所在地的地形开阔程度和可能的回旋余地，以便周密地考虑厂房的平面及其立面布局，更好地满足工艺生产的要求。例如，从有关水文资料，就可了解地下水流向、最高洪水水位、地耐力等，以免建造厂房时，由于忽视这些条件而造成的后患。又如从有关气象资料，如温度、雨量等，结合工艺要求和操作情况，就能决定设备装置能否露天布置；主导风向影响各工段的相对位置；散发有害气体的工段要布置在下风向；泄漏可燃气体不能吹向**锅炉房**；烟囱的排烟不能吹向化验室、控制室；冬季冷却塔水汽不能吹向附近建筑物或道路。又如从有关公用工程资料，就可得到各工段中所需水、电、汽等能量消耗的详细资料，一方面了解水、电、汽等公用工程对厂房的要求，以便安排合适的位置（例如变电室要求干燥，不宜放在潮湿车间楼下；又如化验室、仪表控制室等要求环境清洁安静，应尽量不与水泵房、空压机房等产生振动或噪声的部门排列在一起）；一方面就要考虑如何使公用工程部门尽可能地靠近负荷中心。

(4) 有关参考图纸　如相同类型的有关车间平、立（剖）面图等。
(5) 有关规范和标准　从生产安全出发，要妥善解决卫生、噪声、防火、防爆、防毒、防腐等方面的问题，符合国家制订的有关规范和标准。

2．工艺设备布置的资料

(1) 工艺流程图　全面熟悉生产工艺流程，布置时应保证工艺流程的畅通。
(2) 工艺设计说明书和工艺操作规程。
(3) 车间人员表。
(4) 工艺计算资料　如物料衡算、设备选型和计算、公用工程消耗资料等。
(5) 设备一览表　布置设计前应了解所选用设备的情况，包括种类、台数、尺寸、重量以及性能、操作情况、安装和检修要求等，以便布置时安排合适的位置。

二、主要技术问题

1．车间平面布置的主要技术问题

(1) 关于平面布置方案　轻化工厂车间平面布置方案一般有直线形、L形、T形、Π形等数种，其中以直线形采用最多。这是由于直线形厂房便于总平面布置，节约用地，有利设备排列，缩短管道，便于安排交通和出入口，有较多可供自然采光和通风的墙面。但当生产车间较多时，这种布置势必形成一长条，从而会使仓库、辅助车间的配置以及整个车间的管理等方面带来困难和不便。

直线形布置适用于小型车间；亦是露天布置的基本方案。T形、L形或Π形的布置，适合于较复杂的车间。

(2) 关于厂房形式

① 集中式或分散式厂房：在车间平面布置设计之前，工艺专业要确定车间各工段的集中和分散问题。究竟采用哪种形式必须根据生产特点、生产规模及厂区特征等因素来确定。例如，各工段生产特点相类似的，可以集中在一起；生产特点相差悬殊的，常考虑分散式布置。对一般的轻化工厂，由于生产规模较小，车间中各工段联系频繁，生产特点无显著的差异，在符合建筑设计防火规范及工业企业设计卫生标准的前提下，结合建厂地区的具体情况，可采用集中布置。生产规模较大，车间中各工段的生产特点有显著差异，集中布置不利于生产管理和安全生产时，要考虑分散布置；生产规模更大时，则要根据生产特点，分别建立独立的厂房。

从厂区特征来说，若地势平坦开阔，无论集中式或分散式布置都有回旋余地；而厂区地形复杂时，为利用地形位差和减少土方量，就要考虑分散布置。

② 单层或多层厂房：轻化工厂厂房可根据工艺流程的特点需要，设计成单层、多层或单层与多层相结合的形式。一般情况下多层厂房占地少，但造价高；单层厂房占地多，但造价低。在设计时必须根据不同的工艺流程及其采用的设备以及场地的条件，对厂房提出不同的具体要求。但从建筑的要求上，都必须满足采光和通风的要求。

此外，还必需考虑到，对于为新产品工业化生产而设计的厂房，由于生产过程中对工艺流程还需不断地改进、完善，所以一般都设计一个高单层厂房，利用便于移动、拆装、改建的钢操作台代替钢筋混凝土操作台或多层厂房的楼板，以适应工艺流程变化的需要。

③ 室外场地的利用：如何利用室外场地，工艺设计人员在进行布置时必须认真考虑。因为室外布置从建筑上来说，有很多优点。例如，可节约建筑面积，减少基建投资，减少施工量，加快建厂速度，利于安装和检修，降低厂房的防火、防爆等级，有利改建和扩建等；缺点是受气候影响大，操作条件差，自控要求高。

露天布置（包括露天堆场及露天设备布置）及非露天布置（如在室外设置带棚顶的简易非露天设施）都属于室外场地的利用和设计。前者适用于不怕风吹雨淋以及不因气候变化而受影响的物料或设备，如一些原料贮罐、化工单元操作中的某些塔设备等。后者则主要作为临时贮放原材料或成品之用。

④ 地下工程的建造：工艺设计人员在工艺流程设计完成之后，应根据流程和建厂条件，认真考虑要否建造地下工程问题。

地下室的建造一般是在下列情况之下进行：一是由于流体的位差，需要建造地下室布置贮槽（或输送设备），用来接受位于一楼设备的物料（液体或固体）时；一是位于车间一楼的设备的地下管线较多。

建造地下室时必须考虑地基处理、地下水位及其对相邻车间的影响。对于同一座厂房，建造地下室可以降低厂房高度，但土方量要增大，地基处理费用也要增加。在地下水位低，地基易处理的地区，两者基建投资相差不大。

(3) 关于厂房层高　轻化工工厂厂房层高取决于设备的高低、安装的位置以及安全生产等条件。一般应从设备高度；设备安装、起吊、检修、拆卸时所需高度及设备顶部空间或车间厂房空间管道布置占据的高度等几个方面去考虑。

此外，在确定层高时还应考虑到通风、采光、高温及是否有有害气体等因素。

厂房层高应符合建筑模数制的要求，即 0.3m 的倍数。一般工厂厂房的层高为 4～6m。采用框架或混合结构的多层厂房，层高多采用 5.1、6m，最低不得低于 4.5m；每层高度尽量相同，不宜变化过多。

(4) 关于厂房柱网和厂房宽度

① 厂房柱网：厂房柱网与车间布置设计有密切关系。就一般而言，跨距大小，层高都会有变化。柱网大，同样厂房面积内柱子可减少，这样，有利于设备灵活排列以及操作和检修，但这样势必增加厂房造价，增加基建投资。工艺设计人员在布置设计中应认真选用合理的柱网。一般在选用时要注意以下几点：

A．必须满足工艺操作要求，满足工艺设备的安装、运转及检修的需要。

B．在满足生产和检修的前提下，应优先选用符合建筑模数的柱网。我国统一规定，厂房建筑的跨度以 3m 的倍数为优先选用的柱网。如 3m、6m、9m、12m、15m、18m 等。这样可使设计标准化，构件定型化，生产和施工机械化，节约建筑设计和施工力量，加快设计和施工进度。

C．厂房的柱网布置，要根据厂房结构的"耐火等级、层数和面积"而定，详见表 7-1。生产类别为甲、乙类生产，宜采用框架结构，柱网间距一般采用 6m，也有采用 7.5m。丙、丁、戊类生产可采用混合结构或内框架结构，柱网可采用 4m、5m 或 6m。

D．由于生产设备对柱网的要求不尽相同，因此，凡相差较小时，应尽量统一柱网，

表 7-1　　　　　　　　　　　厂房的耐火等级、层数和面积

生产类别	耐火等级	最多允许层数	防火墙间最大允许占地面积，m²	
			单层厂房	多层厂房
甲	一级	不限	4000	3000
	二级	不限	3000	2000
乙	一级	不限	5000	4000
	二级	不限	4000	3000
丙	一级	不限	不限	6000
	二级	不限	7000	4000
	三级	2	3000	2000
丁	一、二级	不限	不限	不限
	三级	3	4000	2000
	四级	1	1000	—
戊	一、二级	不限	不限	不限
	三级	3	5000	3000
	四级	1	1500	

注：(1) 厂房内如有自动灭火设备，防火墙间最大允许占地面积可按本表增加50%。
　　(2) 甲、乙类生产厂房，除必须采用多层建筑外，宜采用单层建筑。

以便简化设计工作；若相差较大，也不必勉强统一柱网，以免反而造成不经济。

一般轻化工厂多层厂房常采用 6m×6m 柱网，因为这样的跨度较经济。如果柱网的跨度因生产及设备的需要必须加大时，最好不超过 12m。

② 厂房宽度：厂房宽度一般由以下几个方面所决定：各工艺设备所占厂房宽度之和；各工艺设备沿厂房宽度方向间距之和；厂房内纵向通道之和及纵墙厚度。但不管宽度如何，都应符合建筑模数的柱网要求。

对多层厂房来说，由于受到自然采光和通风的限制，其总宽度一般不宜超过24m。单层厂房的总宽度一般不宜超过30m。厂房常用宽度有9m、12m、14.4m、15m、18m，也有采用24m。一般车间的宽度常为2~3跨，其长度则根据生产规模及工艺要求而定。

2. 车间设备布置的主要技术问题

当厂房的整体布置及厂房的轮廓设计告一段落之后，即可进行工艺设备的排列和布置。

车间设备布置就是在给定的区域范围内确定各个工艺设备在车间平面和立面上的位置；确定场地与建、构筑物的尺寸；确定管道、电气仪表管线、采暖通风管道的走向和位置。进行设备布置时需要考虑下列一些技术问题。

(1) 保证工艺流程的畅通　即保证工艺流程在水平方向和垂直方向的连续性，以便生产连续正常进行。

(2) 考虑合适的设备间距　设备间距过大会增加建筑面积，拉长管道，从而增加建筑和管道的投资，同时操作和管理都不方便。设备间距过小，虽可节省占地和投资，但会带来操作、安装和维修的困难。必须考虑以下各种因素后确定合适的设备间距。这些

因素包括：设备本身所占空间(包括保暖、保冷层)；设备附属装置所占空间（**包括安全防护装置**）；设备操作时所占空间；设备安装、检修、拆卸时所需空间；设备上管道所占空间；设备与设备、设备与建筑物之间的安全距离要求；吊装设备本身高度及其起吊高度以及化工生产中对防腐蚀的要求等。

有关设备与设备、设备与建筑物之间的安全距离，可参考附录三。

(3) **满足生产，方便操作** 如彼此相连接的各工序的设备，应尽量配置靠近些，以缩短联系它们之间的输送线路；设备之间尽可能达到自动流送物料，这样可减少输送设备；凡计量设备，一般布置在高层，主要设备（如反应设备等）布置在中层，而大贮槽及重型设备则布置在底层；凡属几套相同的设备，或同类型设备，或性质相似及与之操作有关的设备，应尽可能布置在一起，这样可以集中管理，统一操作，节约劳动力以及所有设备都应保证易于观察和调整，并具备通往操作机构的方便。

(4) **满足安装、检修、拆卸的要求** 就是要考虑设备的配置必须有利于安装、检修和拆卸；必须考虑设备的运输路线以及如何运入或搬出车间（如设备运入或搬出次数较多时，宜设大门；一般厂房大门的宽度要比所需通过的设备宽度大 0.2m 左右；但当设备运入厂房后，很少再需整体搬出时则可设置安装洞，亦即在外墙预留洞口，待设备运入后，再行砌封）以及必须考虑设备如何通过楼层或安装在二层楼或更高时的情况（一般应在楼板上设置吊装孔。对比较固定的设备，也可在楼层外墙上设置安装洞，设备在室外吊上后再由安装洞口运入）。

(5) **考虑设备布置与建筑物的关系** 如大型笨重设备及振动性大的设备(如压缩机、离心机、破碎机、大型通风机等）以布置在底层为宜，这样可以减少厂房荷载和振动，从而减少基建投资；有剧烈振动的机器，其操作台和基础等应勿与建筑物的柱、墙连在一起，以免影响建筑物的安全；设备布置应避开柱与梁，至于次梁在必要时可以移动；厂房内有操作台必须统一考虑，避免支柱零乱重复，尽量做到整齐规则；在不严重影响工艺流程顺序的前提下，将较高设备尽量集中布置在一起，这样有利简化厂房体形，节约厂房体积；在框架和厂房上，设置吊车梁、吊钩或吊柱，建筑造价增加不多，但维修却大为方便，若能在正常生产时兼用于吊运物料，则更加经济合理。

(6) **考虑运输通道** 如每排设备至少一侧要留有通道，大的室内设备在底层还要留有移出通道，并接近大门布置；通道上空一般布置主管架，以供各种管道使用，但下水道、地下管道与电缆等也常沿通道布置，所以希望通道要直而简单地形成方格；在操作通道上要能看到各个操作点和观测点，而且还要很方便地达到这些地方，设备零件、接管、仪表等均不应突出到通道上来；通道除供安装、操作和维修外，尚有紧急疏散的作用，故不允许有一端封闭的长通道；通道的宽窄取决于运输工具、运输物件的外形尺寸及人流、货流通过量。它的宽度与净空要求可参见表 7-2 。

(7) **考虑管线布置** 工艺管道、通风管道及电气、仪表管道是车间布置设计中的主要内容之一，它与设备布置有极其密切的关系，在小型工程项目中有时合并进行，一般情况下多数分别由布置组与配管组分别进行。在设备布置时,如何同时安排好管道走向、留好管道布置的空间、决定主管架与主操作阀的位置等都必须认真进行。较好的做法是在设备布置时同时进行关键管道、大口径管道的初步布置与水力计算，这样可减少设备

表 7-2　车间布置的有关宽度与净空尺寸

项目	尺寸，m
(1) 人行道、狭通道、楼梯、人孔周围的操作台宽	0.75
(2) 走道、楼梯、操作台下的工作场所、管架的净空高度	2.2～2.5
(3) 主要检修道路、车间厂房之间的道路	宽6～7，净空4.2～4.8
(4) 次要道路	宽4.8，净空3.3
(5) 室内主要道路	宽2.4，净空2.7
(6) 泵列间通道宽(室外)	3
(7) 铁道上的净空高(通行道)	6.6
(死端)	3.6
铁道中心距障碍物水平距离	2.6
(8) 平台到水平人孔	0.6～1.5
(9) 室外换热器管束抽出距离；管束长再加	0.6～0.9

布置的修改返工和提高管道布置的质量。

下面为几种常用的管廊布置方案：

① 一字形布置：这种布置适用于小型车间（装置），也是露天布置的基本方案（图7-1）。

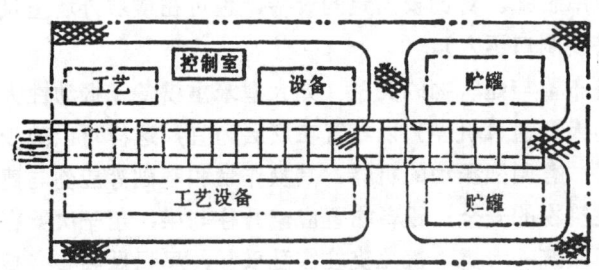

图 7-1　一字形管廊布置

外部管道由管廊的一端或两端进出，贮罐区与工艺区用一根中心布置的管廊连接起来，流程通顺。

如在管廊两侧布置贮罐和设备，这样较之单侧布置有占地面积小、管廊长度短、流体输送动力省的优点（图7-2 a、b）。

图7-2 中 c 为控制室与配电室相邻布置，且布置在设备的中心位置，它有布置方便、节约建筑费用的优点。控制室靠近管廊布置，将使管廊长度增加$\frac{1}{2}A$，但也缩短了电缆与仪表管线。

若将管廊分开平行布置，这是一种最不经济的管廊与车间布置，应该合并（图7-2 d）。

在布置时，若将预留面积分配在管廊两侧，则比布置在一侧有管廊长度可缩短、初始投资可减少的好处（图7-2 e）。而从图7-2 f 可看出，右侧的布置比左侧的要好，这样不但省去了横向管廊，且连第二期工程的管廊也一并解决了。

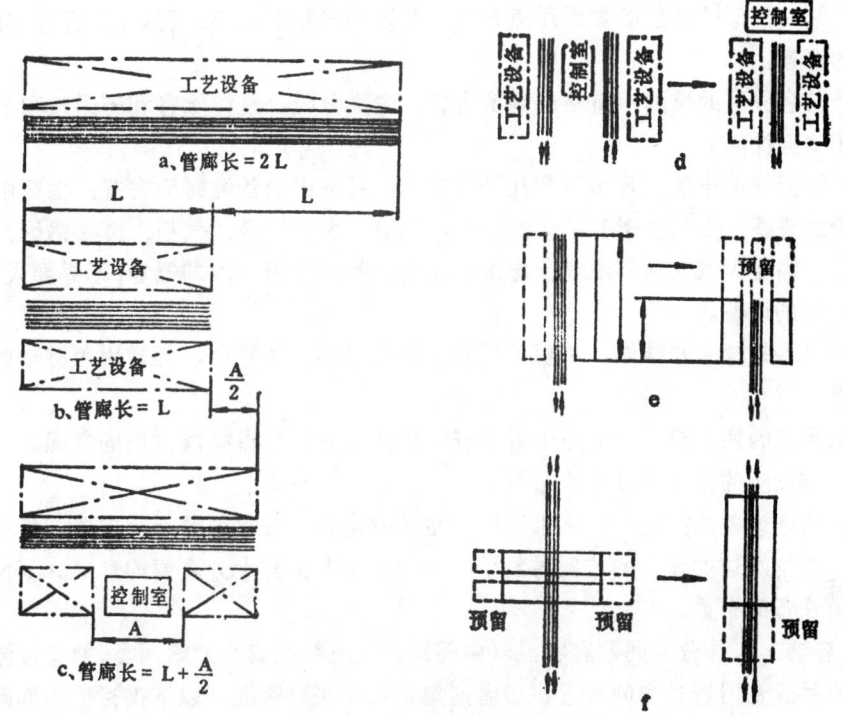

图 7-2 管廊与车间布置

② L形、T形布置(图 7-3)：这种布置适合于较复杂的车间。特别是管道可由二个或三个方向进出车间，且管廊与道路重叠，这样在管架下布置道路既节约用地又方便维修。为防止易燃液体泄漏蔓延，贮罐区外设围堤，堤内积水由堤外控制的阀门排除；且为操作安全，泵布置在围堤外。必要时，在易燃物料贮罐区设安全喷水装置。对一般物料的贮罐区，外围只需设栏杆即可。

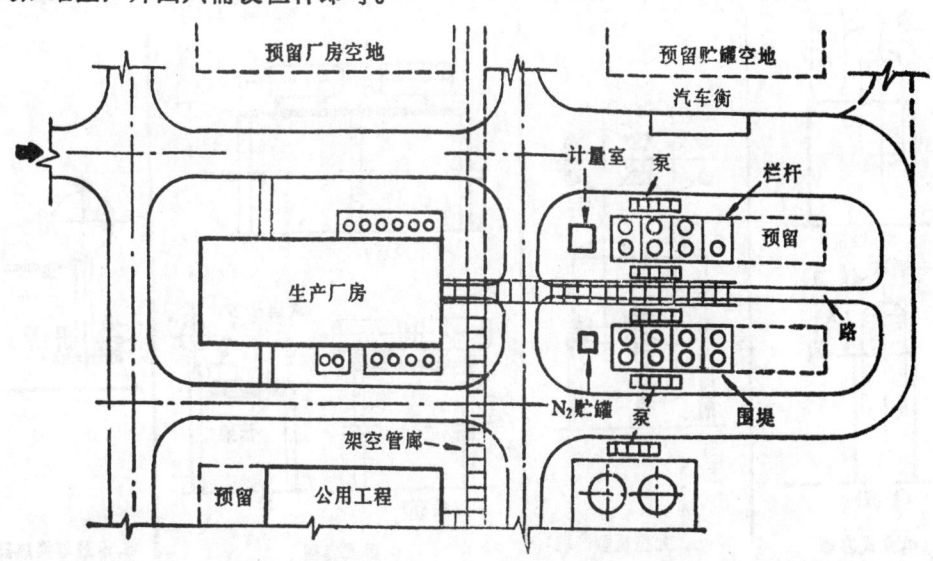

图 7-3 L形、T形管廊与车间布置

布置时，槽车卸料泵应靠近通道布置，贮罐的出料泵应靠近管廊，这样操作既方便，且又节约管道。

厂房与各分区的周围，道路成环状布置，主次分明，这样除有利于运输和检修外，也有利于安全消防。

(8) 露天设备布置 凡属下列几种情况者，可考虑设备的露天布置：生产中不需要经常看管的设备，受气候影响不大的设备，如塔、大型贮罐、气柜、废热锅炉、不冻液体贮槽等；需要大气来调节温度、湿度的设备，如凉水塔、冷却器等；不需要人工操作，高度自动化的设备。

露天设备的操作和维修，一般采用永久性的局部操作平台，并常用可移动的起重与维修设备。

露天布置的换热器常就地抽出管束进行检修，故因考虑检修占用的空间。

有爆炸危险的设备最好露天布置。

(9) 典型设备的布置 轻化工工厂中常用的典型设备有容器、反应器、换热器、塔及泵等，安排好这类设备的布置对整个车间的设备布置有十分重要的意义。下面扼要叙述这几类设备的布置。

① 容器：容器分中间贮存容器（中间罐）与原料及成品贮罐两类。前者按流程顺序布置在有关设备附近或车间附近，后者则集中布置在贮罐区。以下仅讨论中间贮罐。

容器一般应按已有的通用设计系列图中进行选择(参见第六章第六节)，其支脚、接管条件由布置设计决定，其外形尺寸按布置需要加以调整或在初选时就按布置要求加以考虑确定。

图7-4示出容器常用支承与安装方式。图a为立式容器用罐耳支承在框架或楼板上，下图支承比上图经济合理。图b为大型重型容器的支承方式，它们常直接支承在钢筋混凝土的支柱上，比吊在框架或楼板上要经济得多。图c为卧式容器在框架或管架上的布

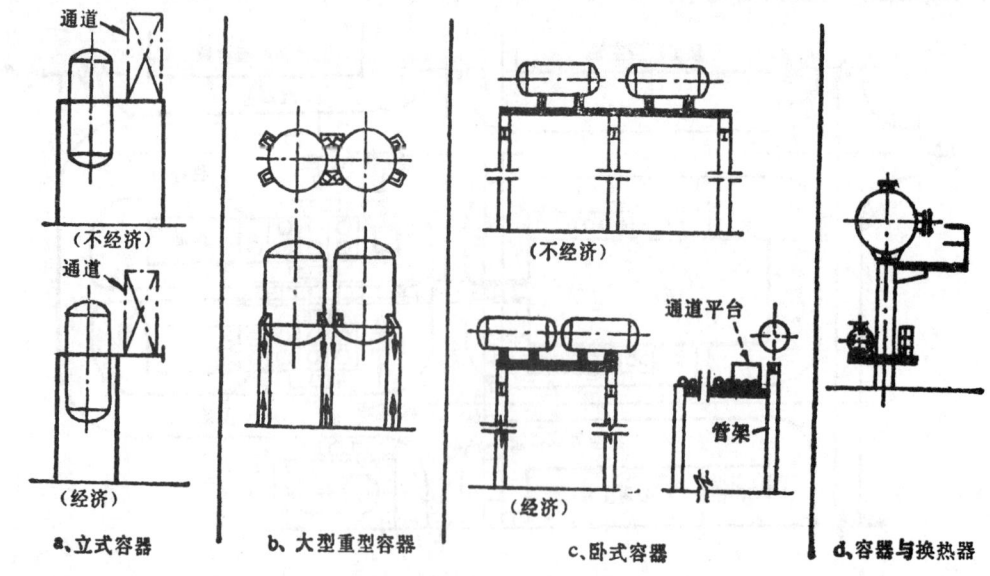

a、立式容器　　b、大型重型容器　　c、卧式容器　　d、容器与换热器

图 7-4 容器的支承与安排

置方式，上图为二跨支承二只容器，改为下图一跨支承两只容器，这样既经济又可改善梁与柱的受力状态，同时还可腾出空间以供他用。图 c 为换热器与其他工艺设备合用一个组合支架。

② **换热器**：轻化工工厂中最常用的是管壳式换热器，现以它为代表进行讨论，其布置原理也适用于其他形式的换热器。

管壳式换热器已有定型的系列图可供选用（参见第六章第三节"标准式换热器型号的表示方法"）。在设备布置设计中，其主要任务是将它们布置在适当位置，决定支座等安装结构、管口方位等。必要时在不影响工艺要求的条件下，可以调整原换热器的尺寸和安装方式（立或卧）。

换热器的布置原则是顺应工艺流程和缩短管道长度。例如，塔的换热器宜近塔布置；塔的回流冷凝器除要近塔外，还要尽量靠近回流罐与回流泵。又如从塔底（或容器）经换热器抽出液体时，换热器应尽量靠近塔底（或容器），以使泵的吸入管道最短，以改善吸入条件。

当换热器布置受空间限制时，则可将原设计的细长（或短粗）换热器换成短粗（或细长）换热器，以适应空间布置的要求，通常，卧式换热器换成立式的可以节约面积；而立式换成卧式时可以降低高度，应根据具体情况各取其长。

换热器常采用成组的重叠布置，这样除节约面积外尚可合用上下水管。为了便于抽取管束，上层换热器不能太高，一般管壳的顶部不能大于 3.6m，将进、出口管改成弯管可降低安装高度（图 7-5）。

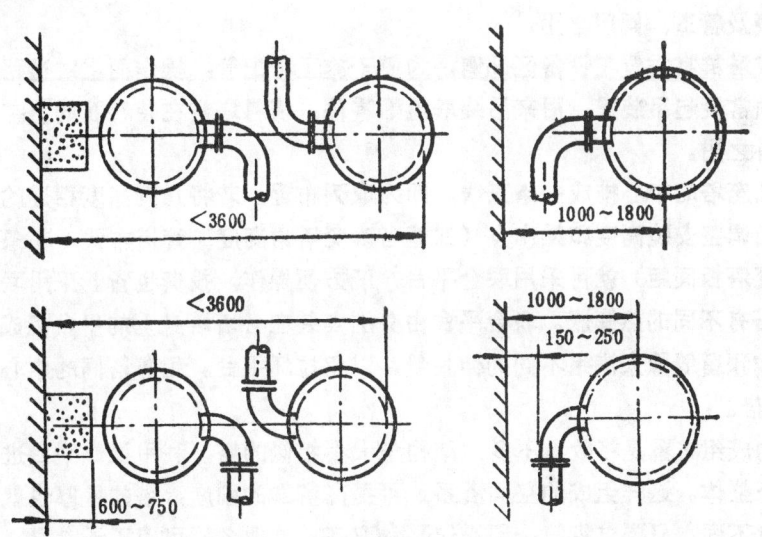

图 7-5 换热器的安装高度

③ **反应器**：图 7-6 为釜式反应器的几种支承形式。图 a 为安装在室内或框架内，其基础与建筑基础，所有楼板、建筑结构与反应器（或减速机等）分开互不接触，这样可避免噪声和振动传给建筑物。图 b、c 为置于室外的反应器，b 将反应器安装在钢架上，c 用支腿直接支承在基础上，后者要比前者经济得多。

反应器周围的空间、操作平台宽度和离开建筑物的距离决定于：操作、维修的通道

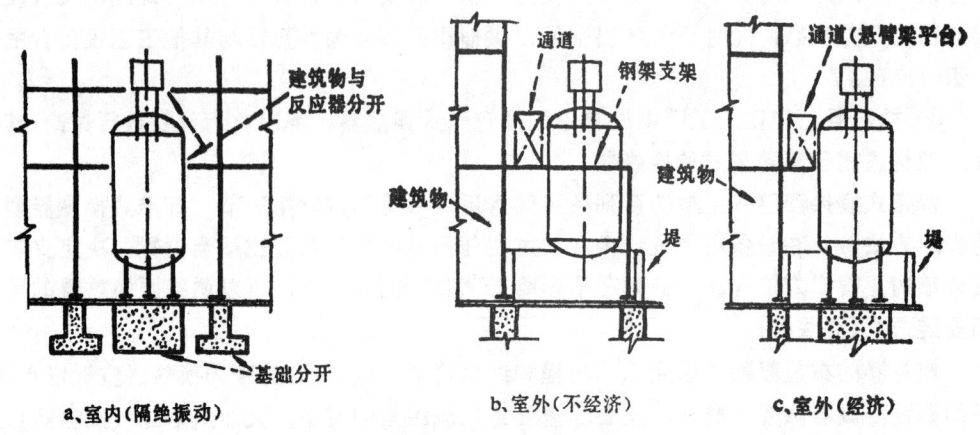

图 7-6 釜式反应器的安装布置

要求；反应器周围设备（如换热器、冷凝器、泵和管道）的大小和布置；反应器基础大小及其与建筑物基础的距离；减速机、电动机检修时移动和放置的空间。

④ 塔：有独立布置、成列布置、成组布置及沿建筑物或框架布置、室内或框架内布置等。

小塔常安装在室内或框架中，平台和管道都支承在建筑物上，冷凝器可装在屋顶或吊在屋顶梁下，利用位差重力回流。

高大的塔（或单塔）可采用独立布置，利用塔身设操作平台，供进出人孔、操作、维修仪表及管道、阀门之用。

塔或塔群常布置在设备区外侧，为便于施工与配管，操作面宜对道路、配管宜对管廊。塔顶常设起吊装置，用来吊装塔盘等零件。填料塔常在装料孔的上空设吊车梁，供吊装填料之用。

将几座塔的中心排成一条直线，即为成列布置。若将几列高度相近的塔相邻布置，通过适当调整安装高度和操作点（如适当改变塔裙高度、管道布置，在条件允许下也可适当改变塔板间距）就可采用联合平台，既方便操作，投资也省。采用联合平台时必须允许各塔有不同的热膨胀。联合平台由分别安装在各塔塔身上的平台组成。通过平台间的铰链或预留缝隙来满足不同的伸长量，以免拉坏平台。相邻塔间的中心距一般为塔径的 3～4 倍。

塔的成组布置是将数量不多、结构与大小相似的塔，利用操作平台进行集中布置，形成一个整体。这样组成的空间塔系，可提高塔群的刚度，塔的壁厚也就可降低。如果塔的高度不同，只要求将第一层操作平台取齐，其他各层可以不予考虑。

沿建筑物或框架布置是将塔安装在高位换热器和容器建筑物或框架旁，利用容器或换热器的平台作为塔的人孔、仪表、管道和阀门的操作与维修的通道。这样可将细而高的或负压塔的侧面固定在建筑物或框架的适当高度，从而达到提高塔的刚度和减少壁厚的目的。

⑤ 泵：泵在轻化工生产中应用很多，在布置时应注意尽量靠近供料设备，以保证良好的吸入条件。功率小于 7kW 以下的泵可布置在楼面或框架上。室外布置的泵，一般宜

在路旁或管廊下面排成一列或二列，电动机对齐排在中心通道的两侧，吸入端与排出端对着工艺设备。泵的排列次序由相关的设备位置与管道布置所决定。图 7-7 是泵在**管廊**

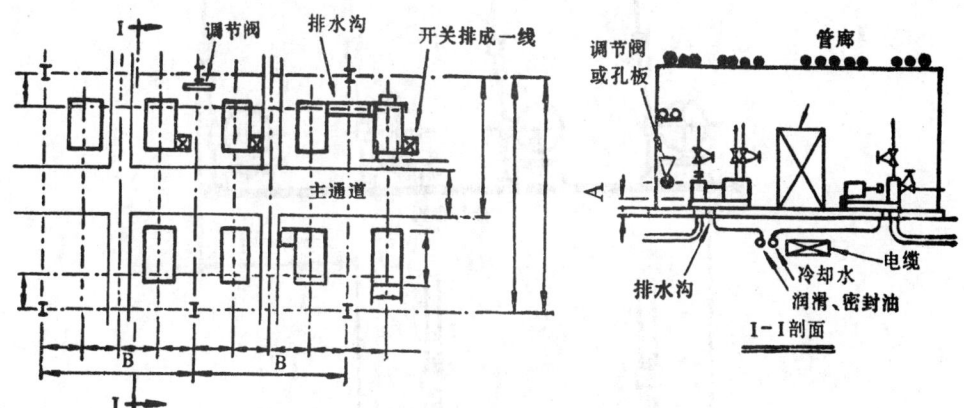

图 7-7 泵在管廊下（或泵房中）的布置

下（或泵房内）的排列布置。图中间距 A（管廊或建筑物的跨度）由泵的长度与泵身的要求来决定。A=6～7m 时，可布置一排泵加一条 3m 的通道；A=10m 左右时，可布置两排泵。如泵短，则 A 可减小。管廊的柱间距 B 可按泵的布置需要调整。泵的出口管位置要按泵标注。电动机端对齐，吸入端对着吸入罐使吸入管道短而直。泵的中心轴线在管廊柱间均匀排列。主通道的宽度由电缆槽的宽度与冷却水、密封和润滑油管、下水道等地下管道的宽度所决定。基础最好一样，它们之间的距离要均匀相等，双排布置时中心线要对齐。泵的周围要留有空间和通道，以便安装阀门和管道。调节阀布置在靠近地面和柱附近。基础的高度太低，修理不便。

在布置泵时，当受空间限制或泵较小时，可将两台泵布置在一个基础上（图 7-8）。

室内的泵沿墙布置能节省面积，如将工艺罐放在墙外，管道穿过墙与泵相连，则空间更节省，操作亦甚为方便。

(10) 特殊设备布置 在轻化工生产中，部分设备有防腐、防爆等特殊要求。对有特殊要求的设备，应采用相应的安全和防护措施。

处理酸、碱等腐蚀介质的设备，如泵、池、罐等宜分别集中布置在底层，这样可在较小的范围内，在土建上采取特殊处理，以节省投资，并便于集中管理。

有毒的、有粉尘的及有气体腐蚀的设备，要集中布置并作通风、排毒或防腐处理。

对于有防火防爆要求的设备，除要考虑集中布置外，更应符合防火防爆规定。最好将危险等级相同的设备或厂房尽量集中在一个区域内，这样可以减少防爆电器的数量和减少防火、防爆建筑物的面积，既经济合理又比较安全。将爆炸危险设备布置在单层厂房、多层厂房的屋顶及厂房（或场地）的沿边，这样对防爆泄压和消防都更有利。

第三节 初步设计阶段设备布置设计

初步设计阶段设备布置设计的最终成品是工艺设备布置图，它是由工艺设计人员绘

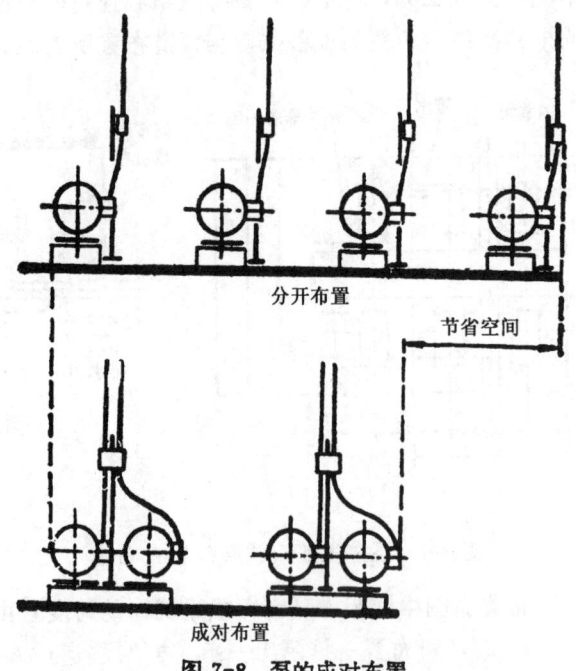

图 7-8 泵的成对布置

制,并作为管道设计和建筑设计的原始资料,是提供给有关部门讨论审查和作进一步设计的依据。

一、初步设计阶段设备布置图的内容

本阶段设备布置图的内容包括:厂房各层工艺设备排列的平面图和必要的剖面图(立面图)、工艺设备一览表、附加的文字说明、图框及图签等。

1. 平面图的内容

(1) 厂房平面图 包括厂房边墙轮廓线,窗、门、柱、楼梯、通道、地坑、操作台等位置。

(2) 厂房建筑物的长、宽总尺寸。

(3) 柱、墙定位轴线的间距尺寸。

(4) 全部设备 包括所有的主要设备、辅助设备、备用设备以及用于起吊的吊轨上的行车、电葫芦等,全部在图上以外形俯视图形式表示出来,并加上编号和名称。编号和名称应与工艺流程图一致。可以任意移动的运输车辆则不需要画出。

(5) 设备的轴线,设备的定位尺寸。

(6) 操作台等辅助设施示意图和主要尺寸。

(7) 预留的孔、洞以及沟、坑等的位置和尺寸。

2. 剖面图的内容

(1) 厂房剖面图 包括厂房的墙、门、窗、柱、楼梯、平台、屋面、地面、楼面、栏杆、孔、洞、沟、坑等的主要高度尺寸。

(2) 墙、柱定位轴线的间柱尺寸。

(3) 设备外形投影图，编号及名称。
(4) 设备的高度定位尺寸　包括与设备安装定位有关的建筑结构件的高度尺寸。
3. 设备一览表

这是用来说明本布置图中所有设备的一种表格，表格内项目应与工艺流程图相同，一般位于标题栏上方。

二、初步设计阶段设备布置图的绘制

1. 图纸和资料准备

在绘制设备布置图前，应先了解有关工艺流程图、厂房建筑图、设备总装图及其工艺操作条件等设计图纸和原始资料，熟悉该工艺过程的特点，设备的种类和特点、主要尺寸和安装要求及厂房建筑的基本结构等；同时还需要了解和掌握有关文件的规定和要求，并深入现场，充分听取各方面的意见，然后再进行排列布置。

2. 绘图步骤

一般是从底层平面起逐层进行设备平面布置图的绘制，然后再逐个画出必要的剖面图（以完全清楚反映设备与厂房高度方向的位置关系为准)，最后绘制设备一览表，注写有关说明、图框及图签等。

3. 画法要求

(1) 设备布置图在方位走向上要与建筑专业一致，而且要与工艺流程图方向一致，即从左向右展开绘制。
(2) 用1:100，1:200（有时也采用1:300，1:400) 比例,以细实线画出建筑物的墙、梁、柱、门、窗、操作台等轮廓图样。
(3) 编排柱网编号，填写柱网尺寸，标注每层平面高度。
(4) 取同样的比例，以粗实线画出设备的平面图(或剖面图),标注设备编号及名称。
(5) 在平面图、剖面图上标注设备的定位尺寸。

三、初步设计阶段设备布置图示例

图 7-9 为一初步设计阶段工艺设备平、剖面布置图(取部分)示例图。

第四节　施工图阶段设备布置设计

初步设计阶段设备布置设计经审批后即可进入施工图阶段设备布置设计。本阶段的设计内容和强度较之初步设计阶段更加明确、完整和具体，它必须满足设备安装定位所需的全部条件。

一、施工图阶段设备布置图的内容

本阶段设备布置图的内容同初步设计阶段设备布置图的内容。此外，在图纸上还有方位标。

1. 图示部分

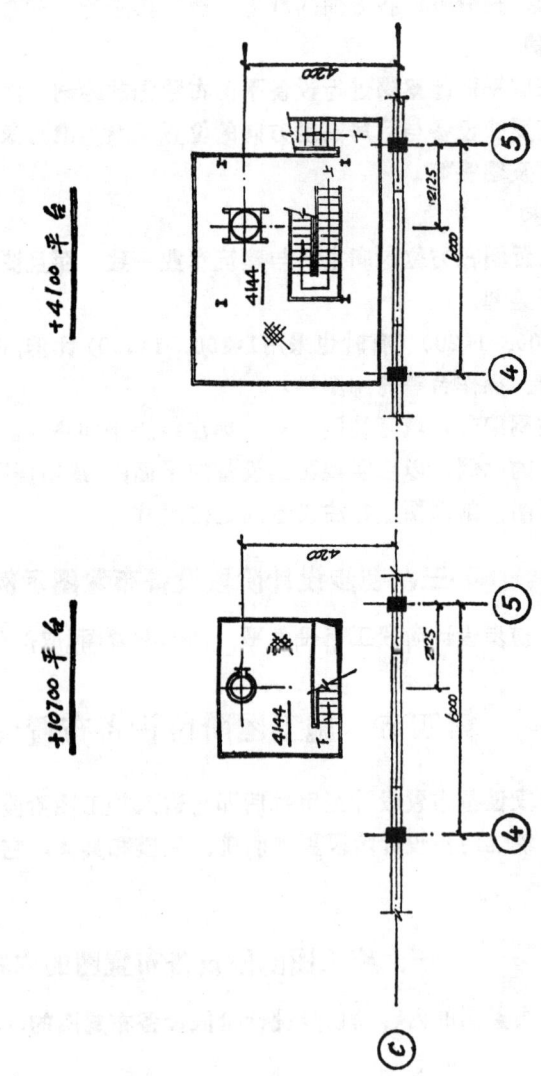

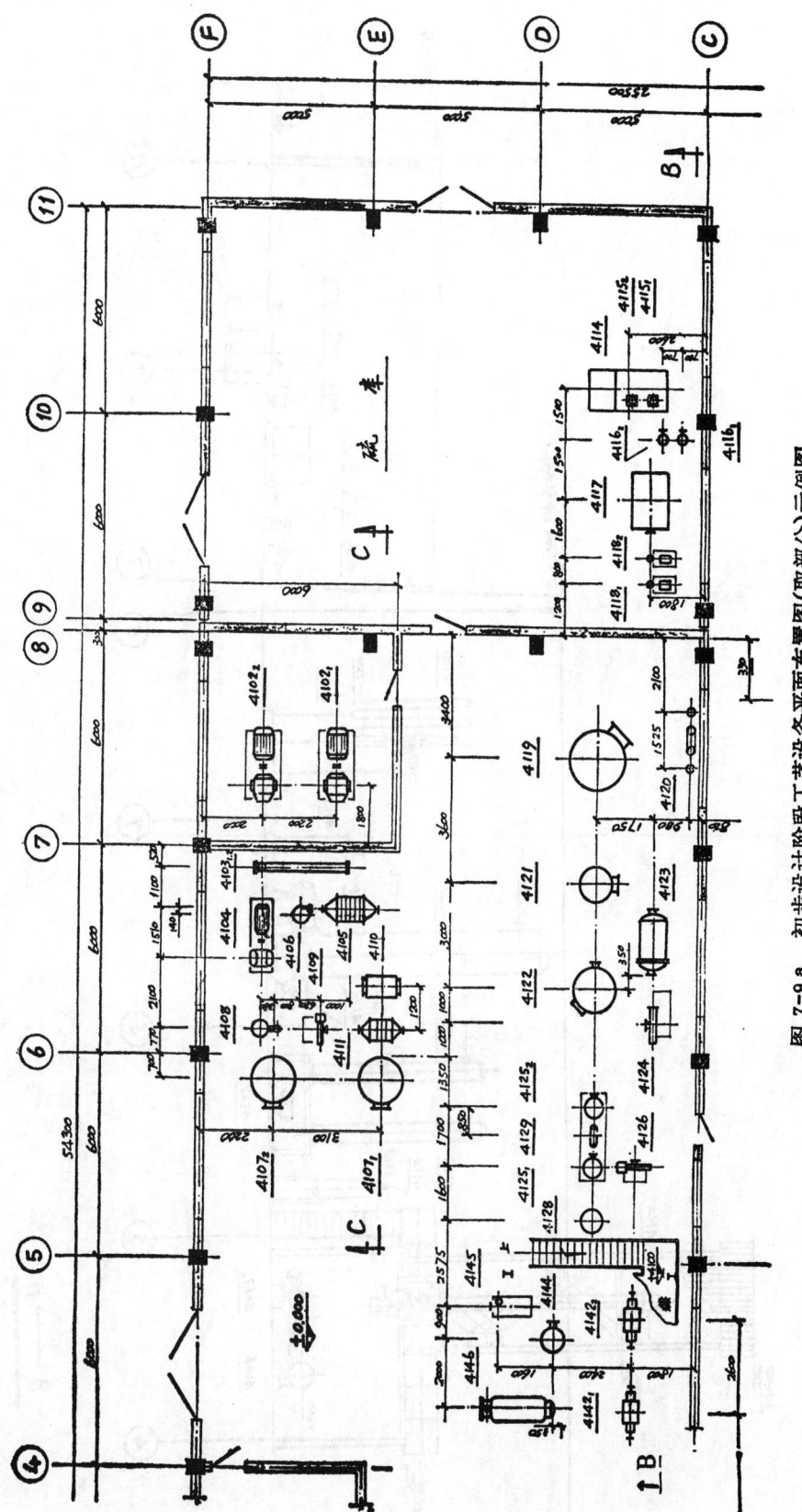

图 7-9 a 初步设计阶段工艺设备平面布置图(取部分)示例图

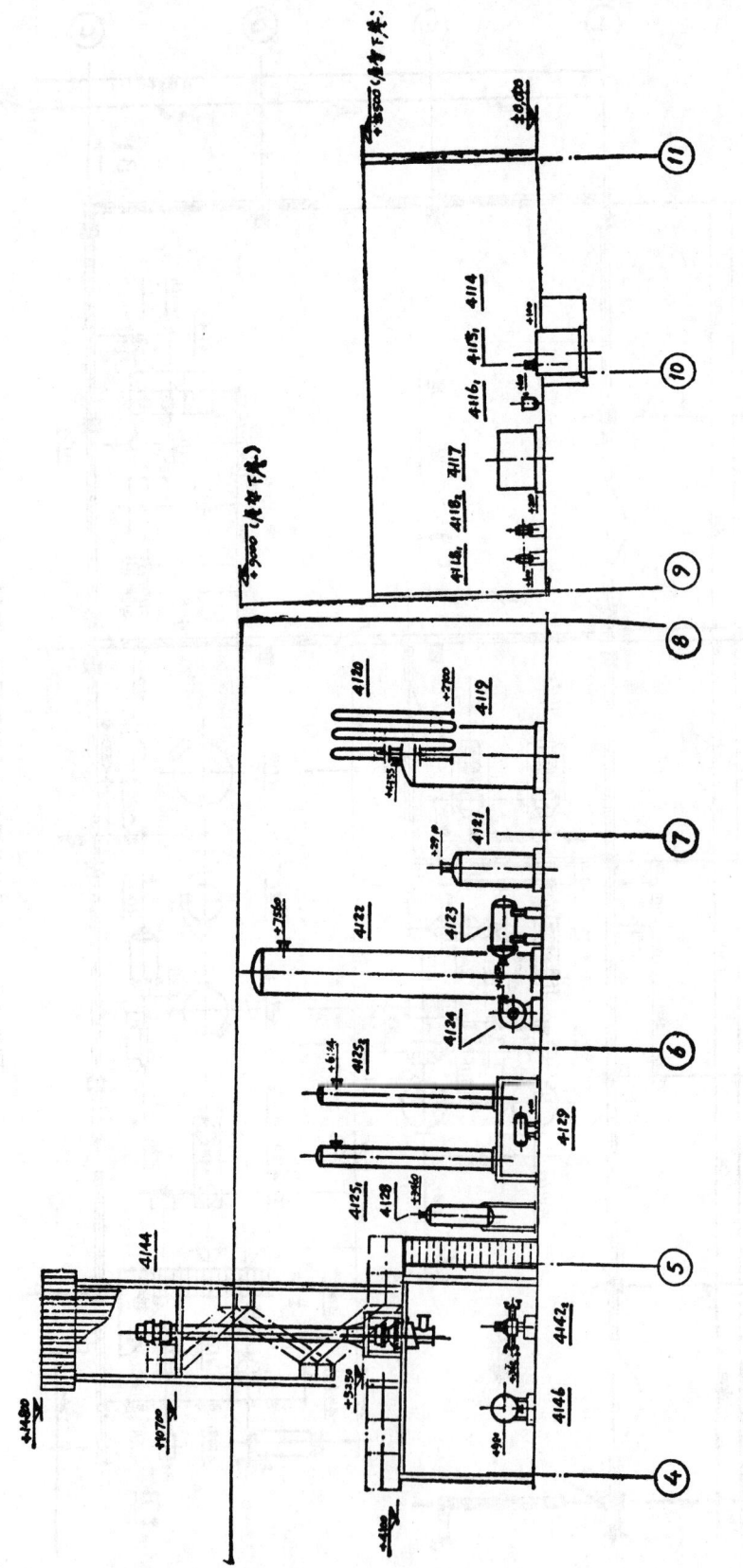

图 7-9 b 初步设计阶段工艺设备剖面布置图(取部分)示例图

(1) 同初步设计阶段一样，要在平、剖面图上表示出包括厂房的墙、窗、门、柱、楼梯、通道、坑、沟及操作台等位置。
(2) 表示出厂房建筑物的长、宽总尺寸及柱、墙定位轴线间的尺寸。
(3) 表示出所有固定位置的全部设备（加上编号和名称）及其轴线与定位尺寸。
(4) 表示出全部设备的基础或支承结构的高度。
(5) 表示出全部吊轨及安装孔。

2．设备一览表

同初步设计阶段设备布置设计图一样。

3．方位标

一般标出总图北向（真实北向）。

二、施工图阶段设备布置图的绘制

(1) 以细实线按 1:100、1:200（有时也采用 1:300，1:400）比例画出厂房的墙、梁、柱、门、窗、楼板、平台、栏杆、屋面、地面、孔、洞、沟、坑等全部建筑线，并标注厂房建筑物的长、宽总尺寸。
(2) 标注柱网编号及柱、墙定位轴线的间距尺寸。
(3) 标注每层平面高度。
(4) 采取同样比例，以粗实线绘制设备的外形及其主要特征（如搅拌、夹套、蛇管等），并绘出主要物料管口方位及其代号，标注设备编号及名称。对多台相同的设备，可只对其中的一台设备详细绘制，其他则简明表示即可。
(5) 尺寸的标注

① 基准：设备以中心线或设备外廓为基准线；建筑物、构筑物以轴线为基准线；标高以室内地坪为基准线。

② 标准设备平面位置（纵横坐标）：定位尺寸以建筑定位轴线为基准，注出其与设备中心线或设备支坐中心线的距离。悬挂于墙上或柱上的设备，应以墙的内壁或外壁、柱的边为基准，标注定位尺寸。

③ 标注设备立面标高：定位尺寸一般可以用设备中心线、机泵的轴线、设备的基础面、支架、挂耳、法兰面等相对于室内地坪 $\left(\underset{\nabla}{\pm 0.00}\right)$ 的标高来表示。

④ 当设备穿过多层楼面时：各层都应以同一建筑轴线为基准线。

(6) 方向标志

在平面图上，应用指北针表示出方位。指北针统一画在左上角。绘制时，尽量选取指北针向上180°内的方位。

三、施工图阶段设备布置图示例

图 7-10 为施工图阶段工艺设备平、剖面布置图（取部分）示例图。

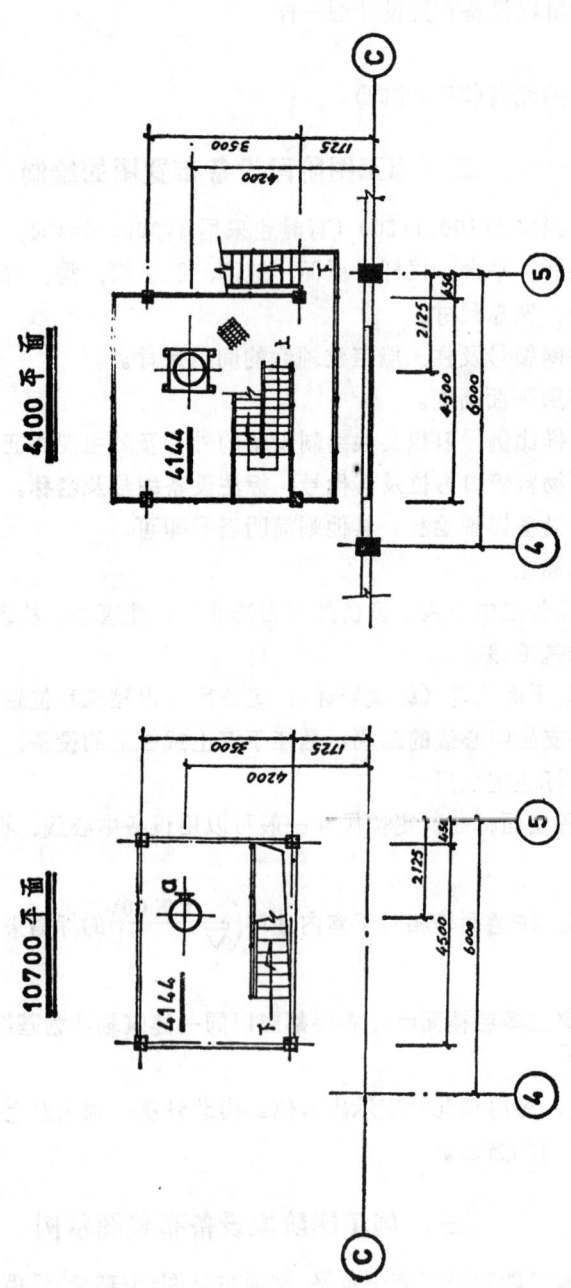

图 7-10a 施工图阶段工艺设备平面布置图（取部分）示例图（一）

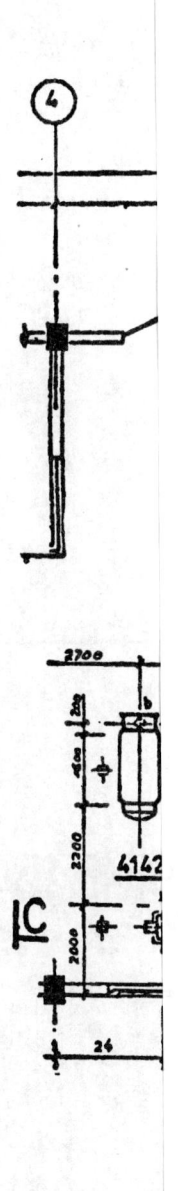

第八章 管道设计

管道设计是化工设计的重要组成部分。据统计，化工管道的投资约占全厂化工设备装置的15～20%，由此可见它在设计中所处的地位。

管道设计与安装不仅与其装置建设的指标是否先进合理有关，而且也与生产操作能否正常进行以及生产操作费用是否节约等密切相关。

轻化工工厂的特点是各种物料大多用管道输送，而输送介质品种特性各异。在形态上有的是液体、气体，有的是固体。在性质上有的是腐蚀性介质，有的是易燃、易爆、有毒；有的物料容易堵管，有的物料容易结晶等。此外，有的物料输送时必须保温，而有的则需保冷；有的管道需架在空中，而有的则要埋敷地下。由此可见，管道设计是工艺设计中一项相当复杂而工作量又相当大的工作，工艺设计人员必须给予重视。

第一节 设计原则及注意事项

管道设计是轻化工工厂施工图设计阶段的主要内容之一，设计时除必须遵守有关设计原则、注意有关事项外，还必须切实做好有关资料的准备工作。

一、设 计 原 则

1．统筹规划，合理布置

设计中除必须对所有工艺管道作详细规划外，还必须把其他专业的管线，如电气管线、仪表管线、保暖通风管线等一并考虑进行，做到全面规划，合理布置，防止遗漏与碰撞。

2．保证正常生产、满足开（停）工及事故处理需要

所有工艺管道及其他辅助管道的设计和敷设必须保证正常生产的要求，同时管线流程应满足和适应开(停)工和事故处理的需要。要设有为开工装料、循环和停工时排料、抽空、扫线、放空以及不合格产品的再加工管线（如只有第一次开工才要用的管线可接临时管线）。开工或停工过程中，由于各部分有开有停，往往不能完全照正常工艺流程进行操作，应当设有必要的旁路或其他措施。

此外，管线应能适应操作的变化，但应避免繁琐，防止浪费。

3．运用先进技术，充分利用能量

如何运用先进技术，采取强化措施，做到热（冷）量及其他能量的充分和合理的利用，这对化工生产降低成本有特别重要的意义。当然，强化有时并不是最优，并不是愈强化愈好，它还要从技术经济方面，如材料的使用是否合理，能量消耗是否节约以及操作是否方便等来进行合理的分析与选择。

4．尽量集中布置，便于安装检修

布置时，管道要尽量集中，便于安装和检修；避免通过电动机、配电板及仪表控制盘的上空；进出装置的管线，内、外必须互相衔接，协调一致。管道上隔断阀的安装位置应按使用要求和操作方便考虑，不受装置边界线的限制，避免装置内外互不联系，各搞一套。

5．注意整齐美观

管道布置在满足生产条件下，尽量做到排列整齐，易于区分，清洁美观。

二、注 意 事 项

轻化工工厂的输送管道较多，流体性质不一。下面着重介绍各种常用的如物料管道、蒸汽管道、污水管道、真空管道及压缩空气管道等在设计中应注意的有关事项。

1．物料管道

凡在车间内部或相应车间之间输送制造过程中的原料、半制品、成品、废料等的管线统称为物料管道。在设计物料管道时应注意下列几点：

一切物料管道都应避免死角。为此，易流动的物料管道坡度一般为 $3/1000 \sim 5/1000$；粘度较大或含固体结晶一般为 $1/100$。

必须根据所输送物料的物理化学性质来选择物料管道的材质。

启闭件以旋塞为主，也可以采用球阀。对于不含沉淀结晶的流体也可采用截止阀；闸阀一般不用在物料管道上。

输送腐蚀性介质的管道的法兰不得位于通道上空，若要通过，则应在法兰接合处装护套。此外，这种管道与其他管道并列时应保持一定距离，并略低些。

输送凝固性的、含沉淀物的、或者腐蚀性液体到几个装置所用的管道，通常都在通往装置的分支处安装三通旋塞，但主要的启闭件仍是普通的直通旋塞。

输送易于凝固的物料管道，应考虑装置吹扫或必要的加热保温；易结晶的管道要考虑放空，防止堵塞。

防爆管道及易产生静电的管道应注意安装接地。

2．蒸汽管道

蒸汽管道在轻化工工厂的管道中占相当大的比例，它广泛应用于物料加热、设备保温以及作为蒸汽源的动力等之用。在设计时应注意下列几点：

根据使用点对蒸汽用量和压强的要求选择管材规格。

蒸汽管道的坡度一般采用 $5/1000$。

为避免蒸汽带水和防冻，蒸汽主管的末端与长距离管道的适当地点，应分别设置带疏水器的放水口。

在管道的必要处设置膨胀器，以补偿管道的热膨胀。

对汽轮机、蒸汽喷射泵等重要设备所用蒸汽应自主管引出，不要在分支管道上接引，以免因其他用汽量变化时影响操作平衡。扫线蒸汽或灭火蒸汽也应尽量从主管引出，以减少对其他用汽量的影响。

不要把高压蒸汽直接引入低压蒸汽系统，以防发生事故。如果必须使用，应安装减压阀，并在低压系统管网上设置安全阀，防止低压系统超压出危险。

蒸汽加热设备的凝结水应尽量回收。凝结水排出时一般均应经过疏水器（凝结水量大的还可设汽水分离器），以免带出蒸汽，浪费热能。

不同压力的凝结水合并回收时，由于疏水器的出口压力取决于其后面系统的压力，与入口压力没有直接关系，因此可以合用一个凝结水系统。如高压凝结水量较大，在放入低压凝结水管网前，一般先进入凝结水扩容器，降低其压力，并回收降压产生的蒸汽。

启闭器的蒸汽主管用闸阀，支管用截止阀。

选定保温材料及保温层厚度，以减少管道热损失。

选定支架形式及其跨度，以承受管重、荷重及因膨胀而产生的推力。

3．污水管道

污水应充分考虑综合利用，尽量减少其排量。必须排放时，均应排往专门系统，在处理前不应排入下水道。

污水排入的沟渠管网，一般分为合流式和分流式两种。合流式即工业污水、雨水、生活污水全部由一个管网排出；分流式即工业污水和生活污水由一个管网排出，而雨水和工业清水由另一个管网排出。在排污管线的设计中，根据所排污水的具体情况，可分别采用上述二种方案。

应根据废水的不同成分和组成，选择管道材质。

废水中若带有微量的可燃性溶剂，如石油、苯等，在排入下水道前应导入特备的窨井，定期将易燃体进行回收。

污水管道的启闭器常选用旋塞或球阀。

污水管道的管坡一般采用 1/1000 。

4．真空管线

真空管道宜尽量缩短，避免过多曲折，以利降低阻力达到更大的真空度；并且可以减少漏气场所。

真空管道应装成坡度（一般采用 3/1000），避免死角。

真空管道上启闭的球阀或旋塞应有抗介质腐蚀的能力，避免使用阻力较大的截止阀，否则会影响系统的真空度。

从设备中抽出的蒸汽，易凝于真空管道中而发生腐蚀，酸性气体尤为严重。为此，真空管道尽可能限于一个车间内，以便检修。

用于真空的管道除应有足够的强度外，还应具有抗腐蚀的能力。

5．压缩空气管线

压缩空气应先进入贮气罐，析出夹带的油和水，然后再输送至有关设备。贮气罐还有减弱因用途急剧变化而引起压力的波动作用。

供自动控制仪表及化验分析的压缩空气，应为经过除尘脱水的净化空气。

压缩空气管道的坡度一般采用 4/1000 。

压缩空气管道上的启闭器最常用的为球阀。

第二节 管件选择与管径计算

一、管道和管件的公称压力及公称直径系列

1. 管道和管件的公称压力系列

管道和管件在一定温度范围内（碳钢在200℃以下，合金钢在250℃以下）最大的允许工作压力（表压），称为公称压力。

公称压力以 PN 表示，单位为 MPa。

公称压力系列为24.5(2.5)、59(6)、98(10)、157(16)、245(25)、392(40)、627(64)、980(100)、1570(160)、1960(200)、2450(250)、2940(300)，单位为 10^{-2}MPa，括号中单位为 kgf/cm²。

2. 管道和管件的公称直径系列

以外径表示钢管的直径，称为公称直径。

公称直径以 DN 表示，单位为 mm。

同一公称直径的钢管，外径相同，但内径随壁厚而异。例如，输送流体用无缝钢管（GB8163—87）DN150的热轧无缝钢管常用4.5和6.0mm两种壁厚即 $\phi 159 \times 4.5$ 和 159×6，它们的公称直径都是 DN150，而内径分别为 ϕ150 和 ϕ147。

目前还通用一部分英制的管子，如GB3092—82，其公称直径有时用英寸"〃"表示，需注意，这里指的公称直径系近似内径的名义尺寸，它不表示管子外径减去壁厚所得的内径。例如公称直径为 2〃 的焊接钢管（普通型），其外径为 ϕ60，壁厚为3.5，而内径则为 ϕ53参见《低压流体输送用焊接钢管》。

表8-1 中列出了常用钢管的公称直径、外径、壁厚和允许工作压力。

表8-1 常用管道的公称直径、外径、壁厚和允许工作压力

DN mm	管子外径, mm	常用碳钢管壁厚,[1] mm	允许工作压力[2] 20号钢，300℃ ×10^{-2}MPa	DN mm	管子外径, mm	常用碳钢管壁厚, mm	允许工作压力 20号钢，300℃ ×10^{-2}MPa
10	14		980	75			
15	18	3	980	200	219	6	294
20	25	3	588	225			
25	32	3.5	784	250	273	8（或7）	294
32	38	3.5	588	300	325	8	294
40	45	3.5	588	350	377	9	294
50	57	3.5	392	400	426	9	196
80	89	4	392	450	480	9	196
100	108	4	294	500	530	9	196
125	133	4	245	600[3]	630	9	
150	159	4.5	245				

[1] 不锈钢管壁厚可按表减少1～1.5mm。
[2] 是按20号钢、300℃时许用应力计算的无缝钢管的允许工作压力，已包括钢管负偏差与1.5mm的腐蚀余量。
[3] 大口径的钢管应按具体情况计算，以节约材料。

二、材质与常用管道种类

1. 材质

管道、阀门和管件的材质有两大类，一是金属类，另一类是非金属类。

(1) 金属类　此类材质的特点是耐温范围大，耐压力高，有一定的耐腐蚀性。如温度在−20～475℃内可用碳钢；−196～700℃最高不超过800℃可用不锈钢（如1Cr18Ni9Ti）；−20～500℃可用低合金钢（如15MnVg）。又如压力（表压）低于9.8MPa可用碳钢；9.8～31.4MPa可用碳钢或低合金钢；高于31.4MPa可用高强度合金钢（如20MnV）。

对强腐蚀性介质，常用不锈钢，如1Cr18Ni9Ti为一种应用最广泛的奥氏体不锈耐酸耐热钢，具有较高的抗晶间腐蚀能力。但是特别要注意的是不锈钢并不是能耐任何介质的腐蚀，如1Cr18Ni9Ti对盐酸就完全不耐蚀。

(2) 非金属类　此类材质最大特点是耐腐蚀性能好，且有品种多、资源丰富、一般容易制造加工的优点，缺点是耐热、耐压不够高。

非金属材料又可分为无机材料和有机材料两大类。无机材料主要有铸石、耐酸陶瓷、玻璃、搪瓷、岩石等；有机材料主要有橡胶、塑料、石墨、耐蚀涂层、玻璃钢等。下面择要介绍几种常用的非金属材料

① 耐酸陶瓷：又可分为耐酸陶、耐酸耐温陶和硬质陶，在化学化工业中应用广泛。一般用来制作泵、管道、旋塞、塔以及槽、釜等衬里用，具有很高的化学稳定性。除氢氟酸及强碱等介质外对各种有机酸、无机酸、氯气、氯化物、有机化合物、盐类等都耐蚀。但陶瓷是一种脆性材料，强度低，热稳定性差，故在加工、安装、使用过程中要特别注意。

② 玻璃钢：又称玻璃纤维增强塑料。它以树脂作粘结剂,玻璃纤维制品(如玻璃丝、玻璃带等) 作为增强材料，按照某种方式成型，在一定温度、压力下使树脂固化而制成。玻璃钢的耐蚀性能依据其树脂而异，如酚醛玻璃钢耐酸性好；呋喃玻璃钢耐碱性好，且耐高温；环氧玻璃钢与金属粘结力强，机械强度高。目前玻璃钢一般用作设备的衬里，制作管道、管件、贮槽等。

③ 硬聚氯乙烯：有优良的耐腐蚀性能和电绝缘性，除强氧化剂（如>50%浓烟酸、发烟硫酸外）、芳烃和氯烃（苯、甲苯、氯苯和酮类等），几乎能耐任何浓度的酸、碱、盐类及有机溶剂的腐蚀。它一般在−15～60℃和低压（$P<300kPa$）下使用。在化工中，广泛用它来制造阀门、管道、泵、塔、槽等。

④ 聚四氟乙烯：性能优于其他工程塑料，可在−180～250℃范围内长期使用，能耐强酸、强碱、强氧化剂等腐蚀性介质的腐蚀。大部分溶剂对它都不溶解。只有熔融的苛性碱对它有腐蚀作用。此外，它还有很低的摩擦系数，是一种良好的润滑材料。它的制品可用作耐腐蚀件、减磨耐磨件、密封件和绝缘件等。

2. 常用管道种类

(1) 钢管　分有缝和无缝二类。

有缝钢管由碳钢板卷焊制成，它们强度低，可靠性差，只能适用于输送水、压缩空

气、煤气、蒸汽、冷凝水及采暖系统的管道，使用压力一般小于 1MPa（表压）。钢管分不镀锌（黑铁管）和镀锌钢管（白铁管）；带螺纹和不带螺纹（无管）钢管；按壁厚分普通钢管和加厚钢管。

无缝钢管由普通碳素钢、优质碳素钢、普通低合金结构钢和合金结构钢等的管坯热轧和冷拔（冷轧）而成，它们品质均匀、强度高，用于高压、高温或易燃、易爆和有毒物质的输送。它在化学工业中应用最为广泛。

(2) 有色金属管　最常用的是铜管和黄铜管、铅管和铅合金管、铝管和铝合金管。它们都是无缝钢管。

铜管和黄铜管主要用作换热器管和真空设备的管道。

铅管和铅合金管是耐酸材料的管道，如输送 15～65% 的硫酸、干（或湿）SO_2、60% 氢氟酸、浓度小于 80% 的醋酸。它的最高使用温度为 200℃，但高于 140℃ 时，不宜在压力下使用。硝酸、次氯酸盐及高锰酸盐类等介质，不可采用铅管。

铝管和铝合金管可用于输送浓硝酸、醋酸、蚁酸、脂肪酸、硫化氢及二氧化硫、硫的化合物及硫酸盐，不能用于盐酸、碱液、特别是含氯离子的化合物。它的最高使用温度为 200℃，温度高于 160℃ 时，不宜在压力下使用。铝管亦可用作换热管。

(3) 非金属管　品种繁多，如硬聚氯乙烯管、软聚氯乙烯管、聚丙烯管、聚乙烯管、聚四氟乙烯管、搪玻璃管、耐酸酚醛塑料管、玻璃钢管、耐酸陶瓷管、不透性石墨管、胶管等。它们的性能和应用范围从有关书籍和手册中可找到，在此不再介绍。

三、管道连接

管道连接的方法有焊接、螺纹连接、法兰连接、承插连接、卡套连接、卡箍连接等多种。下面扼要介绍几种最常见的管道连接方法。

1. 焊接

焊接是轻化工工厂中最常用的一种管道连接方法。特点是施工方便，焊接可靠不漏，成本低。凡是不需要拆装的地方，都应尽量采用焊接。所有压力管道如煤气、蒸汽、空气、真空管道等都应尽量采用。管径大于 32mm、厚度在 4mm 以上者采用电焊；管径在 32mm 以下、厚度在 3.5mm 以下者采用气焊。

2. 螺纹连接

螺纹连接也是一种常用的管道连接方法。特点是连接简单，拆装方便，成本低，但连接的可靠性低，容易在螺纹处发生渗漏。一般适用于管径≤50mm（室内明敷上水管可采用≤150mm）、工作压力低于 980kPa、介质温度≤100℃ 的焊接钢管、镀锌焊接钢管、硬聚氯乙烯管与管道、管件、阀门相连接。在化工厂中一般只用于输送上下水、压缩空气等介质的管道，不宜用于易燃、易爆和有毒介质的管道。

3. 法兰连接

这种连接方法在轻化工工厂中应用极为广泛。优点是结合强度高，**密封可靠，拆装方便**；缺点是费用较高。一般适用于大管径、密封性要求高的管道连接；也适用于玻璃、塑料、阀件与管道或设备的连接。

法兰连接时，法兰的公称直径必须与连接的管道公称直径相同；其公称压力必须符合管内介质压力的要求外,尚要考虑温度的影响。凡是工艺上要求高的地方,如高真空、易燃、易爆及有毒的介质,不论其工作压力大小,法兰的公称压力有一最小限度,这个原则亦适用于管道的其他配件如阀等（表8-2）。

表 8-2　　　　　　　　　管法兰的最小公称压力（常温）

用　　　　　　途	最小公称压力×10^{-2}MPa
水、蒸汽、一般的酸碱液	58.8
真空：真空度＜0.008MPa	98（凹凸面）
真空度≥0.008MPa	156.8（凹凸面）
溶剂（丙酮、苯、甲醇等）	98
有毒物质	98
剧毒物质	156.8（榫槽面）
刺激性强的物质（如联苯醚等）	98（凹凸面）
液态乙烯	392
液态丙烯	245
天然气、甲烷等易燃气体	98

4. 承插连接

承插连接适用于埋地或沿墙敷设的供排水管,如铸铁管、陶瓷管、石棉水泥管与管或管件、阀门的连接。一般采用石棉水泥、沥青玛琋脂、水泥砂浆等作为封口,工作压力≤29.4×10^{-2}MPa 介质温度≤60℃场合。

5. 卡箍连接

该连接适用于金属管插入非金属管（橡胶管及各种软塑料管）,在插入口外,用金属箍箍紧,防止介质外漏。它适用于临时装置或要求经常拆洗的洁净管。采用凸缘式管口,管与管之间用O形密封圈,凸缘外用金属扎紧,拆装灵活。

四、常用阀门和阀件的选择及阀门的标注

1. 常用阀门和阀件的选择

阀门是用来控制各种管道及设备内流体的流量、流体的压力及保证生产安全运行的一种化工机械产品。阀门的品种较多,结构相差悬殊,材质各异,使用特性不同,因此它的适用场合就不一样。下面扼要介绍几种常用的阀门和阀件。

(1) 旋塞　旋塞结构简单,操作方便,流体阻力小,开关迅速,但密封面易磨损,高温高压不适合,易卡住,开关力大。适用于温度较低、粘度较大的介质和要求开关迅速的部位,一般不适用于蒸汽和温度较高的介质。

(2) 闸阀　闸阀优点是流体阻力小,开关力较小,介质可以二个方向流动,密封性能较截止阀好,具有一定的调节性能;缺点是结构复杂,高度尺寸较大,密封面容易磨损,不易修理。常用于大尺寸管道上作启闭阀,但不大作流量调节用。除适用于蒸汽、油品等介质外,还适用于含有粒状固体及粘度较大的介质,并适用于作放空阀和低真空系统阀门。

(3) 截止阀　与闸阀比较,结构简单,制造维修方便,价格便宜,调节性能好,但密封性能差些,开关力也大些。常用于蒸汽、压缩空气、一般真空及料液管道的阀门;

不宜用于粘度大含有颗粒易沉淀的介质，也不宜作放空阀、低真空系统的阀门。

(4) 节流阀　此阀外形尺寸小，重量轻，调节性能较盘形截止阀（其阀芯密封面为盘形软表面，配以平面阀座）和针形阀好，但调节精度不高，由于流速较大，易冲蚀密封面。适用于温度较低、压力较高的介质，以及需要调节流量和压力的部位，不适用于粘度大和含有固体颗粒的介质。不宜作隔断阀。

(5) 球阀　球阀是利用一个中心开孔的球体作阀芯，靠旋转球体控制阀的开启和关闭。结构简单，开关迅速，开关力小，体积小，重量轻，流体阻力小，密封面易加工，**密封性也好，使用压力可达 31.36MPa**，但温度目前受密封材料限制只能用于200℃以下。能用于悬浮液及粘度大的介质。

(6) 止回阀　止回阀的作用是限制介质的流动方向，介质不能倒流，但不能防止渗漏。适宜用于清净介质，不宜用于含固体颗粒和粘度较大的介质。

升降式止回阀的密封性能较旋启式好，但阻力较大。卧式的宜水平安装。立式的宜**垂直安装**。

旋启式止回阀不宜制成小口径阀门。可水平、垂直或倾斜安装在管道上。如装在垂直管道上，介质应由下向上流动。

(7) 减压阀　减压阀是使流体通过阀瓣时产生阻力，造成压力损耗，来达到减低压力的目的。

常用的减压阀有波纹管式、活塞式、先导薄膜式等，活塞式减压阀不能用于**液体的减压**，而且流体中不能含有固体颗粒，所以减压阀前要装管道过滤器。

减压阀一般都成组安装。图 8-1 为一蒸汽减压阀组。

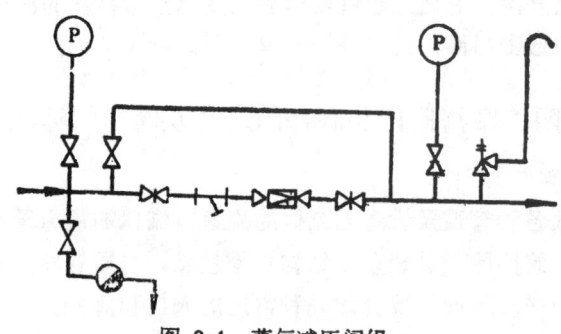

图 8-1　蒸气减压阀组

(8) 安全阀　当工作压力超过规定值时即自动开启使流体外泄，压力回复后即自动关闭，以保护设备和管道，使生产安全运行。

常用的弹簧式安全阀分为全启式和封闭式两类。介质允许直接排放到大气的可选用全启式；易燃、易爆和有毒的介质则应选用封闭式，将介质排放到总管中去。

(9) 隔膜阀　利用一块隔膜（如橡皮、聚四氟乙烯等），夹于阀体与阀盖之间。隔膜中间凸出部分固定在阀杆上，防止了流体沿阀杆泄漏，受介质作用，因此无需填料箱。此阀结构简单，便于维修，流体阻力小，适用于温度小于200℃、压力小于0.98MPa的油品、水、酸性介质及悬浮物的介质，不适用于在有机溶剂和强氧化剂的介质。

(10) 疏水阀　疏水阀的作用是自动排除设备或管道中的凝结水、空气及其他不凝性气体，又同时阻止蒸汽的逸出。

凡是需要蒸汽加热的设备、蒸汽管道等都应装疏水器，以保证工艺所需的温度和热量，使加热均匀，防止水击，达到节能的作用。

疏水阀的种类颇多，按其工作原理可分为热动力型，热静力型和机械型三种。例如热动力型疏水阀，优点是处理凝结水的灵敏度高，体积小，惯性也小，开关速度迅速，安装方位不受限制，工作可靠，工作压力大且不需要调整，所以应用广泛；缺点是允许背压度只有50%，最低工作压力为49kPa（表压）。又如热静力型（波纹管式）特点是结构简单，动作灵敏，能连续排水，过冷度20℃左右，但抗污垢及抗水击性差；被广泛用于采暖系统的疏水，也可用作蒸汽系统排空气阀。再如机械型疏水阀，其中倒吊桶式有逐渐代替浮桶式趋势，与浮桶式相比，有体积较小，灵敏度高，漏气量小，工作可靠，允许背压度达95%的优点，但必须水平安装。

疏水阀要求成组安装，如图8-2。其中，a为凝结水回收流程；b为凝结水不回收流程。

(11) 管道过滤器　这是一种装在管道上用来除去流体介质中固体渣物的阀件，具有保护疏水阀、提高疏水阀效能的作用；此外，对保护仪表、设备等也有一定作用。实践证明，尤其是蒸汽采暖系统，凝结水中往往带有很多渣物，这些渣物如不及时除去就会影响疏水阀的工作，如果装上Y型管道过滤器，情况就大不一样；而且Y型管道过滤器的安装和清理都很方便。

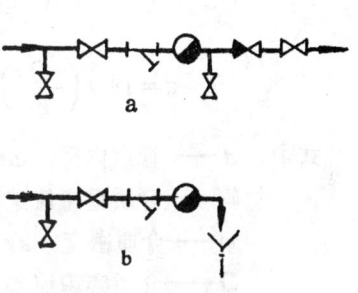

图 8-2　疏水阀组

2. 阀门的标准、型号和标志

阀门的标准、型号和标志必须按规定的方式进行（参见附录4）。

五、流速选择与管径计算

1. 管径选择

在管径选择时应注意，当输送流体的能力一定时，管径的大小直接影响到经济效益。管径大，管壁增厚，管重增加，所需阀门和管件都需要相应加大，同时相应的保温要增加，基建费用也增加；管径小，流速增加，流体阻力增大，动力消耗大，运输费用增加。所以，在管径选择时，将会遇到管道基建费用与输送流体操作费用之间的矛盾。从合理的经济角度考虑，最合理的管径应是两者（管道基建费用和年操作费用）之和为最低值。但在实际设计中，对所有的管道都进行这样的经济比较和计算，无论从时间上或工作量上都是不太可能的，而一般往往是从选取常用流速的经验值再来估算管径。但是，对于压力高、口径大、距离长的管道，由于它们对基建费用与操作费用的影响较大，常需要进行经济比较计算。

2. 流速选取

不同的流体按其性质、形态和操作要求的不同，应选用不同的流速。粘度大的流体，管线压力降大，流速宜较低。粘度小的流体，流速可较高。但流速过高会引起管道冲蚀、磨损、震动和噪声等现象。因此，除特殊情况外，液体流速一般不超过3m/s；气体流速一般不超过100m/s。对含有固体机械杂质的流体，流速不能过低，以免固体沉淀在管内造成堵塞。

此外，在流速选择时还应注意，若管道的允许压力降较小，应选用较低流速；允许压力降较大，可选用较高流速。对于同一介质在不同管径情况下，流速虽相等，但管道压力降可能相差很大。因此，在计算管径时，如允许压力降相同，则流量不同的管道应选用不同的流速，小流量用较低的流速，大流量可选用较高的流速。

管内各种流体常用流速范围，可从附录五中选取。

3. 管径计算

根据附录五选取的流速，按下式计算管子内径，并圆整到符合公称直径的要求。

$$d = 18.8 \left(\frac{W}{V \cdot \varphi} \right)^{1/2}$$

或

$$d = 18.8 \left(\frac{Q}{V} \right)^{1/2}$$

式中　　d——管道内径，mm

　　　　W——介质重量流速，kg/h

　　　　φ——介质密度，kg/m³

　　　　Q——介质容积流率，m³/h

　　　　V——介质平均流速，m/s

流量比较稳定的管道，可按平均流率计算管径；如受操作影响流率变化较大时，应留有适当余量。

某些重要的或长管道，尚需校核压力降。如压力降不符合操作要求，则需调整流速，重新确定管子内径。

4. 管道压力降计算

管道压力降计算包括流体摩擦压力降、局部压力降、静压力降及加速度压力降等，此外尚需考虑管子标准允许的管径和管壁厚的偏差及管道、阀门、管件所采用的阻力系数与实际情况的偏差等影响。计算压力降时应考虑有15%的余量。

计算压力降的目的是为了选择合适的泵、压缩机、鼓风机等输送设备和校核选定的流速或管径。

在化工过程及设备方面的书籍中，管道压力降和摩擦阻力的计算都有详细的计算公式，但比较麻烦，工程上更多的是利用算图计算。

常温水流经钢管的压力降（摩擦阻力）可很方便地由图8-3查得。非常温水或其他液体只要将水查得的压力降，乘上表8-3所列的校正系数，即可得到该液体的压力降。

例：某液体管道内径为158mm，体积流率为130m³/h，液体粘度为4×10^{-3}Pa·s，相对密度0.8，求每100m直管段钢管的压力降和流速。

解：在图8-3中由体积流率与管内径查得压力降为2.2m水柱/100m管长，流速为1.8m/s。

由表8-3查得粘度为4×10^{-3}Pa·s，相对密度0.8时的校正系数为1.11，则该液体

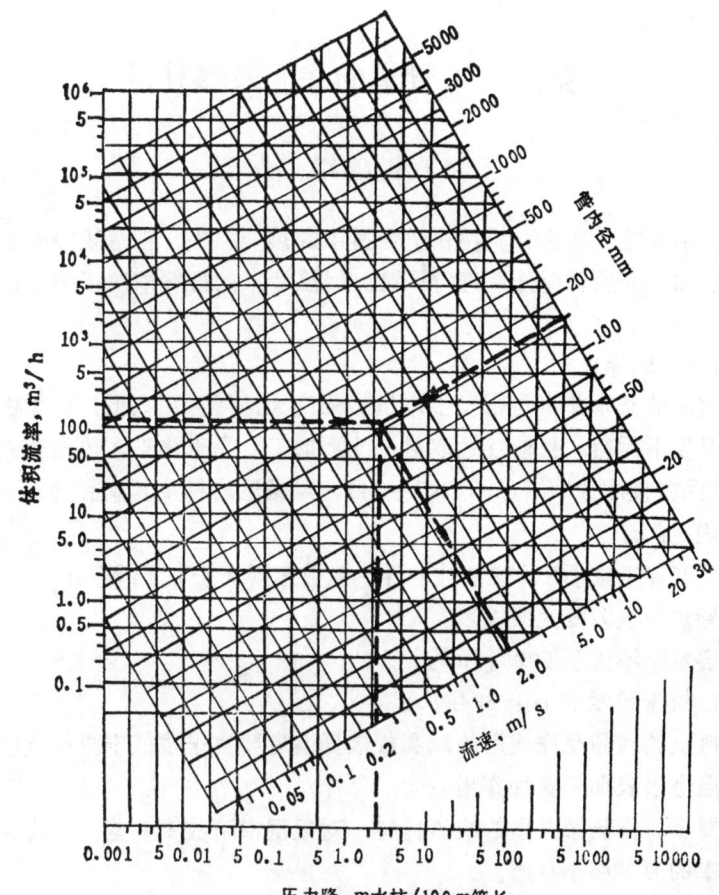

图 8-3 水管道压力降算图(钢管)

表 8-3 液体管道压力降校正系数

相对密度	粘度 μ, $\times 10^{-3}$ Pa·s												
	0.2	0.4	0.6	0.8	1.0	1.2	1.5	2.0	3.0	4.0	6.0	8.0	10.0
0.50	0.43	0.49	0.53	0.56	0.58	0.60	0.63	0.66	0.72	0.76	0.83	0.88	0.90
0.60	0.49	0.56	0.60	0.63	0.66	0.68	0.71	0.75	0.82	0.87	0.94	1.00	1.03
0.70	0.55	0.64	0.68	0.72	0.75	0.78	0.81	0.85	0.93	0.99	1.07	1.14	1.17
0.80	0.62	0.71	0.77	0.81	0.84	0.87	0.91	0.96	1.04	1.11	1.20	1.27	1.31
0.90	0.68	0.78	0.84	0.88	0.92	0.95	1.00	1.05	1.14	1.22	1.32	1.39	1.43
1.00	0.74	0.85	0.91	0.96	1.00	1.03	1.08	1.14	1.24	1.32	1.43	1.51	1.56
1.1	0.80	0.91	0.99	1.04	1.08	1.14	1.17	1.23	1.34	1.42	1.54	1.64	1.68
1.2	0.86	0.98	1.06	1.12	1.16	1.20	1.25	1.32	1.44	1.53	1.66	1.76	1.81
1.3	0.91	1.04	1.12	1.18	1.23	1.27	1.33	1.40	1.53	1.62	1.76	1.86	1.91
1.4	0.97	1.11	1.20	1.26	1.31	1.36	1.42	1.49	1.63	1.73	1.87	1.98	2.04
1.5	1.02	1.17	1.26	1.33	1.38	1.43	1.50	1.57	1.72	1.82	1.97	2.09	2.15
2.0	1.28	1.47	1.59	1.67	1.74	1.80	1.88	1.98	2.16	2.29	2.49	2.63	2.71
3.0	1.73	1.99	2.15	2.26	2.35	2.43	2.55	2.68	2.92	3.10	3.36	3.56	3.66

的压力降为:

$$\Delta P = 2.2 \times 1.11 = 2.44 \text{ m 液柱}/100 \text{ m 管长}$$

第三节 管道的保温及热补偿

一、管道的绝热保温

轻化工厂中为减少加热介质在输送管道中的热能损失，创造较好的工作环境，需用保温材料敷于加热介质管道外壁进行保温。保温效果的好坏取决于保温材料的种类及厚度。

1. 保温材料选择

对保温材料的基本要求是密度小，机械强度大，导热系数低，化学性能稳定以及能长期在工作温度下运行，且能就地取材，就地加工，易于施工，价格便宜。我国制订的"设备及管道保温技术通则"(GB4277—84)，对保温材料及其制品的基本性能要求作出了以下具体规定：

在平均温度等于或小于 350℃时，导热系数不得大于 $0.14W/m·K$，并有明确的随温度变化的导热系数方程式或图表。

密度（容重）不大于 $500kg/m^3$。

耐振动；抗压强度不小于 294kPa。

保温材料及其制品允许使用的最高或最低温度要高于或低于流体温度。

对被保温金属表面无腐蚀作用。

吸水率要小。作热保温用的绝热材料，对吸湿率可放宽一些；作冷保温用的绝热材料，对吸湿率的要求必须从严。

耐火性能良好，材料中的可燃物质含量要小。在采用塑料及其制品为保温材料时，必须选用能自熄的塑料制品。

具有线胀系数和体积膨胀系数数据。施工时根据材料的膨胀系数大小，预留一定尺寸的膨胀缝。如线胀系数不大，则体积膨胀系数约为线胀系数的三倍。

价格低廉，施工方便。尽可能选用制品和半制品材料，如板、瓦及棉毡等材料。

2. 常用保温材料的特性与应用范围

表 8-4 列出若干种常用保温材料的特性及其应用范围。表中所列的保温材料的导热系数随温度的增加而增加，不同的材料增加的程度各不相同，在选择时可参考有关手册的介绍。在高温管道上可先包覆耐热性较高的保温材料，然后再敷以耐热性较差的导热系数较小的保温材料。

3. 保温层厚度的选择

根据输送介质的温度、保温材料的导热系数及管道直径，由表 8-5 提供的数据可供保温层厚度选择的参考。

4. 保温形式及热载体的选择

(1) 保温形式 保温的形式除一般采用绝热保温外，有时还采用夹套管保温或伴热管保温。究竟采用哪一种形式，主要决定于被输送介质的凝固点（或熔点）。

被输送介质的凝固点（或熔点）<50℃时，可采用伴热管保温；凝固点≥150℃时

表 8-4　　　　　　　　　常用保温材料的特性与应用范围

品　种	耐热温度，℃	适用温度，℃	容重，kg/m³	常温导热系数，W/(m·K)	特　　点
水玻璃珍珠岩	650	<650	200～300	0.055～0.065	稳定性强，不燃烧，不腐蚀、无毒、无味、价廉、资源丰富
水泥膨胀珍珠岩	600	<600	300～400	0.058～0.087	
石棉碳酸镁粉	450	<450	410～500	0.081～0.093	耐酸碱，不燃烧
硅藻土石棉粉	900	达900	500～650	0.093～0.128	耐酸碱，吸湿性大(≤0.5%)
水泥蛭石管壳	<650	<600	430～500	0.088～0.140	适用于高温，强度大，施工方便，可露天堆放
无碱超细玻璃棉	≤600	-100～450	4～15	0.033	耐腐蚀，不蛀，吸水率较大，无毒、无味、耐振动，不刺人，施工方便，使用寿命长
超细玻璃棉毡(压缩成1.3～1.5cm)	≤600	-100～450	40～60	0.033	
石棉绳		<500	590～730	0.070～0.21	耐火、耐酸碱
聚苯乙烯泡沫塑料制品	75	-80～75	20～54	0.032～0.047	耐振动，抗压强度良好，施工方便，保冷性能好，可燃
聚乙烯泡沫塑料制品	70	<70	78	0.043 (平均20℃)	化学性质稳定，可燃，吸水性大
微孔硅酸钙制品	650		200～250		化学性质稳定，不燃，吸水性大，抗压强度294kPa

表 8-5　　　　　　　　　　管道保温材料的选择

保温材料导热系数 W/(m·K)	流体温度 ℃	管　道　直　径，mm				
		<50	60～100	125～200	225～300	325～400
0.087	100	40	50	60	70	70
0.093	200	50	60	70	80	80
0.105	300	60	70	80	90	90
0.116	400	70	80	90	100	100

可采用夹套管保温。

(2) **热载体选择**　轻化工生产中最常用的热载体为热水与蒸汽，有的地方也利用烟道气、热空气加热；在高温情况下，还需用有机高温载体（如联苯混合物、有机化合物）、无机高温热载体（如熔盐）加热。

① **热水**：热水的加热温度不高(40～100℃)，传热不够好〔给热系数 290～1750W/(m²·h·K)〕，但容易调节控制。

② **饱和蒸汽**：温度在 100～260℃ 之间〔给热系数 1750～5800W/(m²·h·K)〕，一般在 200℃ 下使用。用 250℃ 的水蒸汽，饱和蒸汽压已相当于 3.92MPa。操作时，由于温度上升，气压也上升，故加热温度受限制。特点是温度容易调节，可避免局部过热。

③ **烟道气（或热空气）**：给热系数低〔12～18W/(m²·h·K)〕，且易局部过热，温度不易控制，但热源产生较方便。

④ **有机高温载体**：国内目前有 YD、SD 等系列热载体，前者主要组成是四氢萘、

甲基萘、二甲基联苯、二甲芴、二甲基甲烷、茚满、二甲菲、三甲菲等芳香烃化合物；后者主要组成是脱蜡磺化油及抗氧化添加剂。道生油（简称道生，即联苯混合物）以及矿物油也是工业上常用的高温热载体。

使用有机高温载体（特别是矿物油）时，要注意热稳定性和局部过热，以防止分解和结焦。矿物油使用久后粘度增加，产生胶质，易沾污传热面。道生加热均匀，易调节，除生铁和有色金属外，对一般金属它均耐蚀；它易燃，不易爆，渗透性极强，有刺激臭味，但有一定毒性。表 8-6 列出了几种有机高温载体的有关物性参数。

⑤ 熔盐：是一种含 $NaNO_2$ (40%)、KNO_3 (53%)、$NaNO_3$ (7%) 的混合物，简称 HTS。熔点 142℃，熔融热 75.37kJ/kg。多在高温（350～530℃）下使用。在此温度范围内其导热系数为 0.362～0.248W/(m·K)；比热容为 1.424kJ/(kg·K)。

由于熔盐混合物的熔点高，因而导管都需用压力蒸汽伴管保温，且需注意不使产生过热现象及与有机化合物起作用。

表 8-6　　　　　几种有机高温载体的有关物性参数

品　名	使用温度，℃	比热容，kJ/(kg·K)	导热系数，W/(m·K)
道　生	255～380	0.260～0.297	0.104～0.085
YD—300	≥300	0.276	0.104
YD—325	≥325	0.285	0.101
YD—340	≥340	0.301	0.106
SD—280	≥280	0.293	
SD—300	≥300	0.281	
SD—320	≥320	0.272	

二、管道的热补偿

1. 管道的热变形与热应力

由于管道是在常温下安装的，在输送介质时，管道受温度影响就产生热胀冷缩。管道因温度变化所引起的伸长量为：

$$\Delta L = \alpha \cdot L \cdot \Delta t$$

式中　α——线膨胀系数

　　　L——管道长度

　　　Δt——温度的变化

若管道不能自由伸缩，将产生很大的热应力。热应力的大小可按下式计算

$$\sigma = E\varepsilon = E\frac{\Delta L}{L} = \alpha \cdot E \cdot \Delta t$$

式中　σ——热应力

　　　E——弹性模数

　　　ε（即 $\Delta L/L$）——管道因膨胀的相对伸长

对钢管，若钢材的许用拉应力取 $[\sigma]=7848\times10^4$Pa，弹性模数为 20.6×10^{10}Pa，

线膨胀系数为 $12\times10^{-6}/℃$，则可求出最大许可温度变化：

$$\Delta t=\frac{[\sigma]}{\alpha\cdot E}=\frac{7848\times10^4}{12\times10^{-6}\times20.6\times10^{10}}\approx32(℃)$$

由此可知，当钢管受到32℃以上的温度变化时，就要考虑热膨胀的补偿。

由热应力可计算所产生的轴向推力P为：

$$P=\sigma F$$

式中　F——管子的截面积

从上式可知，热应力和轴向推力与管道长度无关，而只与管子横断面相关。因此，不能因为管道短而忽视热应力与轴向推力。

一般使用温度低于100℃与直径小于$DN50$的管道可不进行热应力计算。直径大、直管段长、管壁厚的管道或大量引出支管的管道，要进行热应力计算。

2. 管道的热补偿

轻化工工厂管道的特点是室内管道多，弯头多，一般情况下应尽量利用管道布置自然弯曲时金属弹性来补偿管道的热伸长。表8-7为热力管道（直管段）可不装补偿器的最大尺寸。

表 8-7　　　　　　　　为热力管道可不装补偿器的最大尺寸，m

热水 ℃	60	70	80	90	95	100	110	120	130	140	143	151	158	164	170	175	179	183
蒸汽 kPa							49	98	176.4	264.6	294	392	490	588	686	784	882	980
管长 m	65	57	50	45	42	40	37	32	30	27	27	27	25	24	24	24	24	24

（1）自然热补偿　是利用管道布置时的自然弯曲来吸收热伸长量，此弯管段称自然热补偿器（图8-4）。在管道布置时，要充分利用管道的自然补偿能力，这样可不用补偿器补偿，最经济。

由图8-4中a可知，A点受力大于B点。L_2/L_1 愈大，A点受力愈大。因此 L_2 与 L_1 有一定的比例限制。当 L_2/L_1 值一定时，管子总长（L_2+L_1）愈大，补偿能力愈大，

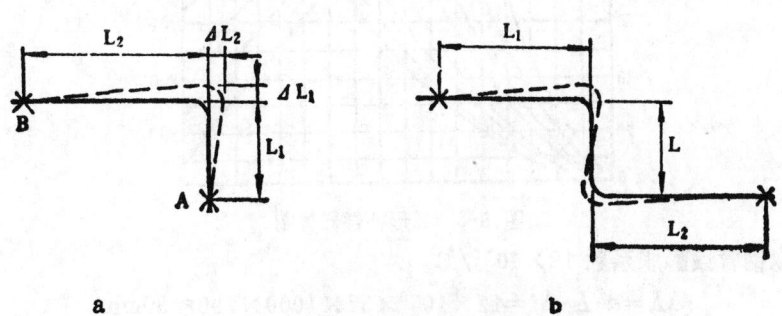

图 8-4　自然补偿器

a—L形补偿器　　　　b—Z形补偿器

热应力就愈小。不同管径时，L形补偿器的大小可由图 8-5 中查取。

例：$DN100$ 的 L 形钢管，长臂长 37m，温升 200℃，求短臂的最低长度。

解：计算 ΔL。

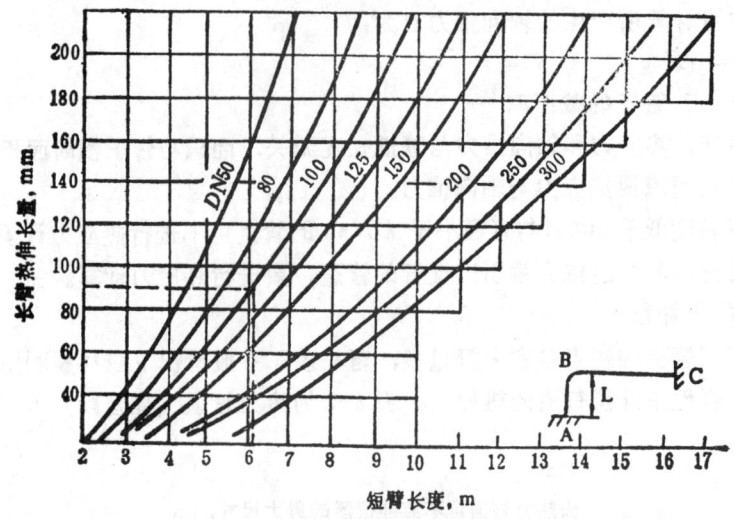

图 8-5　L形补偿器算图

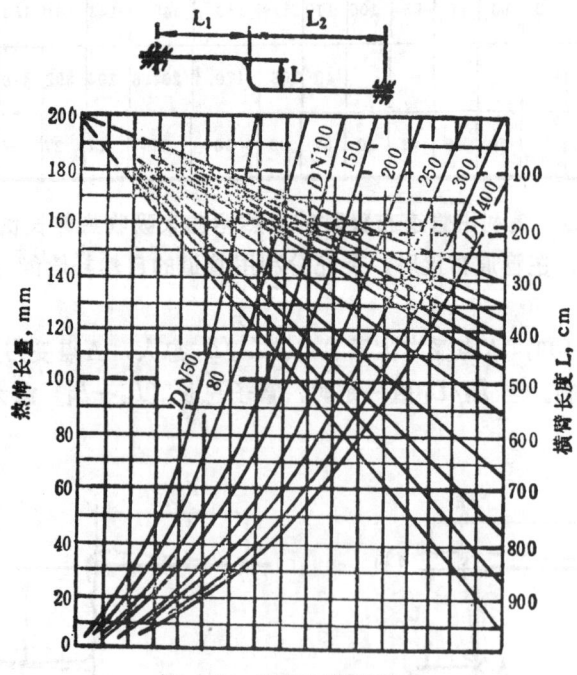

图 8-6　Z形补偿器算图

取钢管线膨胀系数 $12\times10^{-6}/℃$。

$$\Delta L = a\cdot L\cdot \Delta t = 12\times 10^{-6}\times 37\times 1000\times 200 \approx 90\text{mm}$$

由图 8-5 查得短臂长为 6.2m，即管道安装时，AB 长不得小于 6.2m。

Z形补偿器变形情况如图 8-4 中 b 的虚线所示。管道与支点的受力随横臂 L 的长度缩短而增加。所以当 L_1 与 L_2 一定时，应根据图 8-6 核算 L 的大小。

例：$DN100$ 的 Z 形钢管，$L_1=8\mathrm{m}$，$L_2=12.8\mathrm{m}$，$L=2\mathrm{m}$，$\Delta t=400℃$，校核横臂长度。

解：　$\Delta L=0.012\times(8+12.8)\times400\approx100\mathrm{mm}$
　　　$K=L_1/L=8/2=4$

由图 8-6 查得 $L=210\mathrm{cm}$，可见 Z 形补偿器的横臂不够长，应放长到大于 $2.1\mathrm{m}$。

对平面管系，欲增加管道自然弯曲时的金属弹性，宜增加远离固定点联线的管道长度。以 L 形（图 8-7）管系为例。a 所示管系，其热膨胀不能自补偿，按 b、c 改变后均能自补偿。如将原管系 a 改变为 d、e 的形状，其效果不如 b、c。按 f、g 图形改变是不允许的；按 h、i 改变是没有效果的。

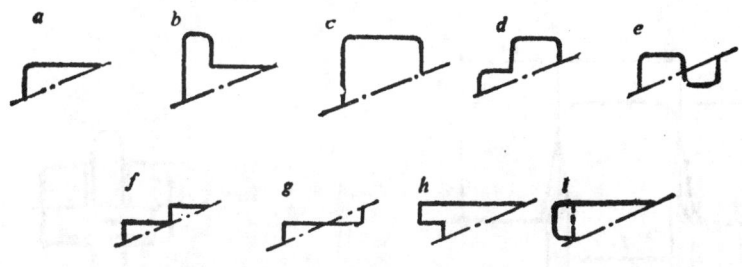

图 8-7　L 形平面管系布置方案

对空间管系，要增加管道自然弯曲时的弹性最好是在远离端点联线的方向增加管道的长度，使图形接近正方形。图 8-8 为空间管系的布置方案。管系 a 其热膨胀不能自补偿，需要改变形状。改变形状可在空间坐标 x、y、z 轴的任一方向进行。管系 b 是在 y 方向增加管长；管系 c 是增加 z 方向的管长，而管系 e 则在 x 方向增加管长。其中 c 比 b 好，因管系接近正方形；e 的效果不佳。管系 d 是 x z 平面内增加管长，这种形式弹性反而减小。

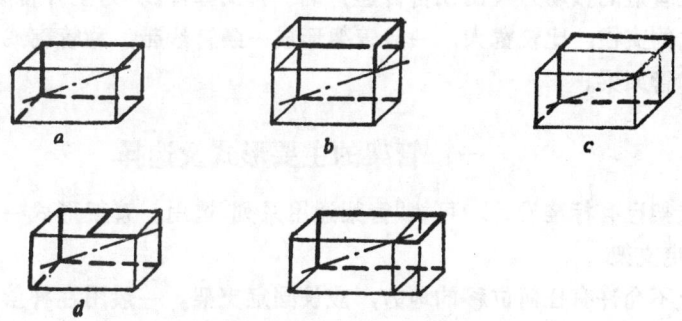

图 8-8　空间管系的布置方案

(2) 补偿器补偿　在管道布置设计中，当管系的自然热补偿达不到要求时，才采用补偿器补偿。常见的补偿器有Ⅱ形、U 形两种。

Ⅱ形补偿器是轻化工工厂中应用最多的一种补偿器。它是用管子弯制而成的。优点是**耐压可靠**，补偿能力大，制造方便，缺点是尺寸大，**流体阻力较大**。Ⅱ形补偿器安装时要预拉（补偿热膨胀）或预压缩（补偿冷收缩）。从图 8-9 中可见，拉伸时由原长 L 伸长至 L_2；压缩时由 L 缩短到 L_1。这样做能提高补偿量一倍，固定支架受力也减少一倍。

设计 Π 形补偿器时，首先应根据锅炉房到用热地方的距离求出这段蒸汽管道与周围环境温差引起的伸长量，也即 Π 形补偿器应承受的最大补偿量 $\Delta L(\Delta X_{max})$。然后在 Π 形补偿器线算图上（"炼油装置工艺管线安装设计手册"图 12-21-39），根据 ΔX-L_4 曲线，由 ΔX 查出 Π 形补偿器的管臂 L_4。由 L_4-P 线查出 Π 形补偿器对固定交点的轴向推力 P。

U 形补偿器（图 8-10）由单层或多层钢板压制而成。多层补偿器有较大的补偿量。当要求更大的热补偿量时，可采用多波补偿器，它的特点是体积小、安装方便，但补偿量小，耐压低。

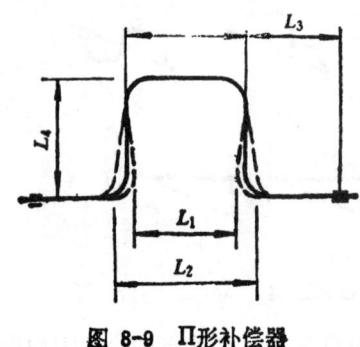
图 8-9 Π形补偿器

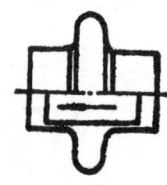
图 8-10 U形补偿器

第四节 管架设计

管架是用来支承管道的重量、承受管道的轴向水平推力（热推力）、侧向水平力（支管拉力）及管道的振动力（由设备传递）的一种支撑件。分为室外管架与室内管架二类。前者有独立的支柱，比较宽大，一般管架形成一条管线带，称管廊或管桥；后者利用建筑构件支承管架架。

一、管架的主要形式及选择

管道支架已有标准设计，可按"管架通用系列"选用。管架形式一般有以下几种。

1. 固定支架

管道上不允许有任何位移的地方，应设固定支架。一般用在补偿器的热管道两端以及当主管上有支管时，设在靠近支管的主管上。

固定支架要设在坚固的厂房结构或管架上，并对水平和其垂直受力进行验算。

固定支架间的极限距离参见附录 6。

2. 导向支架

只允许管道单向位移时采用。如水平导向管架，在水平管道上只允许管道有轴向位移的地方设置，以承受管道重量并限制位移方向，如 Π 形补偿器的两端（距离 40 倍管径处)。又如垂直导向管道，在垂直管道上只允许管道有垂直方向位移，但不承受管道重量。

导向支架不能装在弯头和 Π 形补偿器附近。

3. 滑动支架

允许管道在平面上有一定的位移。若将管道焊在管架上即成固定支架。

常用在两个固定管架间作支承；水平安装的管道一般都采用滑动支架；弯头附近的管架亦宜采用。

4. 弹簧支吊架

当管道有垂直位移时，如热膨胀引起的上下位移，应装设弹簧管架。在不便装设弹簧吊架时，亦可采用弹簧支架。当有水平位移时，应采用滚珠弹簧支架。在水平管或垂直管上均可装设弹簧支架。

5. 吊架

主要用于楼板下的单根管道。若管道距离楼板较远，则吊架可用绞链连接，可允许有较小的纵向和横向位移。

6. 型钢吊架

用在梁或楼板下并排的管道上。

7. 墙架柱架

用于沿墙沿柱布置的管道。

8. 地面支架

当管道标高在 2.5m 以下时采用，有平管支架、弯管支架等。

9. 管托

一般用于铅管、聚氯乙烯管等的支承。

二、管架宽度估算

管架宽度决定于布置在管架上的管道根数和直径，一般先由工艺流程图(或 PI 图，即管道仪表流程图)和设备平面布置图估算管道根数和管架宽度，在管道布置时再作校核。

管架宽度可由下式估算：

$$W = f \cdot n \cdot s + A$$

式中　W——管架总宽度，m

　　　f——安全因素，按工艺流程图估计时取 $f=1.5$；按 PI 图估计管数时 $f=1.2$

　　　n——管子根数

　　　s——管道的平均间距，一般取 $s=0.3$m；当管道直径 <0.25m 时，取 $s=0.25$m

　　　A——附加宽度，m

附加宽度按下列内容考虑：直径 >0.45m 的管道、预留的管道、电缆、仪表管道取 $0.7\sim1$m；二条空挡以供泵的出料管或公用工程管道的上下取 $0.5\sim1$m。

W一般为 6～18m，大于 9m 时采用双层管架。

管架宽度也受在管廊下布置的设备和通道的影响，一排泵加一条 2～3m 的走道需管架跨距 6～7m，二排泵需 9～10m。

三、管架间距与管道间距

1. 管架间距

管架间距不仅与管径、管材、是否保温及管内介质状态等因素有关，也与管架型式有关。

附录 7 提供了固定支架与活动支架的参考间距。

2. 管道间距

为了便于管道的安装、检修和防止变形后碰撞，管道间应保持一定距离。平行管道间最突出物间的距离不能小于 50～80mm；管道最突出部分距墙、管架边和柱边不能小于 100mm。

附录 8 和附录 9 分别列出了阀门对齐时的和法兰错开时的低压管道的间距(中心)。

四、管道支吊架负荷计算

1. 活动支吊架负荷计算

$$Q = q \cdot L$$
$$N = \mu \cdot q \cdot L$$

活动支吊架附近有弹簧支吊架时，公式如下：

$$Q = q \cdot L + 0.2 \Sigma P$$
$$N = \mu(q \cdot L + 0.2 \Sigma P)$$

式中　Q——垂直荷载，kg

　　　N——水平荷载，kg

　　　q——管道在工作状态下的重量，kg/m

　　　L——活动支吊架间距，m；当间距不等时，按两侧间距的平均值计算

　　　μ——摩擦系数，按支吊架型式不同而异，滑动支架为 0.3，吊架为 0.1

　　　ΣP——该刚性支吊架与两侧管道上的下一个刚性支吊架间各个热位移向下的弹簧支吊架工作荷重的总和，kg

2. 弹簧支吊架

垂直载荷，热位移向下的支吊架：

$$Q = q \cdot L$$

热位移向上的支吊架，按下列二式，取计算的较大值：

$$Q = q \cdot L$$
$$Q = 1.2 P_0$$

式中　P_0——弹簧的安装荷重，kg

3. 固定支架

垂直荷载：

$$Q = q \cdot L$$

表 8-8　　　　　　　　几种常用管架计算公式

示　意　图	计　算　公　式	备　　　　注
	$N_a = P + \mu \cdot q \cdot L$	N_a——固定支架水平轴向荷载，kg
	$N_a = P + \mu \cdot q \cdot L$	N_a——固定支架横向荷载，kg P——Π形补偿器的热态和冷态弹性变形力，kg，可在有关书上由图表查得
	$N_a = P_x + \mu \cdot q \cdot L$ $N_a = P_y$	$\mu \cdot q \cdot L$——见前述 P_x、P_y——自然补偿器在 x 轴和 y 轴的弹性力，kg

水平荷载根据管架固定点位置不同而异。表 8-8 列出几种常用管架负荷计算公式。

第五节　生产系统管道布置要求

一、几种常见设备的工艺配管

1. 泵的管道布置

紧靠泵的进口管处应考虑开工时能安装临时过滤器。

吸入管道要短又直，这样阻力小；尽量少拐弯（若要用弯头，必须采用长曲率半径）；要避免突然缩小管径。

吸入管的直径不应小于泵的吸入口。当泵的吸入口为水平方向时，吸入管道上应配置偏心异径管，管顶取平，以免形成气袋（图 8-11）。

离心泵的吸入管道要避免气袋，它会导致离心泵抽空，若不能避免形成积聚气体的袋形时，应在袋形部位设排气阀（常用 $DN15$ 或 $DN20$）。吸入管也要防止产生积液，必要时装排液阀。

吸入管路要有 2/100 的坡度。当泵比水源低时，坡向泵，当泵比水源高时则相反。

泵的排出管上一般均设止回阀，防止泵停止时物料倒冲。止回阀应设在切断阀之后。停车后将切断阀关闭，以免止回阀板长期受压损坏。泵的排出管一般应设旁路，旁路管可以与吸入管连通，防止超压（图 8-12）。

往复泵、旋涡泵、齿轮泵一般在排出管上（切断阀前）设安全阀，防止因超压发生事故。安全阀排出管与吸入管连通（参见图 8-12）。

蒸汽往复泵的排气管应少拐弯，不设阀门；在可能积聚冷凝水的部位设排放管；放空量大的还要装设消音器。进汽管应在进汽阀前设冷凝水排放管，防止水击汽缸。

蒸汽往复泵、计量泵、非金属泵的吸入口必须设过滤器，避免杂物进入泵内。

2. 塔的管道布置

对塔的配管应特别注意与工艺要求有关的接管口的关系，处理得当，将为管道安装、检修及操作等各方面创造良好条件。而塔内部的工艺要求往往比外部配管更加严格，塔

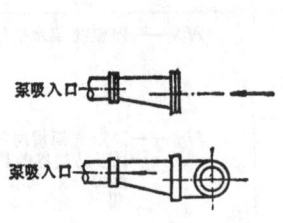

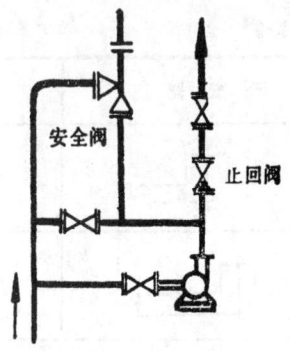

图 8-11 泵吸入口的偏心异径管　　　　图 8-12 离心泵的管道布置

内部零件的位置常决定塔的管口、仪表和平台的位置。设计者必须详细熟悉塔的结构。

(1) 管口方位　塔周围原则上分成操作侧（或维修侧）和配管侧两部分（图 8-13）。操作侧主要有登塔的梯子、人孔、操作阀门、仪表、安全阀、塔顶上的吊柱及操作平台等；操作侧一般面对道路。配管侧设置管道连接的管口，位于管廊的一侧，是连接管廊、泵房等设备管道的区域；配管侧不设平台。

① 人孔：设在安全方便的操作侧，面对道路。一个塔的几个人孔常在一条垂直线上（参见图 8-13）。人（手）孔的位置不能设在塔盘的降液管或密封盘处，只能设在图 8-14a 所示的 b°或 c°的扇形区内；人孔中心离平台 0.5~1.5m。

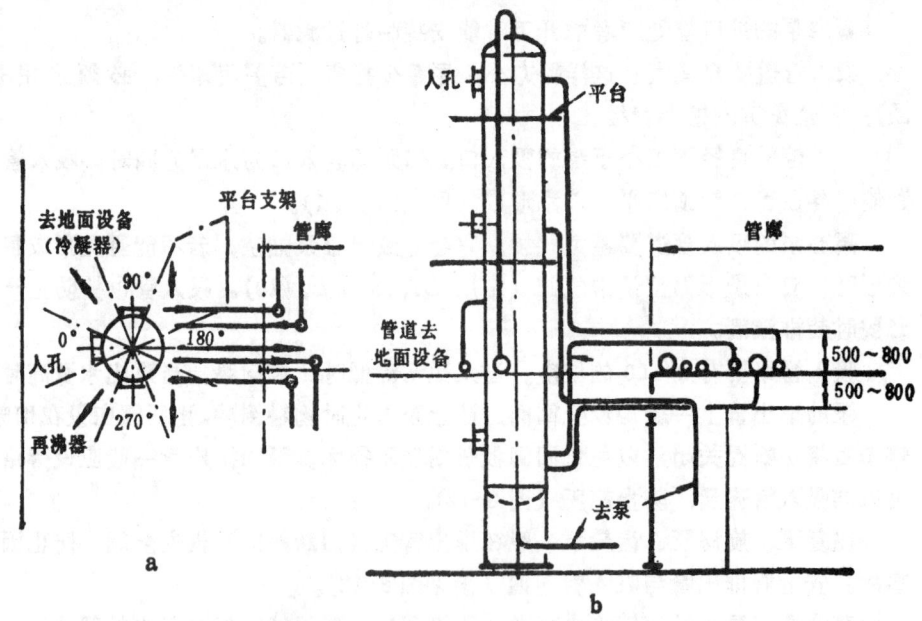

图 8-13 塔的配管示意图
a—平面图　　　b—立面图

填料塔一般在每段填料的上下设手孔或人孔（图 8-14b）。

② 回流管口：回流管不需切断阀，因此可以设在配管区 180°的地方（参见图 8-13）。

进料管口 需操作控制,故应设在操作侧,并在进料管上设切断阀。

③ 塔顶出汽口:塔顶蒸汽出口可以从顶部引出,也可从塔侧引出(图8-14d)。后者使蒸汽出口的管口靠近顶部人孔的操作平台。塔顶放空管也可接近平台,这种布置可省去通往盲板、仪表和放空管的小平台。

④ 接再沸器接口:出液口可在角度2a°(图8-14c)的扇形范围内变动,取决于出液口的直径和出料斗的宽度。再沸器返回管或塔底蒸汽进口中的流体都是高速进入的,为了保持液封板的密封,气流不能对着液封板,最好与它平行。

⑤ 代表接口:温度计、液位计、压力计等仪表应布置在操作侧的平台上方,以便观察。液位计不能布置在正对蒸汽口的角度d°(图8-14e)的扇形范围内,必须布置在这个位置时应加挡板防冲。

(2) 塔的配管 塔的配管比较复杂,涉及的设备多,空间范围大,管道数量多而管径大,要求严格。所以在配管前要按流程图作一个总体规划,考虑主管道的走向及布置要求、仪表和调节阀的位置、平台的布置及设备的布置要求等。

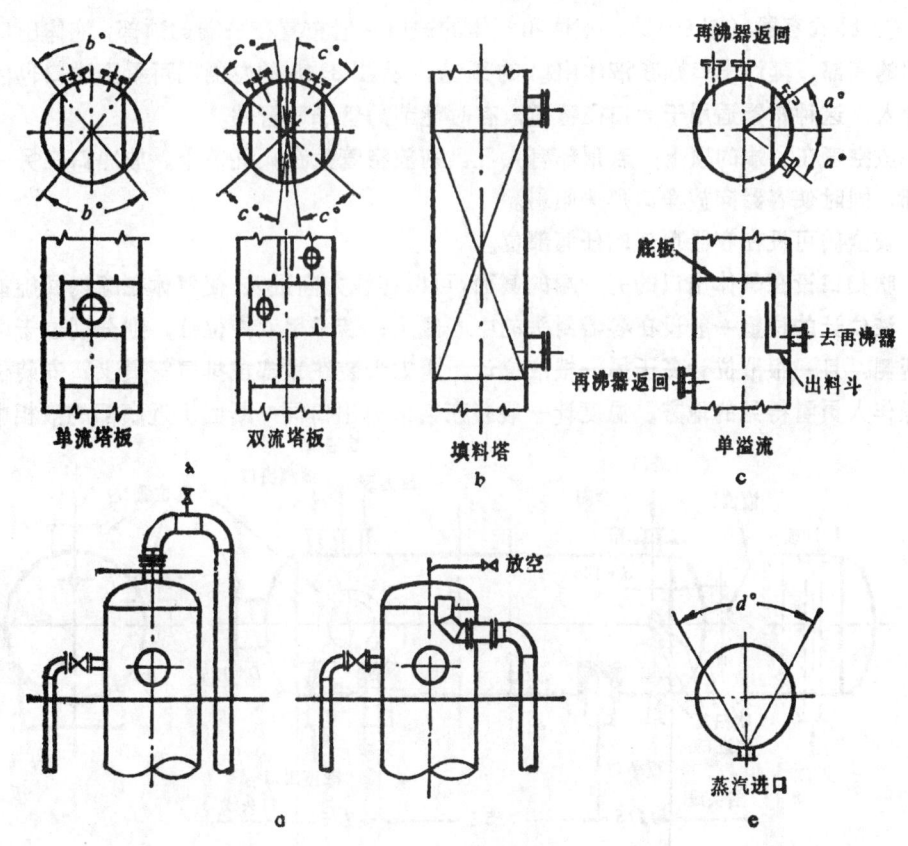

图 8-14 塔的管口布置

① 塔的平面配管(参见图8-13a):首先确定人孔方向,最好所有人孔在同一方向,面对通道。在确定人孔排列的扇形区域内,不应被任何管道所占有。其次确定登塔梯子的位置。如图所示,梯子布置在90°与270°两个扇形区内,在此区域内亦不能按排管道。配管时,要避免管道交叉与绕走。为避免返工,一般配管先从塔顶开始,塔顶大

口径蒸汽管在转弯后即沿塔壁垂直下降，余下的空间依次向下布置。

② 塔的立面配管（参见图 8-13 b）：最主要的要反映出管道、平台的标高及管道的走向。塔的管口标高是工艺要求决定的，人孔标高则由维修要求决定。为便于安装支架，管道在离开管口后应立即向上或向下转弯，并尽可能地接近塔身。管道转成水平的高度，取决于管廊的高度。如果管道直接通向地面上的设备，方向近于同管廊平行，则标高取与管架相同。根据塔的管口高低决定从塔到管廊的管道标高，或低于或高于管廊标高 0.5~0.8m。由塔去泵（或低于管廊的设备）的管道标高，取低于管廊标高 0.5~0.8m。

3．容器的管道布置

（1）管口方位

① 立式容器（反应器）：一般分为操作侧和配管侧两部分。操作侧区域有要经常操作和观察的加料孔、窥视镜、压力表、温度计等。人孔常布置在顶盖上，也可布置在筒身上。气体出口在顶部。液体出口一般在底部。

② 卧式容器（图 8-15）：液体和气体的进口一般布置在一端的顶部，液体出口在另一端的底部，蒸汽出口则在液体出口的顶上。从图 8-15 的左侧图可看到进口也能从底部伸入，这种布置适用于大口径管道，有时能节约管子和管件。

放空管在一端的顶上；若顶部有人孔，则放空管改在人孔盖上。放净口在另一端的底部，同时使容器向放净口那头倾斜。

安全阀可设在容器顶部的任何部位。

吹扫口设在气体出口的另一端的侧面，可以切线方向进入，使气体在罐内回旋前进。

液位计的位置一般设在容器封头的中心线上；若采用双液位计，则分别位于中心线的两侧，且一根液位计高于另一根液位计。压力表装在顶部或排气管道上，安装位置应在操作人员看得见的地方。温度计一般装在与液体出口同一断面上近底部的液相中，从

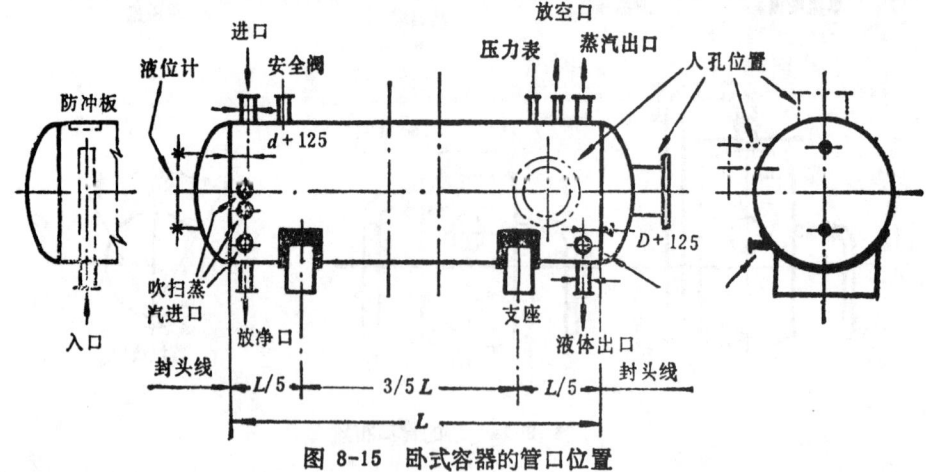

图 8-15 卧式容器的管口位置

侧面水平插入。

人孔可布置在顶上，侧面或封头中心，以顶上、侧面为多。人孔中心高出地面 3.6m 以上时应设操作平台。

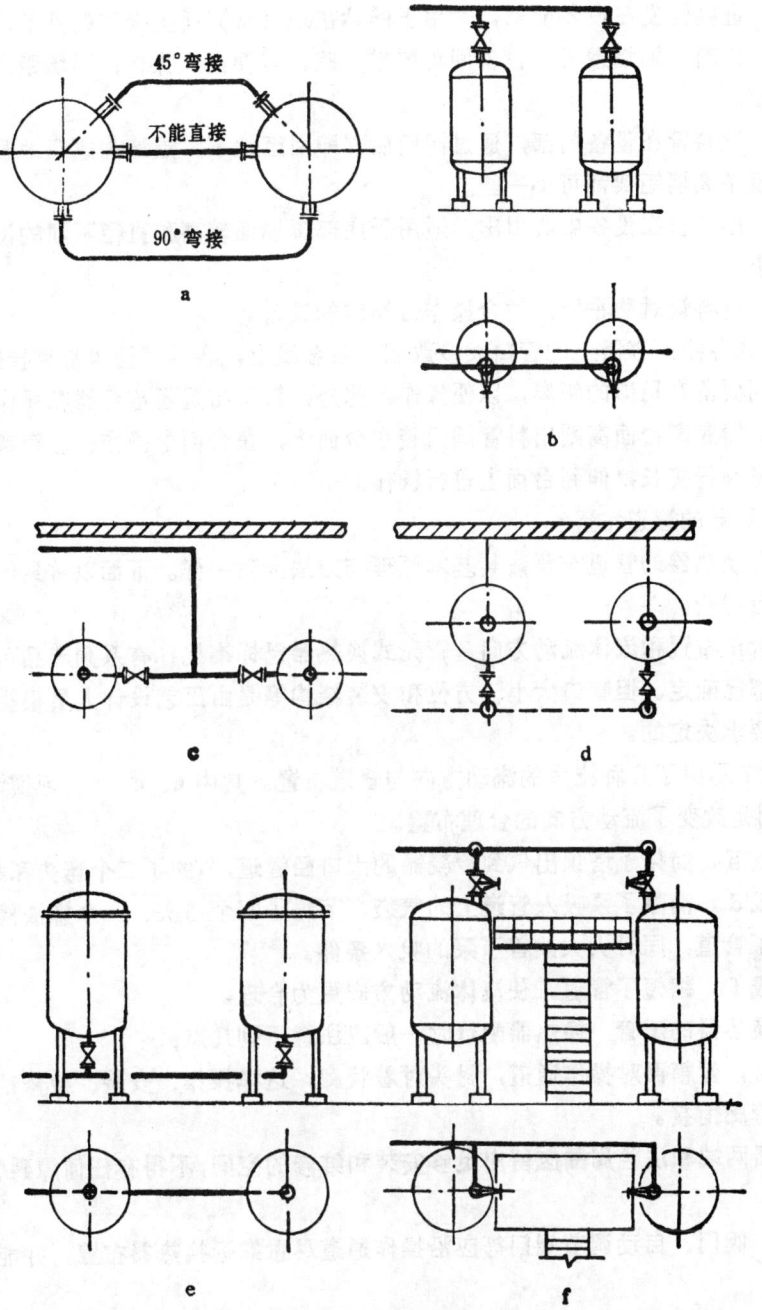

图 8-16 立式容器的管道布置

支座应尽可能靠近封头,以利用封头对筒体邻近部位的加强作用,一般布置在离封头≤$L/5$处。

(2) 管道布置

① 立式容器(反应器):对容器进出管道的布置可参考图8-16中诸图。其中:

图a,两设备较近,一般不直线接管,常采用45°或90°弯接。

图 b，进料管设在设备前部，适用于能站在地（楼）面上操作的设备。

图 c，出料管沿墙敷设，设备间距要求大些，以便进入操作；离墙距离则可小些，以节省地面。

图 d，出料管在设备前部，通过阀门后立即引至地下，走地沟或埋地敷设，这样设备间距和设备离墙距离都可小一些。

图 e，出料管在设备中心引出，适用于底部离地面较高和直径不同的设备，管道短，占地面积小。

图 f，进料管对称布置，适合操作台操作的设备。

② 卧式容器：容器上的管口大多数在一条直线上，各种阀门也都直接装在管口上，所以管口间要留有足够的距离，以便操作。此外，管道布置还与容器在操作台上的安装高度有关。器底离台面高则出料管阀门装在台面上，在台面上操作；若距离低，则装在台面下，将阀杆接长，伸到台面上进行操作。

4．换热器的管道布置

对各种换热器的管道布置，其基本原理与方法大致一样。下面以常见的管壳式换热器为例进行讨论。

(1) 管口布置和流体流动方向　管壳式换热器已标准化，有系列产品可供选用，其基本结构都已确定。但管口大小、方位和安装结构等是由工艺设计人员根据化工计算与管道布置要求决定的。

图 8-17 示出了几种流体的流动方向与管道布置。其中 a、c、e 为习惯流向的布置；b、d、f 则是改变了流动方向的合理布置。

a 改成 b，简化了塔顶出气到冷凝器的大口径管道，节约了二个弯头和相应的管道。

c 改成 d，消除了泵吸入管道上的气袋，节约了四个弯头、一个排液阀和一个放空阀，缩短了管道，同时大大改善了泵的吸入条件。

e 改成 f，缩短了管道，使流体流动方向更为合理。

(2) 换热器的配管　换热器配管时一般应注意下列几点：

布置时，管箱面对操作通道，封头对着管廊，这样操作、安装、检修都方便，且有利管道与管廊衔接。

换热器两端和法兰周围应留出足够安装和维修的空间，不得有任何障碍物（如管件、管道等）。

仪表、阀门、自动调节阀门等应沿操作通道尽量靠近换热器布置，并能立在通道上操作。

所有换热器上的管道，应尽量做到凡右侧的应右转弯，左侧的应左转弯与管廊相衔接。

换热器管箱上的冷却水进口管应排齐，并尽量同冷却水总管排在同一截面上。

换热器上管道的标高，一般每层相隔 0.5～0.8m，最低的一层要满足净高的要求。与管廊连接的管道标高比管廊低 0.5～0.8m。

孔板法兰通常装在架空的管道上，在它的前后要保持一段直管。孔板要布置在容易用梯子达到的地方。

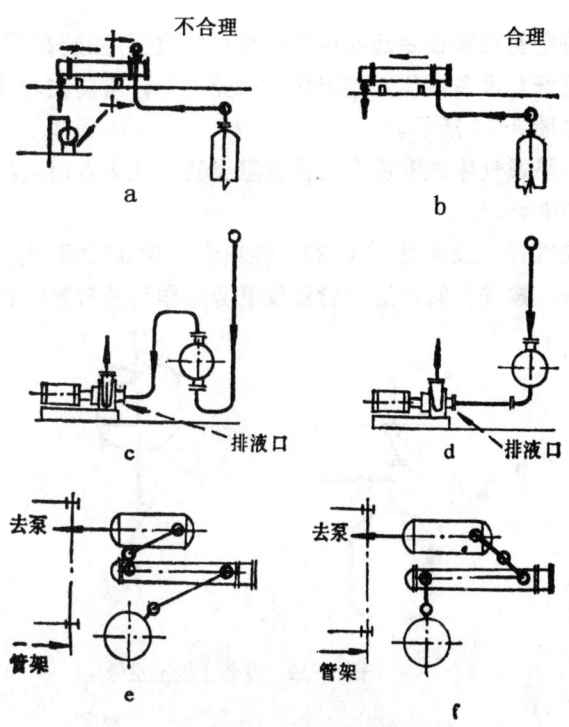

图 8-17 流体的流动方向与管道布置

换热器的接管在适当的地方要装支吊架，不能让管道重量都压在换热管口上。

二、放　空

1. 管道上放空

图 8-18 为管道上放空示例。

凡管道上的最高点应设置放气阀，最低点应设排空阀。在停工时可能产生积液的管道也应设放空阀。

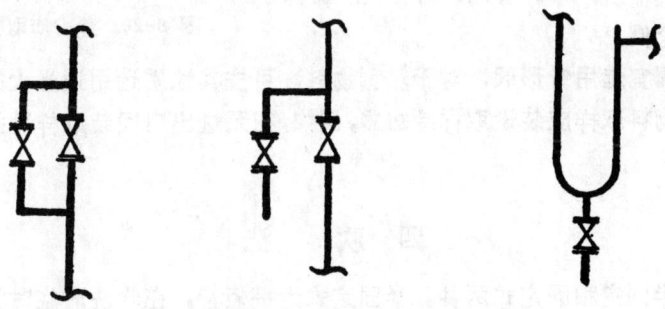

图 8-18 管道上放空

放空管直径（mm）：当主管 $DN<150$ 时，采用 $DN\ 20$；主管 $DN>150\sim200$ 时，采用 $DN\ 25$；主管 $DN>200$ 时，采用 $DN\ 40$。

所有放空管上的阀应尽量靠近主管。

2. 设备上放空

设备上的放空管应装在底部能将液体放尽的位置；应装在顶部能将气体放尽的位置。放空、放气阀最好与设备本体直接连接。如无可能，可装在与设备相连的管道上，但也宜靠近设备。如图 8-19 所示。

排放易燃、易爆气体的管道上应设置阻火器。凡大容器上排气管的阻火器宜设置在距排气管接口 500mm 处。

设备上的放气管一般采用 $DN\ 20$；容积大于 $50m^3$ 的设备，可采用 $DN\ 40\sim 50$；有安全阀的设备，按安全阀的进口管径设置旁路作为放气管，即共用一个管口。

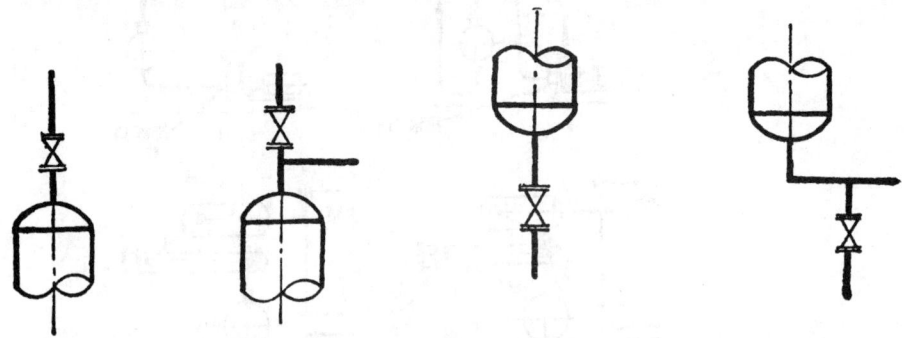

图 8-19 设备上的放空管

三、取 样

(1) 取样口应设在操作方便、取样有代表性的地方。对连续进出物料的塔或容器，当体积较大时，取样往往不能及时反映当时情况，取样点最好不装在这些设备上面，而应尽量装在物料经常流动的管道上。

(2) 取样阀开关比较频繁时，容易损坏，因此取样管上一般装有两个阀，其中靠近设备和管道的阀为切断阀，经常处于开启状态；另一阀为取样阀，只在取样时开启，平时关闭。不经常取样的点，只需装一个阀。

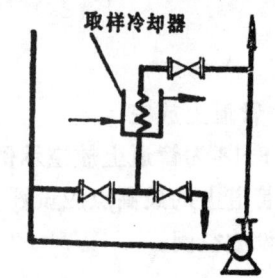

图 8-20 热介质取样系统示意图

(3) 取样阀宜选用针形阀，对于粘稠物料，可按其性质选用适当大的阀。

(4) 高温物料取样应装设取样冷却器，例如，在泵进出口间装取样冷却器，如图 8-20 所示。

四、吹 洗

吹洗管有半固定和固定式两种。半固定式为一短管，在吹洗时临时接上软管通入吹洗介质。固定式系装设固定管路，吹洗时仅需开启阀门即可通入吹洗介质。一般吹洗比较频繁或吹洗管大于 $DN\ 25$ 时采用固定式。

吹洗管径：半固定式一律采用 $DN25$；固定式可按表 8-9 选用。

吹洗管路一般均吹往与管路连接的设备。进出车间的管路一般吹往工厂罐区或放空系统。

表 8-9　　　　　　　　　　吹洗管管径

被吹洗管管径 mm	吹洗管管径, mm	
	被吹洗管管长 ≤100m	被吹洗管管长 >100m
$DN \leq 100$	$DN\ 20$	$DN\ 25$
$200 \geq DN > 100$	$DN\ 25$	$DN\ 60 \sim 50$
$DN > 200$	$DN\ 40$	$DN\ 80$

吹洗口一般可设在泵的吸入管上，向两个方向吹往塔、容器及放空系统。

五、双阀的设置

在需要严格切断设备或管道时可设置双阀，但应尽量少用，特别在采用合金钢阀或 $DN>150mm$ 的钢阀上，更应慎重考虑。

在工业锅炉的排污管道上，一般设置双阀，如图 8-21 所示。锅炉采用间断排污时，每 8 小时开关 3~4 次，阀门在压力、温度的作用下启闭频繁，容易泄漏，而该阀严重泄漏时会造成锅炉停车。因此，设置双阀以保证锅炉能长期正常运转。

在某些间歇的化工生产中，当反应进行时如果再漏进某种介质有可能引起爆炸、着火或严重的质量事故，则应在该介质的管道上设置双阀，并在两阀间的连接管道上设置放空阀，如图 8-22 所示。生产时阀 1 均关闭，阀 2 打开。当上一次生产完毕准备下一次生产进料时，关闭阀 2，打开阀 1。

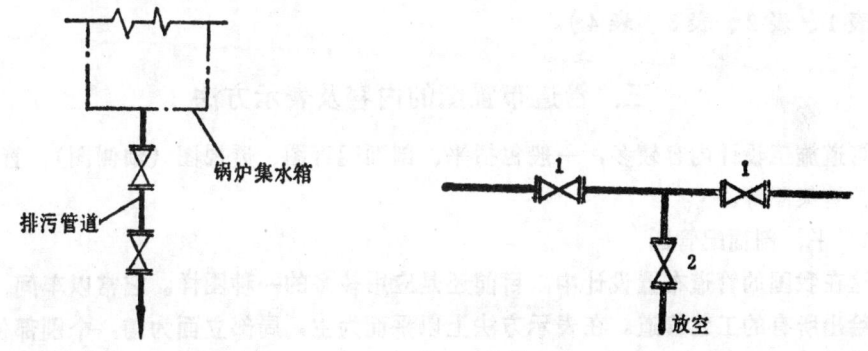

图 8-21　管道上设置双阀示例　　　　　　图 8-22　在某些特殊管道上设置双阀

第六节　管道布置图

管道布置图又称配管图或管道安装图，它是表示车间内外设备间管道的连接，阀门、管件及控制仪表等安装情况的详图，连同工艺管道一览表、管架表一起供管道施工安装之用；是工厂设计中施工图设计阶段的重要内容。它通常以带控制点工艺流程图、设备布置图、有关的设备图以及土建、自控、电气专业等有关图样和资料为依据，然后对管道作出符合工艺要求的合理布置设计。

一、有关资料准备

管道布置设计涉及工艺与非工艺两个专业,因此设计前应熟悉并准备好以下几方面的基础资料。

(1) 带控制点工艺流程图　这是管道布置的最主要的基础资料。布置时首先应根据工艺流程的要求设计布置管道,确定它们的来龙去脉。

(2) 总平面图　根据总平面图了解公用工程车间如锅炉房、水泵房、软水站、水处理等厂区的位置,以确定各种公用工程管线进入车间的方向和位置,以便与车间内管道相接。

(3) 车间建筑图　了解门、窗、楼梯、柱、梁等位置,以免布管时穿过它们。

(4) 车间设备布置图　以车间工艺设备布置的平、剖面图为主要依据,绘制车间管道平、剖面布置图。

(5) 设备图　根据设备上管口安装不同管道与管件,以满足正常生产、事故处理及维修等方面的要求。

(6) 梁板布置图和节点详图　供管道穿过楼板合适位置及管架设计中考虑。

二、管道及配件安装设计的图例代号

为了绘制管道布置图,须了解管道、管件及控制仪表的规定代号。关于管道、管件及控制仪表的规定代号可详见《机械制图》(GB140~141-9)。

轻工业设计院有关部门编制的"管道及配件安装设计的代号和图例"可参考附录10(含表1、表2、表3、表4)。

三、管道布置图的内容及表示方法

管道施工设计内容较多,一般包括平、剖面配管图、透视图(轴侧图)、管段图、管件图、管架图等。

1. 平、剖面配管图

这在我国的管道布置设计中,目前还是应用较多的一种图样。它常以车间、工段为单位绘出所有的工艺管道。在表示方法上以平面为主,局部立面为辅,个别部位也可用节点详图表示,或者分别绘制单个设备的配管图。

平、剖面配管图常用比例为:1:25、1:50、1:100。

(1) 平、剖面配管图的表示方法

① 建筑物和构筑物的表示同工艺设备布置图,按比例以细实线简单地绘出车间墙、门、窗、柱、梯、操作台、安装孔、地沟等建筑线,并注明建筑座标与尺寸。

② 按比例以细实线简化画出设备的轮廓线及进出料管口,并标注设备位号和设备管口代号。与管道布置无关的设备管口可不予表示。

③ 用粗实线绘出本车间(或工段)的全部工艺管线,以代号标注管段号、物料号、管材、管径、标高及保温(冷)。如下页图。

表示管段号2010、介质为〔3〕、公称直径为80mm、管底标高为3m、保温的不锈钢管。

2010〔3〕B DN80 ▽3000R

表 8-10　　　　　　　　　　工艺管道一览表

×××（单位名称）	编制		工　艺　管　道	
	校核			
	审核			

序号	管段号	输送介质名称	管道起止		公称直径 mm	压力（表压）Pa	温度 ℃	管道			法兰	
			起	止				规格	材料	长度m	名称及规格	数量个

一　览　表		工程项目		编　号		
		单项工程		日　期		
				第　页	共　页	
阀门		管件		保温或保冷			备注
名称型号规格	数量 个	名称及规格	数量 个	材料及规格	厚度 mm	长度 m	

管道的定位尺寸以 mm 表示。标高为绝对标高，以 mm 表示。管道标高一般采用管底标高和管中心标高表示。

④ 以细实线、统一规定的图例表示出工艺管道上所有阀门。一般不标注阀门的标高及手轮的方向，但需标明阀门的规格和代号（阀门的标准、型号和标志说明详见附录

四）。图中如有某种型号的阀门大量采用时，可在图纸上加以说明，而不逐个注明。

⑤ 管道、法兰、阀门、阀件、有特殊要求的螺柱、垫片以及管道保温或保冷层的规格、材料、数量等在工艺管道一览表（表8-10）中详细列出。

安全阀注明型号、名称、介质、温度外，尚需注明具体工作压力。

减压阀的工作压力，若与产品额定的 $P_{进}$、$P_{出}$ 有改变时，需注明具体数值。

⑥ 以细实线表示出所有的检测点及调节阀（包括附属的旁通阀）的位置，并注明自控详图号。与管道布置无关的仪表不予表示。

⑦ 以设备中心线、设备管口法兰、建筑轴线或墙壁面为基准，标注管道定位尺寸。

⑧ 进出车间的管线应注明从何处来，到何处去，并用文字写出相连接图的图号。

(2) 管道在各个视图的表示方法

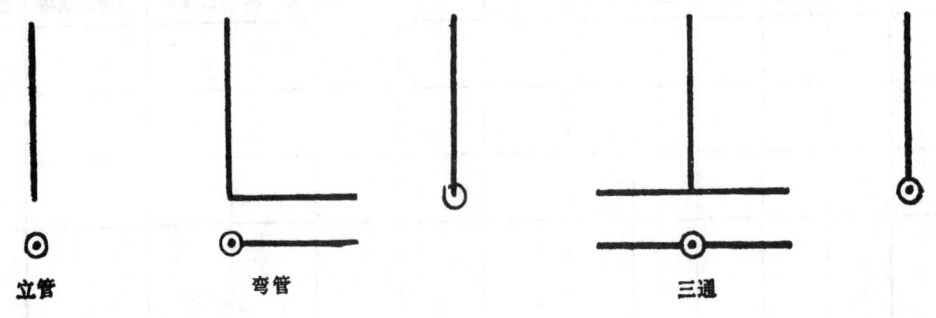

立管　　弯管　　三通

(3) 伴随管、夹套管的表示方法

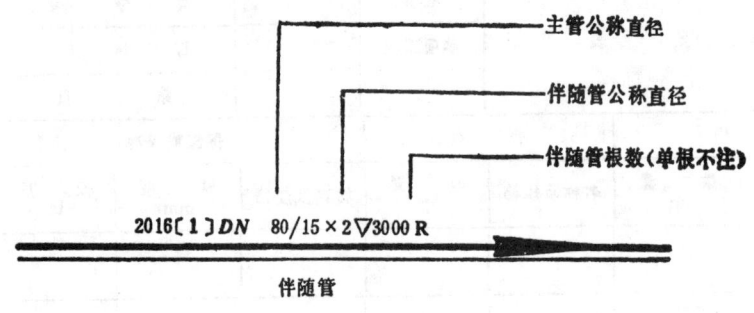

伴随管

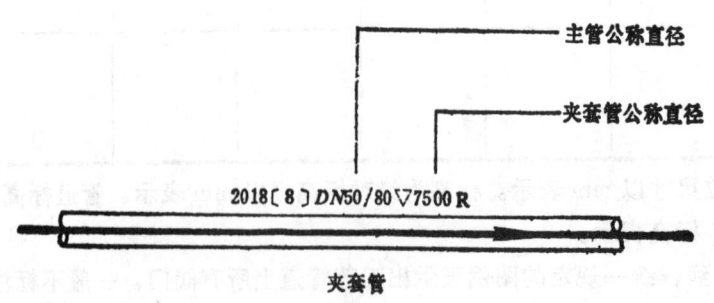

夹套管

(4) 其他情况的表示

① 一般工艺管道不要求安装坡度,有坡度要求的管道应在适当位置加注坡度值和坡向。坡度值和坡向原则上注在管道下方。如:

$$i=0.005\longrightarrow$$

② 安装管道所需的管架在图上应予表示并定位,安装位置无严格要求者可不注定位尺寸。示例如下:

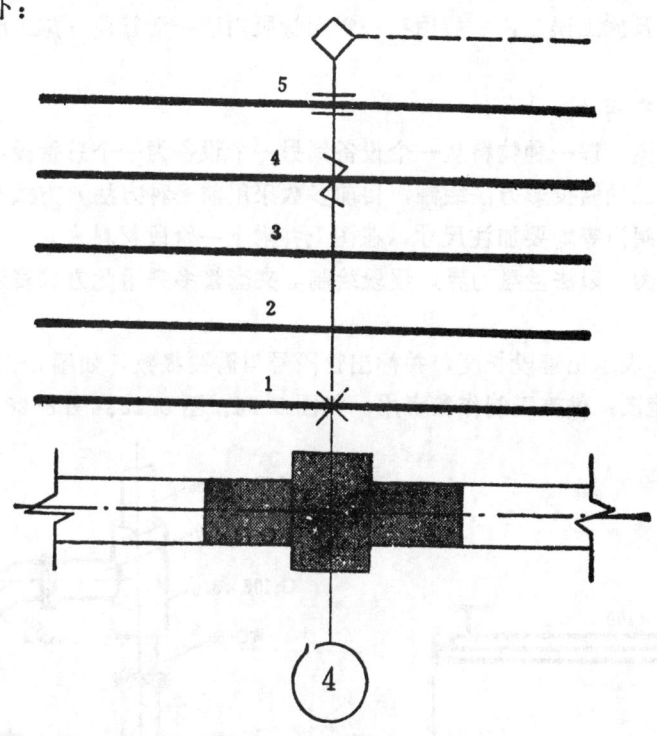

③ 一般在图纸右上方列出阀门、介质、管材及仪表的代号表。

2. 透视图

透视图是按轴侧投影原理绘制的一种立体图样,它用在局部管道比较复杂的地方;有时作为平、立面配管图的补充。

透视图的特点是富有立体感,容易识读,有利于施工,可以将整个复杂的管道系统清晰醒目地表达出来。所以近年来,用这种透视图配合模型设计,将有取代平、剖面配管图的趋势。

透视图的表示方法:

① 透视图上的设备可以绘设备外形,也可以简单地只绘设备进出口和设备中心线,注明设备位号和管口代号。

② 以粗实线绘出管线,同平面配管图一样标注管段号、物流号、管材、管径、标高及保温(冷),并绘出所有阀门和管件(包括法兰及焊在管道上的仪表控制点管接头、预制弯头等),注明规格及代号。

③ 有坡度的管线,注出高(或低)端点标高,并注明坡度。

④ 标高用绝对标高，以m表示。

3．管段图

管段图是管道布置设计中表达自一个设备至另一个设备（或另一管段）间的一段管道及其所附属的管件、阀门、控制点等具体配置情况的一种图样。

为了制造安装的方便，有的管道如夹套管、铅管、衬里管道、石墨管道、酚醛塑料管道及大口径的管道，常在工厂中预制后运至工地进行施工安装。考虑在施工安装时阀门、管件的变动及施工误差，一般用在一封闭管段内取一活管段（施工时最后加工）的方法来弥补。

管段图画法有两种：

(1) 大管段图 以一种物料从一个设备到另一个设备为一个总管段，以透视图（采用正等轴侧或斜二轴侧投影方法绘制，目前多数采用前一种方法）方式表示，图中直管、弯头、大小头及阀门等均要加注尺寸，在图上并附上一管段材料表。

(2) 小管段图 以法兰盘为界，逐段绘制。夹套管多采用此方式表示。小管段图应包括两个内容：

① 管段图：表示出管段长度，并标出管段号与需要根数。如图 8-23 所示。

② 管段制造图：供施工制作参考用。如图 8-24、图 8-25、图 8-26 所示。

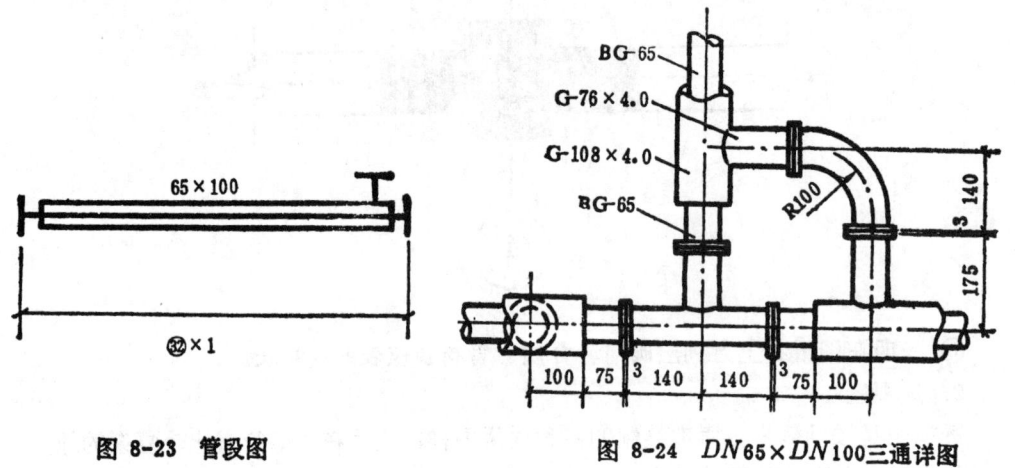

图 8-23 管段图　　　　　图 8-24 $DN65 \times DN100$ 三通详图

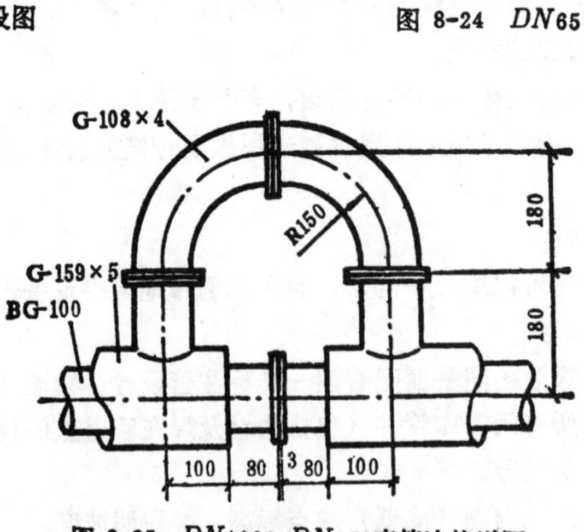

图 8-25 $DN100 \times DN150$ 直管连接详图

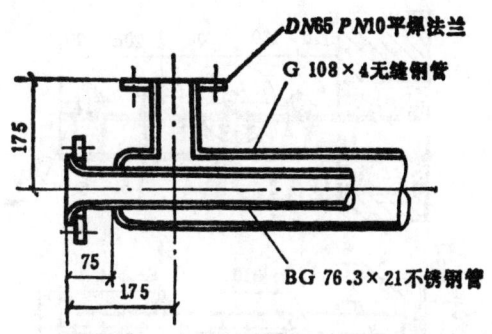

图 8-26 $DN65 \times DN100$ 夹套管详图

4. 管架图

管架图是供管架的制造、安装用的图样,它需要完整地表达管架的具体结构与尺寸。与一般部件装配图相同,图样包括视图、管架号、管架数、管托型号、有关尺寸及零件编号、材料、数量等。

图 8-27 示出一种管架的表示方法。

管架的表示方法为:管架号×数量。例如 J411×2,其中 J411 为管架号,2 为管架数。

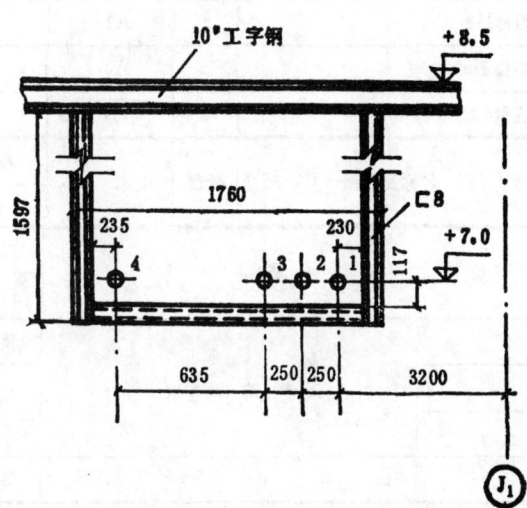

序 号	管 材	管 径,mm	管托型号
1	碳 钢	$DN\ 40$	T-1
2	碳 钢	$DN\ 40$	T-2
3	碳 钢	$DN\ 25$	T-3
4	碳 钢	$DN\ 50$	T-4

图 8-27 管架图

管托的图样可查有关标准。

图 8-28 示出一种管道墙架图的表示方法。

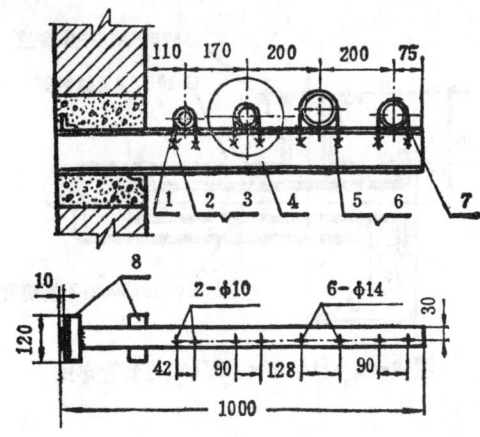

8		角钢∠40×40×4.5 $l=120$	2	A3		
7		管卡φ12	3	A3		
6		斜垫圈12	6	A3		
5	GB41-76	螺母M12	6	A3		
4		槽钢[120×53×5.5 $l=1000$	1	A3		
3	GB41-76	螺母M8	2	A3		
2		斜垫圈8	2	A3		
1		管卡φ8	1	A3		
件号	图号或标准号	名称及规格	数量	材料	单 总 重量(kg)	备注
(单 位 名 称)				工程名称		
				设计项目		
设计				设计阶段	施工图	
制图		管 道 墙 架		(图 号)		
校核						
审核		19 年 比 例 1:10		第 张	共 张	

图 8-28 管道墙架图

图中管道、保温材料和不属管架制作范围的建、构筑物在主视图上用细实线（或双点划线）绘出。U形管卡、螺栓及螺栓孔都以简化表示。

5．管件图

管件图也是一种供管道制造、安装用的一种图样，也需要完整地表达该管件（包括特殊的阀门）的详细结构和尺寸。图 8-29 是一个钢衬橡胶的三通。其内容与画法和一般零件图相同，但衬胶薄层部分不打剖面符号。

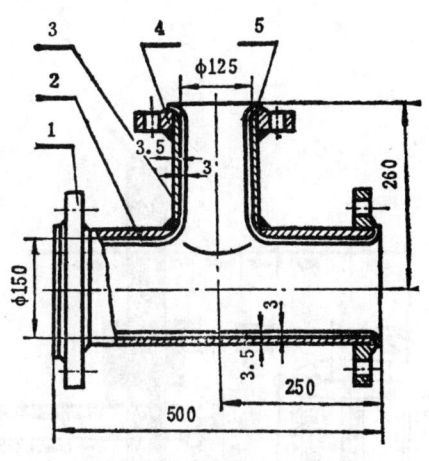

图 8-29 衬胶钢管三通

四、管道布置图示例

图 8-30 为管道平、剖面布置图（取部分）示例图。

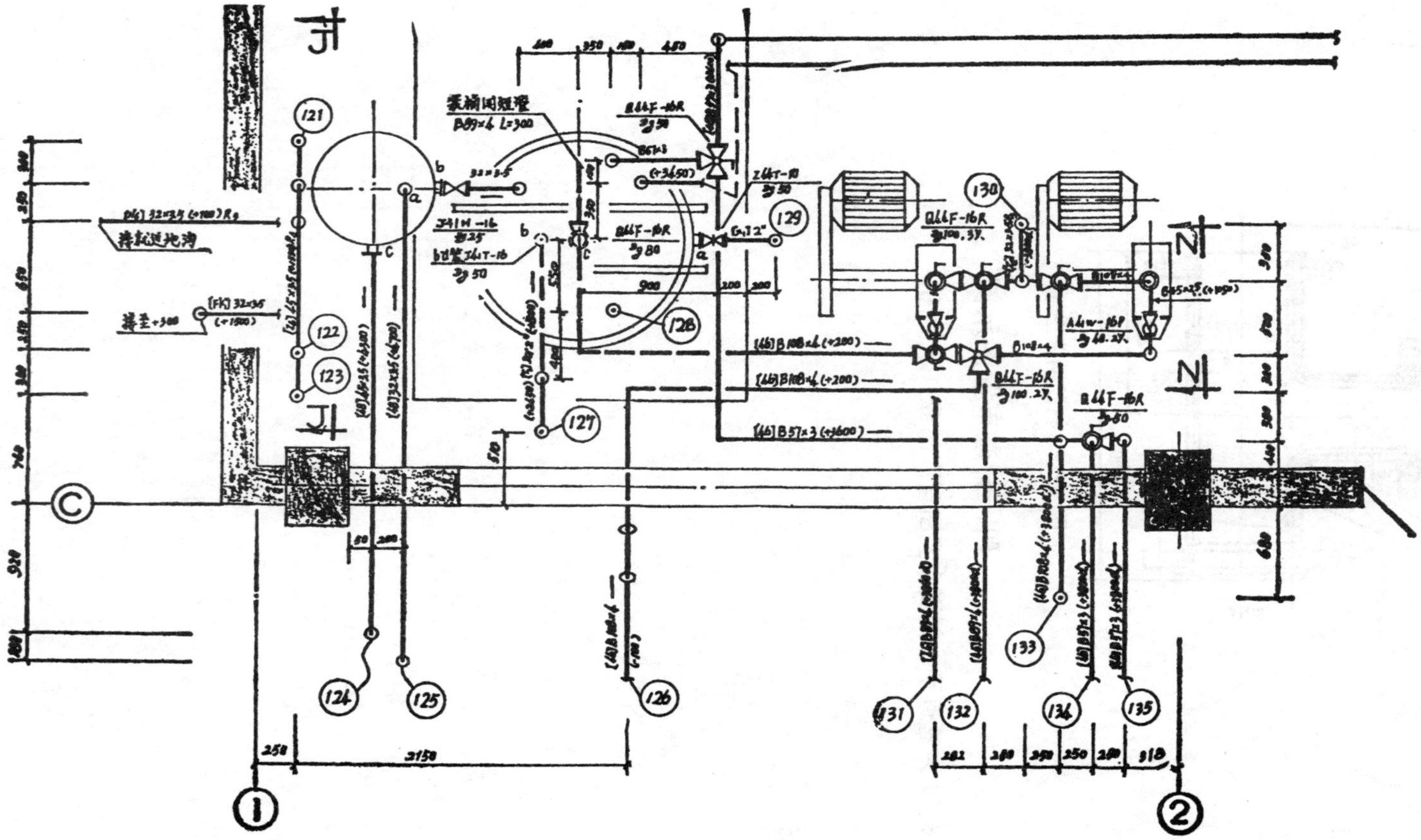

图 8-30a 管道平面布置图(取部分)示例图

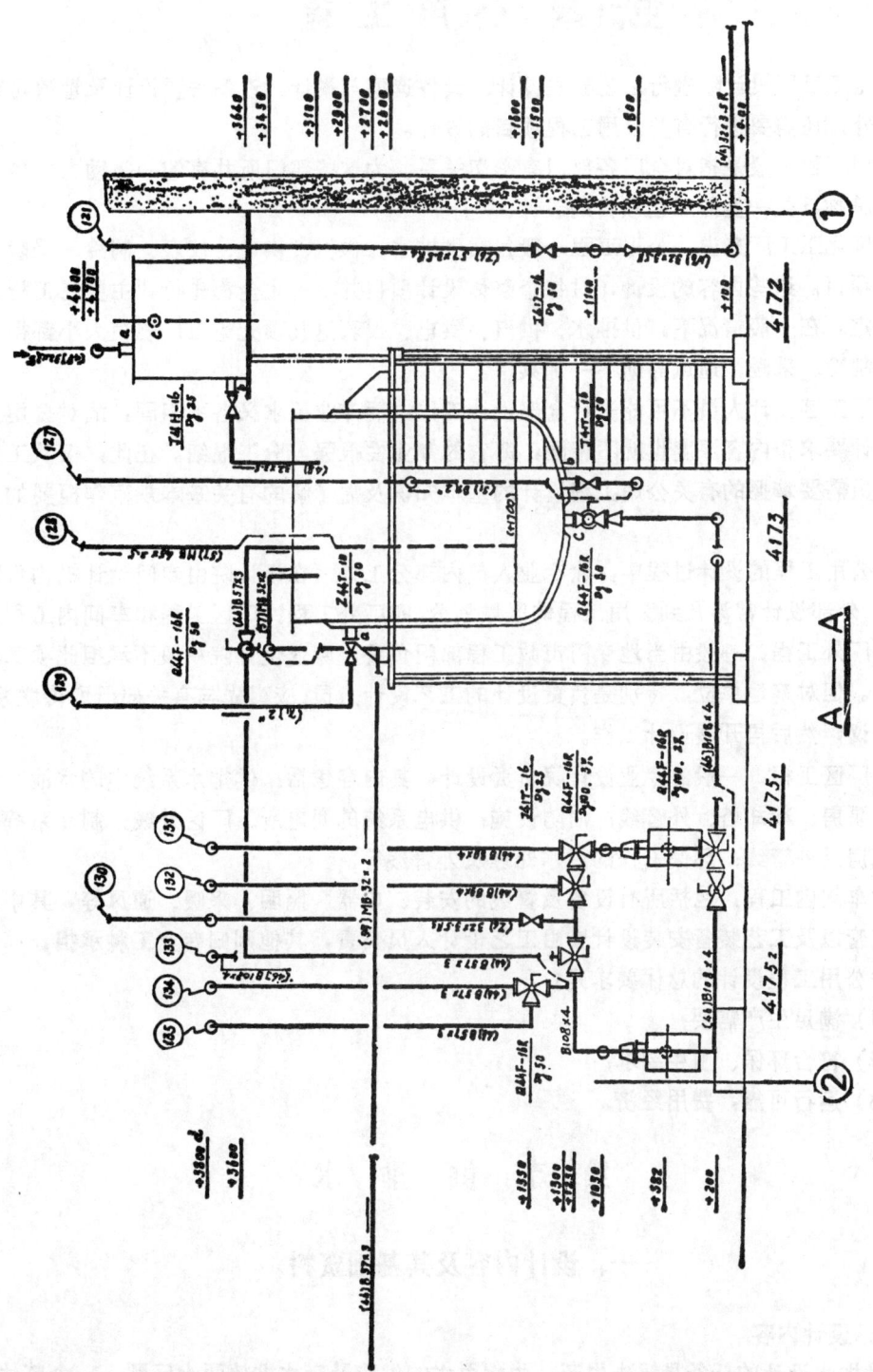

图 8-30b 管道剖面布置图(底部分)示例图

第九章 公用工程

轻化工工厂设计除进行工艺流程设计、设备选型与设计、设备布置设计及管道布置设计等外,还需要进行有关公用工程项目的设计。

公用工程一般是指对全厂各部门有密切关系、为这些部门所共有的一类动力类辅助设施的总称,是一类非工艺项目的设计。

对轻化工工厂来说,公用工程一般包括供排水、供汽、供电、仪表、制冷、采暖、通风等项目。这些内容的设计,对每个整体设计项目并不一定全都进行,主要看工程的规模而定。在一般情况下,供排水、供汽、供电、仪表这几项无论工厂规模大小都得具备,而制冷、采暖、通风等则不一定具备。

由于工艺设计人员不可能进行全部设计工作,而专业要求又各不相同,故对公用工程的设计要求和内容深度也就不相同,即它的专业性很强,分工很细。在此,仅从工艺设计人员需要掌握的有关公用工程设计的基本知识及需了解的有关基本规范作扼要的介绍。

在公用工程的设计过程中,除专业人员内部分工外(在设计院由专门设计机构负责设计),外部设计常涉及到公用工程的区域划分,即厂外工程、厂区工程和车间内工程。

对厂外工程,一般由当地专门市政工程部门负责,专业设计院一般不承担此项工程的设计。但对筹建单位,特别是负责设计的工艺设计人员,应事先与有关部门取得联系,达成协议,然后再开展设计工作。

对厂区工程,一般由专业设计院负责设计,其内容包括:供排水系统中的水池、水塔、水泵房、冷却塔、外管线;消防设施;供电系统的变电所、厂区外线;制冷系统的冷冻机房及外管线;环保工程的污水处理及外管线等。

对车间内工程,包括所有设备及管线的安装、电器、照明、采暖、通风等,其中水管、汽管以及工艺装备安装设计皆由工艺设计人员负责,其他则归专业工种承担。

对公用工程设计的总体要求是:
(1) 满足生产需要;
(2) 符合环保、卫生要求;
(3) 运行可靠,费用经济。

第一节 供排水

一、设计内容及其基础资料

1. 设计内容

供排水设计的任务是解决生产、生活用水的供应及废水排放两大问题。一个整体项目的供排水设计包括：取水及净化工程、厂区及生活区的给排水管网、车间内外给排水管网、室内卫生工程、冷却循环水系统、消防系统等。

2．基础资料

整体设计供排水工程大致需要以下一些基础资料：

(1) 各部门对水量、水质、水温的要求及负荷的时间曲线；

(2) 建厂所在地的气象、水文、地质资料；

(3) 引水排水的现状及拟引进厂区的市政自来水管网；

(4) 厂区及其周围的地物地形资料，包括外沿的引水排水路线；

(5) 当地废水排放和公安消防的有关规定和要求。

二、供　水

1．用水种类和用水量

用水种类随水的用途而异，一般分为生产用水、生活用水及消防用水三类。

(1) 生产用水　包括工艺用水、锅炉用水及冷却用水几类。

① 工艺用水：是指直接构成某些产品组成的用水。水质对产品的质量影响很大，所以对工艺用水水质有明确的规格标准，它对诸如总硬度、浑浊度及铁离子、氯离子等有规定要求。这部分用水一般为软化水或脱盐水，都要经过比较复杂的处理，如软化或离子交换脱盐处理。

② 锅炉用水：不论是河水或地下水中都含有钙镁的碳酸盐、酸式碳酸盐、硫酸盐及其氯化物等，这种水统称为硬水。如果锅炉使用此种硬水，不但会使锅炉产生结垢，还会恶化蒸汽品质和腐蚀锅炉金属，影响传热，增加燃料消耗，严重时还会损害锅炉，使锅炉发生裂缝而引起爆炸。因此，锅炉用水必须按照各种工业锅炉的给水和炉水质量标准（见本章第二节"供汽"），事前根据生水水质指标及凝结水回收量，拟定给水处理方案。

③ 冷却用水：冷却用水占轻化工工厂生产用水的主要部分。冷却用水可按水质分为两类：一类采用普通生产用水(有的直接采用城市给水处理厂供给的生活用水；有的则直接采用天然水如深井水，水质良好的湖水、河水等)；另一类采用软水。工厂根据工艺要求采用上述两类中的一类。冷却用水尽可能满足下列几点要求：

A．水温尽可能低，全年温度变化小；

B．不会有水垢或泥渣沉积引起的危害；

C．对金属的腐蚀性小；

D．不会促使生物或微生物的生长，从而引起管道及换热设备的堵塞。

为节约工业用水，大量使用冷却水的地方应该循环使用冷却水，宜少直接采用天然水，因循环水水质好且较稳定，能保证管道和换热设备的结垢降低到最少程度，甚至不产生结垢。

上述工艺用水、锅炉用水、冷却用水的用水量必须根据生产要求分别算出它们的数量。工艺用水按配方要求计算。冷却用水则应审查全部生产过程，逐段、逐工序、逐个设备的查明它们之中哪些与水的消耗有关，按工艺操作要求计算出那些与水消耗有关的工段或设备的每小时用水量，再根据其运行时间，求算出它们的最高用水量和平均用水量。锅炉用水一般可按锅炉蒸发量的 1.2 倍计算，小时变化系数可取 1.5。

(2) 生活用水 这类水一般用于饮用和烹调、化验室、淋浴、盥洗等生活设施或有关工作场地。

生活用水量可参考"室内给水排水工程"一书所列："居住处生活用水量标准"、"集体宿舍、旅馆和公共建筑生活用水量标准及小时变化系数"、"工业企业生活用水量标准及小时变化系数"、"工业企业淋浴用水量"等标准。根据用水量标准及用水单位数，即可按下式求出生活用水的最高日用水量：

$$Q_d = m \cdot q_d$$

式中 Q_d——最高日用水量，L/d

m——用水单位数（人、床位等）

q_d——每人或床位等用水标准，L

最大小时生活用水量按下式计算：

$$Q_h = \frac{Q_d}{T} \cdot K_h$$

式中 Q_h——最大小时用水量，L/h

T——用水时间，h

K_h——小时变化系数，为最大小时用水量与平均小时用水量之比。

(3) 消防用水 消防用水是正常使用水外的紧急用水，其管网采用低压制消防系统时可以和普通生产用水或生活水系统合并；若采用高压制消防时，必须设置单独的消防水系统。

消火栓系统的给水量是根据充实水柱长度的射流量来计算的。实际射流量不得小于《建筑防火设计》一书中所列"室内消防水用量"表给出的数据。

每小时消防紧急用水量往往比生产和生活用水量的总和还要大。因此，在给水设计中必须考虑此项紧急消耗的水量；同时还必须把在发生火警时，有的车间或设备不能中断给水（如锅炉车间、使用冷却水的反应设备等）的这部分水量一并考虑进去。

将以上几种供水量计算并编制出全厂或车间生产、生活用水量表（表 9-1），以供贮水池及水塔设计作依据。

2. 水质要求

表 9-1　　　　　　　　　全厂生产、生活用水量表

序号	用水种类	用水部门	用水量				备注
			单耗，m³/t 产品	最大，m³/h	平均，m³/h	全天，m³/d	

注：用水种类指是脱盐水、软化水、普通生产用水、生活用水、消防用水等。

供水的质量主要根据它的用途来决定。

普通生产用水和生活用水的水质要求要符合"生活饮用水卫生标准"(TJ20—76)(试行)。工艺用水、锅炉用水的水质有特殊的要求，必须在符合上述标准上作进一步的处理。现将各类用水水质标准的某些项目指标比较如下（表9-2）。

冷却用水和消防用水的水质标准低于生活饮用水。

按理，对冷却用水的水质也需要有一定的标准，但目前我国尚无统一规定。表9-3可供化学工业用冷却水的水质要求的参考。

表 9-2　　几类用水的水质标准

项目	生活饮用水	清水类	锅炉用水
pH	6.5～8.5		>7
总硬度(以CaO计)	<250mg/L	<100mg/L	<0.1mg当量/L
铁	<0.03mg/L	<0.1mg/L	
挥发酚类	<0.002mg/L	无	
氯化物	<1.0mg/L		
阴离子合成洗涤剂	<0.3mg/L		

表 9-3　　化学工业用冷却水的水质要求

项目	指标	项目	指标
钙硬度	处于极限平衡值	COD (mg/L)	<1
Fe^{2+} (mg/L)	<0.5	悬浮物 (mg/L)	1～5
Cl^- (mg/L)	<100	pH值	6～7.5
SO_4^{2-} (mg/L)	<100	腐蚀速度(mg/dm²·d)	0～10

三、水源选择

水源的选择必须充分考虑工厂的生产特点、生产规模和用水量的情况；根据基建投资和维护管理费用的关系及农业用水的需要，对各水源的水量、水质、取水距离及取水设施的复杂程度等进行研究对比后作出最优的选择。

可供工业用的水源有地面水（河水、湖水、水库等）、地下水（井水、泉水等）及自

表 9-4　　各种水源的优缺点比较

类别	优点	缺点
自来水	取水设施简单，一次投资省，上马快；水质可靠	水价高，经常性费用大；有时水温不能满足要求
地下水	可就地开凿深井，直接取用；水透明，悬浮物少，水质较稳定，且基本恒定；经常性费用小	一次投资大；水中可溶性物质及硬度较高，甚至有某种有害物质；抽取地下水会影响地面沉降
地面水	可选水源较多；一般水量较大；经常性费用低	一般水质较差，净水系统要求高，构筑物多，一次投资大；水质、水温随季节变化大

来水等。在有城市自来水的地方，一般优先考虑采用自来水。如工厂自己制水，则尽可能首先考虑地下水，其次才考虑地面水。各种水源的优缺点见表9-4。

四、净水循环利用

1. 循环水的冷却

循环冷却水的利用是**轻化工工厂节能的有效措施之一**。将各生产车间换热设备、疏水器等排出的乏汽水收集并作为锅炉给水，这样既节约用水，也使乏汽水的余热得到**充分利用**，且保证了锅炉供水的质量。

由各冷凝器排出的热水，经过凉水塔或喷水池降温，再作为冷却水使用，可大大降低能量。一般蒸发1kg水要吸热约2512kJ，如果热水经过凉水塔或水池有1%的水蒸发，则留下来的水就要降温6℃。在凉水塔或喷水池中冷却水能达到的**最低温度**，理论上等于大气的湿球温度，实际上一般使水温高于湿球温度4～5℃。循环水在冷却塔或喷水池中的降温约5～10℃。

2. 循环冷却水的水质变化

碳酸钙是结成水垢的主要成分，在含有重碳酸根的水中，存在下列可逆反应：

$$Ca^{2+}+2HCO_3^- \rightleftharpoons CaCO_3\downarrow+CO_2+H_2O$$

循环冷却水经热交换后，温度升高，$CaCO_3$在水中的溶解度下降，水中CO_2的**溶解度**也下降，使一部分溶解在水中的CO_2逸出，促使反应向右进行，生成水垢。循环冷却水在冷却塔或喷水池中与大气密切接触，而大气中CO_2含量很低，水中溶解的CO_2大量逸出，使平衡破坏，反应向右进行促使水垢生成。循环冷却水还能从大气中吸收O_2、SO_2、H_2S等气体，致使水的腐蚀性增加。而水中O_2的存在对金属的腐蚀比较激烈，这是因为O_2是金属腐蚀原电池阴极的强烈去极化剂；同时O_2的存在也加强了扩散作用。此外，水中CO_2的存在，一部分与水生成碳酸，使H^+浓度增加，而H^+是腐蚀原电池阴极的去极化剂；而另一部分CO_2则能阻碍在金属表面形成氧化保护膜。两者都能使**腐蚀顺利进行下去**。

与此同时，循环冷却水在利用过程中，由于部分水分蒸发，会产生所谓的"水的浓缩"现象，此即使水中盐的浓度增加的原因。

3. 循环冷却水的水质稳定处理

为了保证循环冷却水的水质稳定，有利热效率的提高，必须采取相应措施防止或尽量减少上述恶化水质情况的发生。

(1) 防垢措施　为防止水垢的形成，一般采用下面两种方法：

① 酸处理：目的是将循环冷却水中的$Ca(HCO_3)_2$转变成$CaSO_4$，以避免低溶解度的$CaCO_3$的形成。酸处理时常用H_2SO_4作为酸化剂，其反应式如下：

$$Ca(HCO_3)_2+H_2SO_4\longrightarrow CaSO_4+2H_2O+2CO_2$$

$CaSO_4$在水中的溶解度比$CaCO_3$大得多。例如，在0℃时，$CaSO_4$、$CaCO_3$和$Ca(HCO_3)_2$的溶解度分别为2120、20和2630mg/L。

② 加阻垢剂：作用是在循环冷却水中加入适量的阻垢剂，使水中难溶物（结垢物）

保持在过饱和状态或保持在分散状态而不形成垢层。常用的阻垢剂如聚磷酸盐，只要投放几个 ppm，就能抑制 $CaCO_3$ 等的析出。

(2) 防腐措施 循环冷却水腐蚀的主要形式为电化学腐蚀，所以防腐的主要措施是在水中加入缓蚀剂。加入缓蚀剂的作用是产生阳极反应（或阴极反应）以形成保护膜，从而使腐蚀受到阻碍。如磷酸盐能生成难溶性阳极产物（磷酸铁）保护膜，锌盐能生成难溶性的阴极产物（氢氧化锌或氧化锌）保护膜，阻止了阳极与阴极反应的继续进行。如在水中存在高浓度的无机磷酸盐，则其与两价金属离子（Ca^{2+}、Zn^{2+}等）形成的络合物能在金属表面上构成牢固而致密的可见沉淀性保护膜，从而起了缓蚀的效果。

(3) 排污措施 由于循环冷却水的浓缩，含盐量相应增加，所以必须采取一方面排出部分含盐量高的循环水，一方面补充一部分含盐量低的新鲜水。排出水量对盐类的浓缩关系以"浓缩指数"关系表示：

$$浓缩指数 = \frac{蒸发损失 + 水沫损失 + 排出水量}{排出水量 + 水沫损失}$$

浓缩指数一般控制在 2～3。表 9-5 所示为循环水系统中，为保持浓缩指数为 3 时需要排出的水量。浓缩指数达到 3 时，就有形成 $CaCO_3$ 水垢的倾向。一般说，浓缩指数在 2 以上时，就要进行适当处理，否则是不安全的。加入阻垢剂可阻止水垢的形成，并维持浓缩指数为 3 以内，以减少排水量。

表 9-5　　　　　　　　　　　　排出水量

冷却范围,℃	排出水量,%	冷却范围,℃	排出水量,%
3.5	0.16	11	0.74
4	0.20	14	0.97
5	0.28	17	1.20
8	0.51		

五、排　水

轻化工工厂的排水系统包括以下几个部分。

1. 工业废水

工业废水在轻化工生产中排放量普遍较大。按有害物质的危害程度分为两类。

第一类是能在环境或动植物体内积蓄，对人体健康产生长远影响的有害物质。第二类是其长远影响小于第一类的有害物质。这两类工业废水的排放标准都应符合国家规定的排放标准。

工业废水的排放量应根据工艺过程计算确定，但一般也可按生产最大小时给水量的 85～95% 估算。

2. 生活污水

生活污水包括盥洗、洗涤后的生活废水和粪污水。生活污水量与气候、卫生设施、生活习惯等有关。排水量标准等于相应的用水量标准减去不可回收的水量损失（如浇洒地面、冲洗车辆等），一般取生活最大小时给水量的85～90％。

3. 雨、雪水

雨水量的计算可参照下式：

$$W = \varphi G F$$

式中　G——暴雨强度（可查阅当地有关气象、水文资料），L/(s·ha)

　　　F——厂区面积，ha

　　　φ——径流系数，取0.5～0.6

六、供排水设计条件

1. 设备布置平、剖面图

图中应标注工艺与供排水专业的接管点、进出口方位及标高等。

2. 供排水条件表

表 9-6　　　　　　　　　供排水条件表

序号	车间编号	车间名称	主要设备名称	水的主要用途	用水(排水)量，m³/h			
					经常		最大	
					Ⅰ期	Ⅱ期	Ⅰ期	Ⅱ期

水质(污水)技术数据		需水（排水）量		管	水	备注
水温℃	物理化学成分	进水口(出水口)压力MPa	连续或间断	管材	管径	

第二节　供　　汽

一、用汽项目

轻化工工厂的用汽项目包括以下两方面：

(1) 生产用汽　凡生产车间加热设备及蒸汽动力设备（如蒸汽往复泵、蒸汽喷射泵）所需的蒸汽。

(2) 生活用汽　凡一切生活、空调与采暖用蒸汽。

二、蒸汽用量

蒸汽用量包括上述生产用和生活用两部分的蒸汽用量，然后乘以裕量系数，再加上管网热损失，计算出锅炉的最大负荷。由于绘制热负荷曲线往往不能求得，故多用下式计算：
$$Q=K_0(K_1Q_1+K_2Q_2+K_3Q_3+K_4Q_4), \text{t/h}$$

式中 Q——最大计算热负荷，t/h

Q_1——生产最大热负荷，t/h

Q_2——空调及通风最大热负荷，t/h

Q_3——采暖最大热负荷，t/h

Q_4——生活最大热负荷，t/h

K_0——管网热损失及锅炉房自用蒸汽系数，取 1.1～1.5

K_1——生产热负荷同时使用系数，取 0.7～0.8

K_2——空调及通风热负荷同时使用系数，取 0.9～1.0

K_3——采暖热负荷同时使用系数，取 1

K_4——生活热负荷同时使用系数，取 0.5；如与生产用热时间错开，可取 0

三、工业锅炉的选择

1. 选择要点

(1) 锅炉的蒸汽参数应满足生产、生活、空调与采暖通风的要求。

(2) 热负荷量大的应选用大容量的锅炉。锅炉一般不应只选用 1 台，以免发生故障而影响生产，最少应为 2 台。

(3) 必须根据锅炉的类型选择燃料。目前我国工业锅炉以燃煤为主。

燃烧方式有层燃烧炉、半悬浮燃烧炉、悬浮燃烧炉及沸腾燃烧炉。各种燃烧方式各有优缺点及适应性。目前工业锅炉大部分为层燃烧和半悬浮燃烧。

(4) 选择锅炉时必须考虑供货情况，锅炉的订货应以就近订购为宜。

2. 工业锅炉型号说明

按 GB1921—80 规定，工业蒸汽锅炉的系列标准是：额定蒸发量≤65t/h，出口蒸汽压力≤2.45MPa，出口蒸汽温度≤400℃。

按 JB1626—75 工业锅炉型号的编制方法如下。

工业锅炉产品型号由下列三部分所组成：

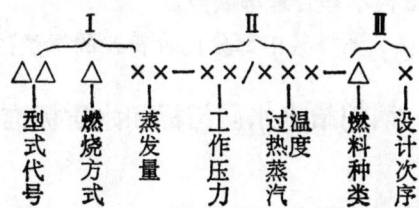

工业锅炉的型式代号、燃烧方式及燃料种类的代号见下列表 9-7、9-8、9-9。

目前，在我国工业锅炉中，卧式快装锅炉（KZ 型，又称卧式水、火管锅炉）是使用最广泛的一种锅炉。这种锅炉又分为 I 型和 II 型两种。I 型锅炉由于缺点多，已停止制造，原有的锅炉需要改造，方可使用，这两种锅炉的蒸发量有 0.5、1、1.5、2 和 4t/h 几种；工作压力有 0.784MPa 和 1.274MPa 两种。

表 9-7　　　　　　　　　　　型 式 代 号

锅炉本体型式	代　号	锅炉本体型式	代　号
立式水管	LS(立、水)	单汽包纵置式	DZ(单、纵)
卧式内燃	WN(卧、内)	双汽包纵置式	SZ(双、纵)
卧式快装锅炉	KZ(快、纵)	热水锅炉	RS(热水)
分联箱横汽包	FH(分、横)	废热锅炉	FR(废热)
双汽包横置式	SH(双、横)	强制循环锅炉	QZ(强制)

表 9-8　　　　　　　　　　　燃 烧 代 号

燃烧方式	代　号	燃烧方式	代　号
固定炉排	G(固)	下饲炉排	A(下)
活动手摇炉排	H(活)	往复推饲炉排	W(往)
链条炉排	L(链)	沸腾炉	F(沸)
抛煤机	P(抛)	半沸腾炉	B(半)
倒转炉排加抛煤机	D(倒)	燃室炉	S(室)
振动炉排	Z(振)	旋风炉	X(旋)

表 9-9　　　　　　　　　　　燃 料 种 类

燃料品种	代　号	燃料品种	代　号
无烟煤	W(无)	气体	Q(气)
贫煤	P(贫)	木柴	M(木)
烟煤	A(烟)	稻糠	D(稻)
劣质烟煤	L(劣)	甘蔗渣	G(甘)
褐煤	H(褐)	煤矸石	S(石)
油	Y(油)		

卧式快装锅炉的主要优点是：结构紧凑、体积较小、金属耗量较低；适应燃料范围较广（可燃用贫煤、无烟煤）；产生蒸汽较快，故调整负荷方便；热效率较高（不低于75%）, 节省燃料；安装和搬迁方便。但也存在相对水容积较小、水质要求较高、烟气阻力大（须装引风机）、局部结构不够合理等缺点。

卧式快装锅炉的规格很多，现将其中部分比较普遍的锅炉的主要规格摘于表 9-10。

四、锅炉给水水质指标和水质标准

1. 水质指标

用来表示水中杂质含量的指标称为水质指标。锅炉给水的水质主要指标为：

(1) 悬浮物　指不溶于水的固体杂质。主要有矿物质（如泥沙、铁质）和有机物（主要是动植物残余体）形成。悬浮物用 mg/L 来表示。

(2) 溶解盐类　指水中含盐类的总和，亦即水中全部阴离子与阳离子的总和。其单位有两种：一是毫克当量/L，一是 mg/L。

含盐量<200mg/L 称为低含盐量水；200～500mg/L 称为中等含盐量水；500～

表 9-10　　　　　　　　　　　部分KZ型锅炉的主要规格

型号	传热面积, m^2	炉排有效面积, m^2	省煤器传热面积, m^2	炉膛容积, m^3	设计热效率, %	锅炉金属重量, t	外形尺寸 长×宽×高, m
KZG 0.2-5	12	0.45	—			2.3	2.4×1.5×2.3
KZG 0.5-8	20	0.88			70	4.2	3.1×1.8×2.4
KZL 0.5-8	19.2	1.09		2.28	69	8.5	4.5×2×3.8
KZL 1-8	31.7	2			74	10.3	5.4×2×2.6
KZL 2-8	56.4	3		4	76	13.78	5.5×2.5×4.5
KZL 2-13	56.2	3	13.8	4.35	75		7×3×4.4
KZL 4-13	103	4.55	27.8	3.24	80	20.2	7×4.9×4.8
WNG 1-8	34	1.2		0.5	70	5.1	4.3×2.6×3.1
WNG 2-13	72	2.24		1.2	74	12	5.5×2.8×3
WNG 4-13	146 2	5.2		3	74	19	5.9×3.3×3.6

1000mg/L 称为较高含盐量水；＞1000mg/L 称为高含盐量水。

我国一半以上的水源为低含盐量水，其他都是中等含盐量的水。地下水大部是中等含盐量水。

(3) 硬度　硬度是指水中含有结垢物质的浓度。水中常见的结垢物质一般为钙、镁离子，其单位用毫克当量/L 表示。硬度又分为暂时硬度（碳酸盐硬度）和永久硬度（非碳酸盐硬度）两类。

暂时硬度和永久硬度之和称为总硬度。用符号H来表示总硬度。

天然水按其总硬度可以分为：低硬度水（硬度＜1 毫克当量/L）；较低硬度水（硬度 1～3 毫克当量/L）；中等硬度水（硬度 3～6 毫克当量/L）；高硬度水（硬度 6～9 毫克当量/L）；极高硬度水（硬度＞9mg 当量/L）。

(4) 碱度　表示水中 OH^-、CO_3^{2-}、HCO_3^- 及其他一些弱酸盐类的总和，又叫总碱度。其单位用毫克当量/L 来表示，符号A。

(5) pH 值　它是氢离子浓度的负对数。用来表示溶液中酸碱性的强弱程度。天然

表 9-11　　　　　　　　　　　燃煤锅炉的水质标准

项目	给水		炉水	
	炉内加药处理	炉外化学处理	炉内加药处理	炉外化学处理
悬浮物, mg/L	≤20	≤5		
总硬度, 毫克当量/L		≤3.5②		
总碱度, 毫克当量/L			8～20	≤20
pH, 25℃	＞7	＞7	10～12	10～12
溶解固形物①, mg/L			＜5000③	＜5000③
相对碱度 $\left(\dfrac{游离NaOH}{溶解固形物}\right)$			＜0.2④	＜0.2④

注：① 如测定溶解固形物有困难时，可采取测定氯化物(Cl^-)的方法来间接控制，但溶解固形物与氯化物(Cl^-)间的比例关系由各单位根据具体情况试验确定，并应定期复试和修正此比例关系。
② 当硬度指标超过此值时，使用锅炉的单位在报上级主管部门批准和当地劳动部门同意后，可以适当放宽。
③ 兰开夏锅炉的溶解固形物可＜1000mg/L。
④ 当相对碱度 ≥0.2时，应采取防止苛性脆化的措施。

水的 pH 值，一般在 7~8 之间。

此外，为了防止油污对给水的影响和溶解氧对锅炉的腐蚀，在工业锅炉的水质指标中对含油量、含氧量都有具体的规定。

2. 水质标准

锅炉属于特殊的压力容器，它对水质有严格的要求。水质标准同锅炉类型、蒸汽品质、运行费用、使用寿命、锅炉排污热损失等有关。一般要通过长期运行或试验后才能拟定水质标准。我国《低压锅炉水质标准》(GB1576-76)包括以下几个项目，给水：悬浮物、总硬度、pH、含油量、溶解氧；炉水：总碱度、溶解固形物、PO_4^{3-}、相对硬度、pH。

现摘录其中有关燃煤锅炉的水质标准列于表 9-11。燃油、燃气锅炉的水质标准另有规定（详见 GB1576-79）。

《低压锅炉水质标准》的适用范围为：额定出口蒸汽压力≤2.45MPa 的固定式蒸汽锅炉（不包括直流锅炉），亦包括热水锅炉；它既适用于设计、制造中的锅炉，亦包括改造和运行中的锅炉。

五、锅炉给水的处理

根据锅炉给水水质的指标，一般自来水均达不到上述要求。因此，锅炉给水必需因地制宜地进行软化处理。水处理的原则是，既要保证锅炉的安全运行，又要满足蒸汽的品质符合有关规定要求。

锅炉给水处理有炉内加药处理和炉外化学水处理两种方法。炉内加药处理是小容量低压锅炉常采用的一种水处理方法，它也应用于高中压锅炉作炉外处理后的补充处理，即炉内校正处理。

1. 炉内处理

炉内处理就是往锅炉（或给水箱、给水管道）内投加药剂，使给水中结垢物质（钙镁盐类）经化学、物理作用生成松散非粘附性的泥渣，通过排污排除，以达到防止或减轻锅炉结垢和腐蚀的目的。

按 GB1576-79《低压锅炉水质标准》，采用炉内水处理法，进入锅炉的给水硬度应≤3.5 毫克当量/L，且蒸发量≤2t/h，压力≤0.98MPa 的立式锅炉。

常用的炉内水处理的药剂有：

(1) 碳酸钠（Na_2CO_3）主要消除水中的非碳酸盐硬度和钙硬度，维持炉水中 CO_3^{2-} 的离子浓度，创造条件，使碳酸钙代替硫酸钙沉淀，形成松散的泥渣。

(2) 氢氧化钠（NaOH）主要消除水中碳酸盐硬度和镁硬度，形成松散泥渣，调整炉内碱度和 pH 值。

(3) 磷酸三钠（$Na_3PO_4·12H_2O$）当锅炉压力较高，碳酸钠水解成氢氧化钠的程度较高，难以维持足够的 CO_3^{2-} 时，可用它代替氢氧化钠和碳酸钠的作用。

(4) 六偏磷酸钠〔$(NaPO_3)_6$〕它水解后生成磷酸二氢钠（NaH_2PO_4），并在高碱度和高温下能与氢氧化钠作用生成磷酸三钠，从而防止了给水系统产生水垢。

(5) 磷酸氢二钠（Na_2HPO_4）当给水中的钠、钾碱度较高时，可代替磷酸三钠，以降低炉水碱度。

此外尚有栲胶、乙二胺四甲叉膦酸、氨基三甲叉膦酸、羟基乙叉二膦酸、水解聚马来酸酐等有机防垢剂。

2. 炉外处理

炉外处理包括：

(1) 水的净化　凝聚、沉淀与过滤。

(2) 水的软化　离子交换软化与加药沉淀软化。

(3) 水的除盐　阴离子交换除盐、电渗析除盐、蒸馏法除盐等。

(4) 水的除氧　热力除氧、解吸除氧、钢屑除氧等。

(5) 水的磁场处理。

下面介绍两种常见的水处理方法：

(1) 沉淀软化处理法　水的沉淀软化是在水中加入化学处理剂，以消除生水的"暂硬"和"永硬"。沉淀软化主要可分为：石灰处理、苏打石灰处理、苏打苛性钠处理等。

石灰处理法的反应式为：

$$CaO + H_2O \longrightarrow Ca(OH)_2$$
$$CO_2 + Ca(OH)_2 \longrightarrow CaCO_3 \downarrow + H_2O$$
$$Ca(HCO_3)_2 + Ca(OH)_2 \longrightarrow 2CaCO_3 \downarrow + 2H_2O$$
$$Mg(HCO_3)_2 + 2Ca(OH)_2 \longrightarrow 2CaCO_3 \downarrow + Mg(OH)_2 \downarrow + 2H_2O$$
$$MgCl_2 + Ca(OH)_2 \longrightarrow Mg(OH)_2 \downarrow + CaCl_2$$
$$MgSO_4 + Ca(OH)_2 \longrightarrow Mg(OH)_2 \downarrow + CaSO_4$$

苏打石灰处理法的反应式为：石灰处理后暂硬可除去，永久硬度并无变化，只是永硬中的 Mg^{2+} 被当量的 Ca^{2+} 置换。但用苏打处理后，可将水中总硬度减低到 0.3mg 当量/L。

$$CaCl_2 + Na_2CO_3 \longrightarrow CaCO_3 + 2NaCl$$
$$CaSO_4 + Na_2CO_3 \longrightarrow CaCO_3 + Na_2SO_4$$

苏打苛性钠处理法的反应式为：

$$Ca(HCO_3)_2 + 2NaOH \longrightarrow CaCO_3 \downarrow + Na_2CO_3 + 2H_2O$$
$$Mg(HCO_3)_2 + 4NaOH \longrightarrow Mg(OH)_2 \downarrow + 2Na_2CO_3 + 2H_2O$$
$$CO_2 + 2NaOH \longrightarrow Na_2CO_3 + H_2O$$
$$MgCl_2 + 2NaOH \longrightarrow Mg(OH)_2 \downarrow + 2NaCl$$
$$MgSO_4 + 2NaOH \longrightarrow Mg(OH)_2 \downarrow + Na_2SO_4$$
$$Na_2CO_3 + CaCl_2 \longrightarrow CaCO_3 \downarrow + 2NaCl$$
$$Na_2CO_3 + CaSO_4 \longrightarrow CaCO_3 \downarrow + Na_2SO_4$$

(2) 阳离子交换处理法　此法是对具有一定硬度的原水流过装有阳离子交换剂的软化设备，使水中的 Ca^{2+}、Mg^{2+} 被置换并存留在交换剂中，而原含在阳离子交换剂内的阳离子（通常多为 Na^+、H^+ 和 NH_4^+）转移入溶液中，从而使水得到软化。

目前在水处理技术中应用的有 Na^+、H^+ 和 NH_4^+ 交换。下面以钠阳离子交换过程进行说明。

$$4\text{NaR} + \begin{matrix}\text{Ca(HCO}_3)_2\\ \text{Mg(HCO}_3)_2\end{matrix} \longrightarrow \begin{matrix}\text{CaR}_2\\ \text{MgR}_2\end{matrix} + 4\text{NaHCO}_3$$

$$4\text{NaR} + \begin{matrix}\text{CaCl}_2\\ \text{MgCl}_2\end{matrix} \longrightarrow \begin{matrix}\text{CaR}_2\\ \text{MgR}_2\end{matrix} + 4\text{NaCl}$$

$$4\text{NaR} + \begin{matrix}\text{CaSO}_4\\ \text{MgSO}_4\end{matrix} \longrightarrow \begin{matrix}\text{CaR}_2\\ \text{MgR}_2\end{matrix} + 2\text{Na}_2\text{SO}_4$$

$$4\text{NaR} + \begin{matrix}\text{CaSiO}_3\\ \text{MgSiO}_3\end{matrix} \longrightarrow \begin{matrix}\text{CaR}_2\\ \text{MgR}_2\end{matrix} + 2\text{Na}_2\text{SiO}_3$$

NaR 为钠离子交换剂，其中 R 表示钠离子交换剂中实际不溶于水的复杂化合物，并具有阴离子的特性。这样，钙和镁的化合物即转变成易溶解的、不能生成水垢的钠化合物。原水中的重碳酸盐变成重碳酸钠，所以，通过钠阳离子交换软化的水，其碱度不变，而等于原水的暂时硬度的数值，即碳酸盐硬度数值。

在水的软化过程中，当钠离子交换剂中的 Na^+ 全部被 Ca^{2+}、Mg^{2+} 置换后，软水中就会出现硬度，而当超过标准时，则说明交换剂已经失效，不再起软化水的作用。为了恢复其交换能力，必须进行还原。

对钠阳离子交换剂需要用食盐（NaCl）水进行再生。即用 Na^+ 把交换剂中的 Ca^{2+}、Mg^{2+} 置换出来。

还原钠阳离子交换剂的反应如下：

$$\begin{matrix}\text{CaR}_2\\ \text{MgR}_2\end{matrix} + 4\text{NaCl} \longrightarrow \begin{matrix}2\text{NaR}\\ 2\text{NaR}\end{matrix} + \begin{matrix}\text{CaCl}_2\\ \text{MgCl}_2\end{matrix}$$

还原结束后，用清水冲洗，洗出的未用完的还原剂和还原产物可重新用于软化。

常用的阳离子交换剂有沸石（海绿砂）、磺化煤、732#树脂（苯乙烯型强酸性阳离子交换树脂）等。沸石是一种硅铝酸盐，交换能力很小，而且不能进行酸处理，近年来已很少采用。磺化煤是用碎焦煤经发烟硫酸加热处理而制成的一种最低级的有机合成离子交换树脂，交换能力较沸石大，但比 732# 树脂又小 3～4 倍。732# 树脂的其他性能均

表 9-12　　　　　　　　　　　供汽条件表

序 号	介质名称	起 止 点		管 子		最大流量 t/h
		自	至	管材	管径	

接管点		相对密度	粘度, Pa·s	连续或间断	保 温		备 注
温度, ℃	压力, MPa				主要材料	厚 度	

较好，因此该树脂近年来得到广泛的应用，已逐步代替磺化煤。

工厂中一台锅炉一般都应配置二台阳离子交换器，交替使用。

六、供汽设计条件

（1）车间或装置的平面布置图，其中标注出接管点进出口方位及标高等。
（2）供汽条件见表 9-12。

第三节 电 气

一、设计内容和设计所需基础资料

1．设计内容

轻化工工厂电气条件的主要设计内容一般包括：厂区线路设计、厂区变配电工程、车间电力设计、车间照明设计及车间变配电设计等。

2．设计所需基础资料

（1）全厂用电设备清单和用电要求。

（2）供电协议和有关资料。包括向工厂供电的区域变电所的近期和远期的单线结线图；供电电源及其有关技术数据；供电线路规格、电压、回路线及线路进户方位和方式；工厂受电点的电力系统最小运行方式和最大运行方式短路数据；工厂受电点的继电保护要求；对工厂用电负荷功率因素的要求以及其他要求；量电方式、供电费用等。

（3）有关气象、水文、地质等资料。如选择变压器时需要最高年平均温度；选择室内导线及母线时需要最热日平均温度；选择室外裸线及母线时需要最热月平均最高温度；选择地下电缆时需要土壤酸碱度、地下水位标高及离地面 0.7～1.0m 深处最热月平均温度；确定变电所位置时需要了解主导风向；用于导线计算时需要最大风速、最低温度及架空导线复冰厚度；设计防雷装置时需要年雷电日数和年雷电小时数；选择电气设备时需要了解海拔高度；设计变电所时需要知道最大洪水位；设计设备基础时需要知道地震烈度等。

二、设 计 要 求

1．厂区线路设计

厂区线路设计要求提出以下有关图表：厂区线路走向平面图、架空线路杆位明细表、杆塔总装图及零件图、绝缘子、金具及基础的施工图、主要材料一览表及工程预算等。

2．厂区变配电工程

设计结果应提出，包括变压器容量、总配电所及总降压所的主结线图和二次线图、总变电所的测量、信号、控制、继电保护、电器设备的选择、导线截面的选择、主要设备材料表等。

3．车间电力设计

设计结果应提出，包括车间配电系统图、车间电力平面图、车间电力设备及材料表等。

4．车间照明设计

设计要求包括：光源和照明方式的选择、照明器的布置、照度计算、照明供电系统、导线选择及线路的敷设方式等。

5．车间配变电设计

设计要求包括：车间配电柜的数量、位置、车间配电柜的主结线、电器设备的选择、防雷保护、接地装置和保护接零安全措施等。

三、电气防爆

在轻化工工厂生产场所，往往需要使用一些易燃易爆的介质。这些物质在生产、使用、贮存、运输过程中，可能与空气混合，形成爆炸性混合物，当其达到一定比例时，遇火或高温就有可能发生爆炸，甚至引起火灾。而电气设备和线路所产生的火花、电弧或高温，也往往是导致火灾或爆炸危险的因素之一。为了防止电气设备和线路引起的爆炸和火灾事故，按照事故发生的可能性、后果、危险程度和介质的不同，将爆炸危险场所分为二类五级，火灾危险场所分为三级，以便采取相应的措施。

1．爆炸和火灾危险场所等级划分

(1) 爆炸危险场所的类别和等级

第一类：有可燃气体、易燃液体蒸汽与空气混合后，能形成爆炸性混合物的场所，按其危险程度又划分为 Q-1 级、Q-2 级及 Q-3 级三个等级（表9-13）。

表 9-13　　　　　气体、蒸汽爆炸危险场所等级划分

等　级	特　　　　征
Q-1	正常情况下能形成爆炸性混合物
Q-2	正常情况下不能形成，但在不正常情况下才能形成爆炸性混合物
Q-3	只能在场所的局部地区形成爆炸性混合物的场所

第二类：有可燃粉尘、可燃纤维与空气混合后，能形成爆炸性混合物的场所，按其爆炸危险程度，又划分为 G-1 级、G-2 级二个等级（表9-14）。

表 9-14

等　级	特　　　　征
G-1	正常情况下能形成爆炸性混合物
G-2	正常情况下不能形成，但在不正常情况下才能形成爆炸性混合物

(2) 火灾危险场所的等级划分

火灾危险场所按可燃物质的状态划分为 H-1 级、H-2 级、H-3 级三个等级（表9-15）。

表 9-15　　　　　　　　　　火灾危险场所等级划分

等　级	特　征
H-1	生产、使用、贮运闪点高于场所环境温度的可燃液体，在数量上和配置上能引起火灾危险的场所
H-2	生产过程悬浮状、堆积状的可燃粉尘或可燃纤维，在数量上和配置上能引起火灾危险的场所
H-3	固体状可燃物质，在数量上和配置上能引起火灾危险的场所

2．爆炸和火灾危险场所的电气设备选择

防爆类型：工厂及矿用防爆电气设备的类型如表 9-16 所示。

表 9-16　　　　　　　　　　防爆电气设备的类型

类　型	标　志	
	工　厂用	矿　用
防爆安全型	A	KA
隔爆型	B	KB
防爆充油型	C	KC
防爆通风、充气型	F	KF
防爆安全火花型	H	KH
防爆特殊型	T	KT

防爆标志：防爆电气设备标志一般由类型、级别和组别三个部分组成。类型如表 9-17 所示。级别和组别是指爆炸和火灾危险物质的分类。在标准试验条件下，按传爆能力分为 1、2、3、4 四个等级。按自燃温度分为 a、b、c、d、e 五组。级别和组别的划分见表 9-17，其中 δ 为试验最大不传爆间隙，T 为自燃温度。

爆炸混合物按"最小引爆电流"还可分为Ⅰ级、Ⅱ级、Ⅲ级共三级（适用于防爆安全

表 9-17　　　　　　　　　　防爆标志的级别和组别

级　别	组　别				
	a $T>450℃$	b $300℃<T\leqslant450℃$	c $200℃<T\leqslant300℃$	d $135℃<T\leqslant200℃$	e $100℃<T\leqslant135℃$
1 $\delta>1.0$	甲烷、氨、醋酸	丁醇、醋酸酐	环己烷		
2 $0.6<\delta\leqslant1.0$	乙烷、丙烷、丙酮、苯、氯乙烯、苯乙烯、氯苯、甲苯、甲醇、一氧化碳、醋酸乙酯	乙烯、乙醇、丙烯、醋酸丁酯、醋酸戊酯、丙烯腈、异辛烷、甲胺、二甲胺、二乙胺	戊烷、己烷、庚烷、辛烷、癸烷、硫化氢、汽油、乙硫醇、松节油、三甲胺	乙醛、乙醚	
3 $0.4<\delta\leqslant0.6$	城市煤气	环氧乙烷、环氧丙烷、乙烯、丁二烯、1,4-二氧六环	异戊二烯		
4 $\delta\leqslant0.4$	水煤气、氢	乙炔			二氧化碳

火花型电气设备），其分级及举例见表 9-18。

标注方法：类别、级别和组别都按主体和部件顺序示出。例如，BH3Ⅱb——表示电气设备的主体为隔爆型、部件为防爆安全火花型Ⅱ级、适用于 3 级 b 组爆炸性混合物的场所。

表 9-18　　　　　　　　　按最小引爆电流分级的防爆性能标志

级别	最小引爆电流，mA	爆炸性混合物举例	防爆性能标志
Ⅰ	>120	甲烷、乙烷、丙烷、汽油、环己烷、异己烷、甲醇、乙醇、乙醚、丙酮酸甲酯、丙烯酸甲酯、苯、一氧化碳、氨	HⅠ
Ⅱ	70～120	乙烯、丁二烯、丙烯腈、二甲醚、乙醚、二丁基醚、环丙烷、环氧丙烷	HⅡ
Ⅲ	≤70	氢、乙炔、氧化乙烯、二硫化碳、城市煤气、水煤气、焦炉煤气	HⅢ

3．爆炸和火灾危险场所电气设备的选型

（1）爆炸危险场所电气设备选型　应根据爆炸危险场所的不同等级选用相应的防爆电气设备，可参照附录11选用。

（2）火灾危险电气设备选型

根据场所等级的不同，火灾危险场所电气设备选型可参考附录12。

4．常用防爆电动机

1984年开始我国以 YB 系列新型防爆电动机产品代替老式的 AJO_2 与 BJO_2、AJO_3 与 BJO_3 型系列防爆、隔爆电动机。

YB 系列电动机适用于存在 1，2，3（Ⅰ，ⅡA，ⅢB）级；a，b，c，d（T_1，T_2，T_3，T_4）组爆炸性混合物的工业场所及有甲烷或煤尘的煤矿井下固定式设备，作一般传

表 9-19　　　　　　　　引燃温度分组及最大试验安全间隙分级

最大试验安全分级		引燃温度分级	
级　　别	最大试验安全间隙 (MESG), mm	组　别	引燃温度(t), ℃
ⅡA	≥0.9	T_1	150<t
ⅡB	0.5<MESG<0.9	T_2	300<t≤450
ⅡC	≤0.5	T_3	200<t≤300
		T_4	135<t≤200
		T_5	100<t≤135
		T_6	85<t≤100

动使用。

按 GB3836-1-83《防爆电气设备制造规定》，爆炸性混合物按其试验安全间隙(MESG)分级，按引燃温度分组（表 9-19）。

在选用防爆电动机时，其级别和组别不应低于该爆炸危险场所内爆炸性混合物的级别和组别。当存在有两种或两种以上爆炸性混合物时，应按危险程度较高的级别和组别选用。

防爆电动机的标注如下：

例如，dⅡBT₃——表示Ⅱ类隔爆型 B 级 T₃ 组，其中 d 代表防爆型（参考《化工设计标准》"化工企业爆炸和火灾危险场所电力设计技术规定"，1983 年）。

四、电 气 照 明

电气照明广泛应用于生产和生活的各个方面。对工厂来说，良好的和安全的照明对工人的健康、安全生产、提高劳动生产率都具有重要的意义。

本节扼要介绍工业企业电气照明设计，包括：工厂照明、光源种类、灯具选择、照明标准及灯点布置等方面有关内容。

1. 光源种类

电气照明的种类很多，但其中比较常见经常采用的主要有白炽灯、荧光灯、荧光高压汞灯、卤钨灯等。白炽灯为工业企业中应用最广的光源，虽然其发光率很低，但它装置简单，容易起燃，所以仍大量采用。荧光灯通常称为日光灯，与普通白炽灯相比，除光线柔和外，在相等的电耗下，发光强度要高 3～5 倍。其主要缺点是起燃困难，装置较复杂，电压变动时发光不稳定，有频闪效应。荧光高压汞灯的特点是光效高,寿命长,用电省和光色好，一般在视觉条件要求低，而厂房较高的场所采用。卤钨灯的工作原理与白炽灯基本相同，区别是其灯管内充入适量的碘或溴，可将被高温蒸发出来的钨送回灯丝，因此能延长灯管的使用寿命。

2. 灯具选择

灯具选择必须根据使用环境的特点和要求以及合理而又经济的原则进行。

表 9-20　　　　　　　　　　车间工作面上的最低照度值

识别对象的最小尺寸 d，mm	视觉工作分类		亮度对比	最低照度，Lx	
	等	级		混合照明	一般照明
d<0.15	Ⅰ	甲	小	1500	—
		乙	大	1000	—
0.15<d≤0.3	Ⅱ	甲	小	750	200
		乙	大	500	150
0.3<d≤0.6	Ⅲ	甲	小	500	150
		乙	大	300	100
0.6<d≤1.0	Ⅳ	甲	小	300	100
		乙	大	200	75
1<d≤2	Ⅴ	—	—	150	50
2<d≤5	Ⅵ	—	—	—	30
d>5	Ⅶ	—	—	—	20
一般观察生产过程	Ⅷ	—	—	—	10
大件贮存	Ⅸ	—	—	—	5
有自行发光的车间	Ⅹ	—	—	—	30

(1) 密闭型灯具适用于有腐蚀性气体及特殊潮湿的场所。
(2) 防爆型灯具适用于有爆炸性混合物或生产中易于产生爆炸介质的场所。
(3) 封闭型灯具常用于潮湿的厂房内及户外。
(4) 防护网（罩）灯具用于可能直接受外来机械损伤的场所。

此外，如对灼热多尘场所，可采用投光灯；有震动场所，灯具应有防震措施；潮湿场所也可采用瓷质灯头，以防灯头锈蚀；有腐蚀性气体的车间也可采用塑料灯具。

3. 照度标准

根据《工业与民用供电系统设计规范》(GBJ52-83) 中的照度标准：

(1) 照明的照度 (L_x) 按以下系列分级：2500、1500、100、750、500、300、200、150、100、75、50、30、20、10、5、3、2、1、0.5、0.2。

(2) 车间工作面上的最低照度不应低于表 9-20 所规定的数值。

(3) 辅助建筑的最低照度不应低于表 9-21 所规定的数值。

表 9-21　　　　工业企业辅助建筑的最低照度值

序号	房间名称	一般照明的最低照度，L_x	规定照度的平面
1	设计室	100	距地 0.8m 的水平面
2	阅览室	75	距地 0.8m 的水平面
3	办公室、会议室、资料室	50	距地 0.8m 的水平面
4	医务室	50	距地 0.8m 的水平面
5	托儿所、幼儿园	30	距地 0.4～0.5m 的水平面
6	食堂	30	距地 0.8m 的水平面
7	车间休息室、单身宿舍	30	距地 0.8m 的水平面
8	浴室、更衣室、厕所	10	地面
9	通道、楼梯间	5	地面

表 9-22　　　　厂区露天工作场所和交通运输线的最低照度值

序号	工作种类和地点	最低照度，L_x	规定照度的平面
1	露天工作：		
	视觉要求较高的工作	20	工作面
	用眼睛检查质量的金属焊接	10	工作面
	用仪器检查质量的金属焊接	5	工作面
	间断的检查仪表	5	工作面
	装卸工作	3	地面
	露天堆场	0.2	地面
2	道路：		
	主干道	0.5	地面
	次干道	0.2	地面
3	站台：		
	视觉要求较高的站台	3	地面
	一般站台	0.5	地面
4	码头	3	地面

(4) 露天工作场所和交通运输线的最低照度不应低于表 9-22 所规定的数值。

4．灯点布置

灯点布置包括两个方面，一是灯点排列，一是悬挂高度。

灯点布置要求达到限制眩光、避免阴影、均匀照度、便利装修、整齐美观。

五、电力设备接地

轻化工工厂中有关高压配电系统电力设备的接地要求与一般情况相同，在此着重介绍低压配电网络中电力设备接地保护设计中的一些问题。

1．接地方式

(1) TT 方式 此种接地方式如图 9-1 所示。它的特点是：适用于大规模配电系统；能抑制电压的异常升高；容易检测；接地回路通过两个接地装置，阻抗较大，一般接地故障电流不能使过流保护装置动作，应用漏电断路器作为保护装置；对相邻接地系统可能有干扰；当电力设备发生绝缘破坏故障时，其金属壳上的接触电压为：

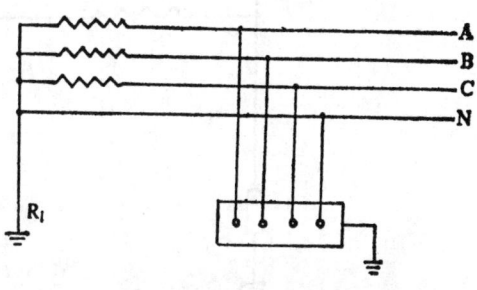

图 9-1 TT接地方式

$$V = E \frac{R_2}{R_1 + R_2}$$

式中 E——变压器二次侧相压，V

R_1——电源侧接地电阻，Ω

R_2——负载侧接地电阻，Ω

(2) TN 方式 此种接地方式如图 9-2、9-3 所示。

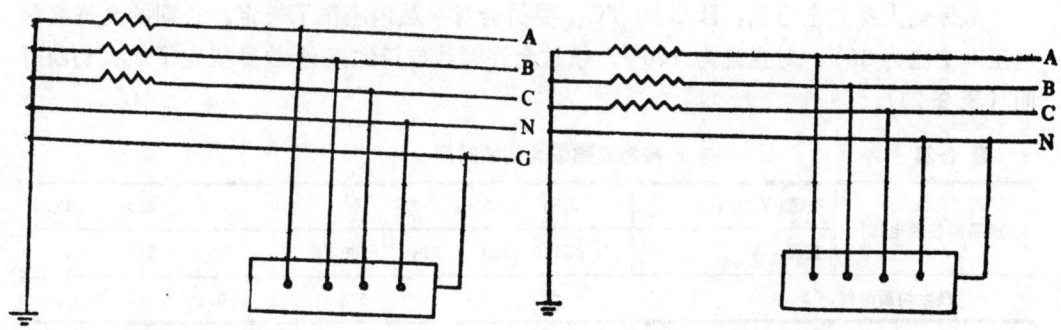

图 9-2 零线与接地线分开的方式　　图 9-3 零线与接地线共用的方式

这种方式的特点是：适用于大规模的配电网络；能抑制电压的异常升高；保护设备简单；故障点易发现；绝缘破坏时，尽管人体触及带电设备，但由于专用接地线的分流作用，使人体得到保护；电源侧接地与负载接地之间有金属异体联通，阻抗较小，单相接地短路电流较大,在一般情况下,过流保护装置将动作;一点接地时,立即跳闸,否则金属外壳上有危险电压,易发生火灾事故;对检查零线的绝缘较困难;对相邻的接地系统可能有干扰。

上述两种接地方式,后一种为国内一般工业企业普遍所采用,但这种接地方式当零线中断或接线错误时,电力设备的金属外壳上将产生危险电压。在今后的设计中以采用前一种接地方式为宜。

(3) IT 方式 此种接地方式如图 9-4 所示。

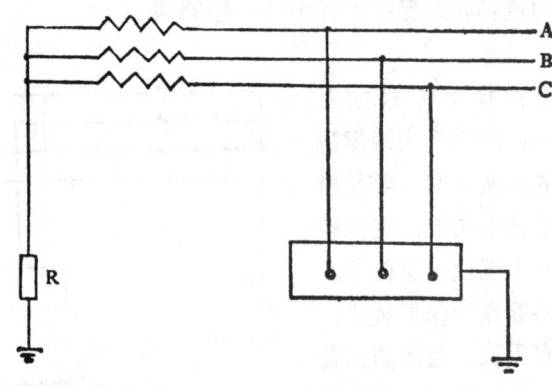

图 9-4 IT接地方式

此种方式的特点是:系统绝缘损坏而发生漏电时,因不能构成闭合回路,仅通过分布电容流过容性电流,如系统规模较小,分布电容器小时,电流将较小;不能限制异常电位升高;和其他系统绝缘,不致互相干扰;大规模配电系统要长期维持非接地状况较困难;发生两点接地时,危险性较大,必须加强管理,设置绝缘检测装置;接地检测较困难。

一般对生产连续性要求高,有爆炸或火灾危险的企业采用 IT 方式为宜。

2. 接地方式要求

从保证人身安全出发,IEC 的 TC_{64} 委员会对接触电压作了规定,长期的允许接触电压对交流为 50V,对直流为 120V,超过允许接触电压的接地故障规定了最大切断时间(表 9-23)。

表 9-23　　　　　　　接地故障最大切断时间

预期的接触电压	交流(V)有效值	≤50	50	75	90	110	150	220	280
	直流,V	≤120	120	140	160	175	200	250	310
最大切断时间,s		∞	5	1	0.8	0.2	0.1	0.05	0.03

按照上述规定,对 TN 方式、TT 方式和 IT 方式,当接地发生故障时,都向各自提出特定的要求。

(1) TN 方式 在 TN 方式的接地系统中,其保护装置的整定值和接地回路的阻抗必须满足下式要求:

$$Z_s \cdot I_a \leqslant U_0$$

式中 U_0——相电压

Z_s——接地回路的阻抗

I_a——按表 9-23 所规定的时间内切断电源要求的断路器的动作电流

对 TN 方式,一般推荐采用具有过电流保护的断路设备或电流型漏电断路器。

(2) TT 方式 在 TT 方式的接地系统中,必须满足下式的要求:

$$R_A \cdot I_a \leqslant U$$

式中 R_A——接地阻抗

I_a——按表 9-23 所规定的时间内切断电源要求的断路器的动作电流

U——按表 9-23 所规定的接触电压

对 TT 方式,一般推荐采用漏电断路器。

(3) IT 方式 车间内所有电力设备的金属外壳必须全部接在同一接地系统上,并应满足下式要求:

$$R_A \cdot I_a \leqslant U$$

式中 R_A——接在一个接地极上的所有电力设备金属外壳的接地系统的接地阻抗

I_a——在一点接地故障情况下,考虑所有接地装置的全部阻抗的故障电流

U——规定安全接触电压值

对 IT 方式,可采用绝缘监视装置,过电流保护装置,漏电断路器或故障电压保护装置等。

六、电气设计条件

电气设计条件需要按电动、照明及弱电三大部分分别提出图纸及文字条件。

1. 电动

(1) 设备布置平、剖面图 图上应注明电动机位置及进线方向、控制按钮位置等,以供电气设计人员参考。

(2) 用电设备表(表 9-24)

表 9-24 用 电 设 备 表

序号	流程位号	设备名称	介质名称	环境介质	负荷等级	数量		正反转要求	控制连锁要求	防护要求
						常用	备用			

计算轴功率 kW	电 动 设 备							操作情况		备注
	型号	防爆标志	容量,kW	相数	电压,V	成套或单机供应	立式或卧式	年工作数 h	连续或间断	

(3) 电加热条件表 提出加热温度、控制精度、热量及操作情况等。

(4) 环境特性表 主要列出环境的范围、特性(温度、相对湿度、介质)和防爆、防雷等级。

2. 照明

(1) 设备平、剖面图 图中标出照明的位置,包括一般照明和特殊照明,如仪表观测点、检修照明、局部照明、插座等;注明接地设备的位置、名称和要求。

(2) 环境特性表。

3. 弱电

(1) 设备平、剖面图 图中标出电讯设备的安装位置,注明电话性质如直通电话、普通内线或外线电话、生产调度电话、现场防爆电话等。

(2) 需要的生产联系讯号 包括全厂性的、车间或厂房内的。

第四节 采暖和通风

一、采 暖

采暖目前主要是以锅炉方式提供热量,使在较低的环境温度下,仍能保持适宜的工作或生活条件的一种技术手段。它按设施的布置情况主要分集中采暖和局部采暖两大类。轻化工工厂大多采用集中采暖。

1. 采暖标准

按我国规定,凡日平均温度≤5℃的天数历年平均在90天以上的地区应该集中采暖。

通过采暖,室内温度应达到采暖标准。按《工业企业设计卫生标准》(TJ36-99),冬季生产厂房工作地点的空气温度应符合表9-25中的规定。

表 9-25　　　　　冬季生产厂房工作地点的空气温度

分　　类	空气温度,℃	
	轻作业	中作业
每人占用面积<50m²时	≥15	≥12
每人占用面积50～100m²时	≥10	≥7
每人占用面积>100m²时	局部采暖	

此外,在工作时间内,如生产厂房的室温必须保持在0℃以上时,一般按5℃考虑值班采暖;当生产对室温有特殊要求时,应按生产要求而定。

2. 采暖介质

采暖按传热介质可分热水、蒸汽、热风三种。其中,蒸汽采暖应用最广。

生活区的采暖热媒,目前皆采用热水或高温热水。热水可由厂区供蒸汽,在生活区设立热交换站,或在生活区中建立热水锅炉房供应。

采暖热媒为热水时,常用温度为95℃,宜采用单管系统。采暖热媒为高温热水时,目前采用的温度有 110～70℃ 及 130～70℃。辐射板采暖以采用 130～70℃ 高温热水为宜。

采暖热媒为蒸汽时，片式铸铁散热器的工作压力不宜超过 0.196MPa（表压）。

蒸汽采暖按蒸汽压力分为：低压（≤0.0686MPa）和高压（>0.0686MPa）两种。

热风采暖时，工作区域风速宜为 0.1～0.3m/s，热风温度 30～35℃，送风口高度不要低于 3.5m。

对于成片集中布置的厂区建筑物，应尽量采用热水采暖，以利于蒸汽凝结水的回收和利用；对于厂区内分散布置的建筑物，可采用热水采暖或蒸汽采暖。当厂房的单元体积大于 3000m³ 时，以热风采暖为好；单元体积较小的多半采用蒸汽采暖。设有空调及通风设备的厂房，应尽可能采取与空调、通风相结合的热风采暖；对于有爆炸性气体或含有粉尘的车间，宜采用防爆型暖风机；在一般情况下，均可采用散热器采暖。

3. 采暖计算

采暖的精确计算包括以下几个部分：

(1) 基本耗热量 它是指房间的围护结构，包括屋顶、地板、墙、窗和门等传热损失的总和。

(2) 附加耗热量 包括冷风渗透附加、外门开启附加、风力附加、朝向修正和高度附加耗热量等。

(3) 由外部送入厂房的冷料和运输工具的吸热量。

(4) 通风耗热量。

以上计算比较复杂，可参考有关采暖通风手册。下面介绍一种建筑物耗热量的估算方法：

$$q=(1+E)\left[\frac{2h(a+b)K_{oj}}{ab}+K_w+K_d\right], \text{kJ/(m}^2\cdot\text{h}\cdot\text{k)}$$

表 9-26　　　　　　　　　综合附加值。%

窗类型	办公楼多层厂房	无天窗厂房		有天窗厂房	
		h≤10	h>10	h≤10	h>10
单层窗	20	30	35	40	45
单、双层窗	15	25	30	35	40
双层窗	10	20	25	30	35

表 9-27　　　　　　砖墙采光面积为 30% 时各种窗型式的 K_{oj} 值

窗 类 型（墙厚mm）	K_{oj}
单层木窗(490)	9.51
单层钢窗(490)	10.13
单层木窗(370)	10.23
单层钢窗(370)	10.64
单层木窗(240)	11.56
单层钢窗(240)	14.14

式中 E——综合附加值（表 9-26）

      h——建筑物高度，m

    a、b——建筑物长度和宽度，m

      K_w——建筑物屋面的传热系数，$kJ/(m^2 \cdot h \cdot K)$

      K_d——地板的传热系数，$kJ/(m^2 \cdot h \cdot K)$

     K_{cj}——外墙和外窗的综合传热系数，$kJ/(m^2 \cdot h \cdot K)$（表 9-27）

二、通　风

为了保证操作人员的正常环境卫生条件，在有余热、余湿、有害气体或蒸汽、粉尘等排出的车间或房间，必须采取通风，以使工作环境的空气达到并保持适宜的温度、湿度以及卫生的要求。

1. 通风分类和设计的基本原则

通风按使用方法分为自然通风和机械通风两类；此外，还有全面通风和局部通风，以及混合通风等方式。

(1) 自然通风　自然通风是一种既经济又有效的措施，它又可分为无组织的和有组织的自然通风两种。无组织的自然通风对换气的作用不大，因其风量无法控制，气流混乱。有组织的自然通风，通风可以调节管理，所以在通风设计中指的就是这种通风。

自然通风设计中的一些原则：

厂房纵轴应尽量布置成东西向（尤其在我国南方），这样可避免大面积的日晒。

厂房主进风面应与夏季主导风向成 60～90°角，不宜小于 45°角。

厂房应尽量布置成"L、凵、山"型，开口部分应面对夏季主导风向的迎风面。

"凵"或"山"型建筑物各翼的间距一般不应小于相邻两翼高度和的一半，最好在 15m 以上。

生产过程若有大量热散发和有害物质时，则宜设置在单层厂房内；若为多层厂房，应布置在顶层；必须设置在其他层次时，应防止污染。

自然通风进口的标高建议：夏季进风口下缘距室内地坪不高于 1.2m，推荐采用 0.6～0.8m；冬季及过渡季进风口下缘距室内地坪不低于 4m，如低于 4m 时，应采取措施，以防止冷风直接吹向工作地点。

尽量采用穿堂风的自然通风方式。为此，侧窗进、排风的面积均应不小于厂房侧墙面积的 30%。

(2) 机械通风　当自然通风不能满足车间的通风时，就要采用机械通风。机械通风又分局部通风和全面通风（换气）两种。

当车间内局部散发有害气体或粉尘时，为防止扩大到整个车间，可采取局部通风将其及时排出。当整个车间都充满有害气体或粉尘时，才采用全面通风。采用全面通风时，送风口与排风口的布置要适当合理，以保证污浊空气均匀地排出。

全面通风进、排风的气流组织应避免将含有大量热、蒸汽或有害物质的空气流入没有或仅有少量热、蒸汽或有害物质的作业区。

当车间内散发有毒气体和粉尘时，不能简单地采用自然通风的办法将其排入大气中，否则会污染周围环境。当有害物质的浓度较高时，必须经过净化处理，如采用过滤、吸收、吸附等方法，然后通过排毒筒排入高空，并利用风力分散稀释。有害物质的浓度较低时，可不经净化处理直接由排毒筒排空。排毒筒的高度要保证有害物质经稀释后沉降到地面时，其浓度对人、畜和农作物均无毒害作用，而且要保证附近居住处有害物质的最高浓度符合国家卫生标准。

有关大气环境中空气污染物允许浓度限值、居住区大气中有害物质的最高容许浓度、十三类有害物质的排放标准等参考《化工工艺设计》参考资料。

2．有关的通风计算

(1) 通风柜的排风量计算　排热、排烟通风柜的排风量按下式计算，并按工作口截面排风速度进行校核。

$$L = 1840 \sqrt[3]{HQF^2}, \text{ m}^3/\text{h}$$

式中　H——工作口高度，m

　　　Q——通风柜内发热量，kJ/h

　　　F——工作口面积，m²

对其他类型通风柜的排风量按下式计算：

$$L = 3600Fv, \text{ m}^3/\text{h}$$

式中　F——工作口面积，m²

　　　v——工作口截面处的平均排风速度，m/s

当通风柜有两个以上工作口时，如不全部打开，则按实际开启的面积加上不开工作口的缝隙面积进行计算。缝隙面积应根据工作口门的密闭程度而定。

通风柜工作口截面的排风速度取 0.5~1.5m/s（毒性大的有害挥发物应取较高的排风速度）。

(2) 全面通风量的确定　全面通风按以下几种情况分别计算通风量并取其中最大值作为设计通风量。

① 消除室内余热所需通风量

$$L = Q/Cr(t_p - t_j), \text{ m}^3/\text{h}$$

式中　Q——余热量，kJ/h

　　　r——进入空气的密度，kg/m³

　　　C——空气比热容，kJ/(kg·K)

　　　t_j——进入空气的温度，K

　　　t_p——排出空气的温度，K

② 消除室内余湿所需通风量

$$G = \frac{G_{sh}}{d_p - d_j}, \text{ kg/h}$$

式中　G_{sh}——散湿量，kg/h

　　　d_j——进入空气的含湿量，g/kg

　　　d_p——排出空气的含湿量，g/kg

③ 消除室内有害气体所需通风量

$$L=\frac{Z}{Y_p-Y_j}, \text{ m}^3/\text{h}$$

式中 Z——散入室内的有害气体量，mg/h

Y_j——进入空气中有害气体的浓度，mg/m³

Y_p——排出空气中有害气体的最高允许浓度，mg/m³

④ 按换气次数计算通风量

当有害气体散发量无法确定时，按换气次数计算通风量

$$L=KV, \text{ m}^3/\text{h}$$

式中 V——房间体积，m³

K——换气次数，次/h

⑤ 按每人所需新鲜空气计算通风量

每名工人所占容积小于 20m³ 的车间，应保证每人每小时不少于 30m³ 的新鲜空气量；如所占容积为 20～40m³，应保证每人每小时不少于 20m³ 的新鲜空气量；所占容积超过 40m³ 时，可由门窗缝隙渗入的空气量来换气。

三、采暖通风和空调设计条件

在采暖通风和空调设计中一般需要提供以下有关图表：

(1) 工艺流程图。

(2) 工艺设备布置平、剖面图。在图上应标出操作岗位，同时应注明固定岗位和活动操作地带范围，以及空调、局部送排风部位。

(3) 工艺设备一览表。

(4) 暖风空调条件表。主要列出生产类别、工作制度(班数、最大班人数)、对温度和湿度的要求，防爆等级，有无防尘要求等。

(5) 设备通风条件表。主要列出设备的散热量,有害物质产生的情况(名称、数量)，通风方式及产生的粉尘情况（如粒径）等。

第十章　工艺向有关专业提供的设计条件和要求

同其他工程设计一样，轻化工工厂设计必须有各种专业的配合和协作，才能完成整个设计任务。在整个设计中，工艺是"龙头"，起组织与协调各个非工艺专业之间的作用。工艺设计人员在设计进行的同时，事前必须向有关专业提供必要的设计条件，对有关设计问题进行解释和说明，以作为其他专业开展工作的依据；事后进行汇总，并进行会签等工作。

本章着重介绍工艺设计人员应掌握的有关非工艺设计项目（除第九章外）的一些基本知识及如何向其他专业设计人员提供设计条件与要求的内容。

第一节　向土建提供的条件和要求

土建设计条件，原则上一般分两次集中提出，其中也可适当补充提出一、二次条件。一次条件是在初步设计阶段提出，二次条件则在施工图阶段提出。

一、初步设计阶段

1. 生产工艺情况介绍

向土建设计人员提供工艺流程图，介绍各生产车间的工艺流程情况，如生产规模、流程特点、工艺设备、物料特性、进出车间的物料量及其采用的输送方式等。

2. 车间（或工段）区域划分及车间设备布置方案和说明

介绍车间或工段的区域划分和布置关系，包括生产间、生活间、辅助间及通风机室、配电室、控制室、维修室等专用房间。

根据生产工艺流程及操作需要，与土建人员一起研究确定厂房的建筑形式。提供车间工艺设备布置方案草图。介绍对厂房结构的要求。提出柱网尺寸、厂房层数、每层净标高（指大梁底标高）以及生产车间、辅助生产部门的位置及大小。提出与工艺生产有关的门、窗、楼梯等的要求（对于一般的门、窗、楼梯等，均由土建专业按规定统一考虑）。同时，对非工艺专业附房的位置也要提出建议。

3. 提供劳动定员及生产特征

包括各部门（厂部、生产车间、辅助车间、消防及警卫人员等）人数，车间最大班人数及男、女人员比例，并介绍各车间的生产特征，以利土建专业考虑生活福利、安全及卫生设施的设置。

4. 提出劳动保护、工业卫生、安全防护的要求和说明

包括生产车间建筑物所属分类、耐火等级；防火、防爆要求（提供爆炸介质的爆炸极限浓度）；防尘要求；防毒要求（提供有毒气体的最高允许浓度）；防腐蚀要求；其中应重点说明火、爆、尘、毒源情况及重点防护措施和设施。

根据建筑防火规范及工程所在地区的建筑防火规定，综合说明需重点设防的场、所的消防设施情况。

需要抗震设防的地区，须说明厂区的地震烈度和抗震措施。

二、施工图设计阶段

在此阶段，工艺设计人员要适时向土建专业以图纸、表格、文字等不同形式进一步提供条件和提出要求。主要内容有以下几项：

1．提供有关图纸

主要包括：工艺设备布置平、剖面图；工艺设备基础图；管沟基础图；梁、柱、墙、楼板上管架、吊钩等的支承施工图。

2．提供设备清单及说明

内容包括：设备位号、名称、外形尺寸、总重和分项重量（自重、物料重、保温层重、充水重）、设备位置、装卸方式及支承型式等。

3．提出有关要求和说明

(1) **门、窗、洞** 根据设备安装检修、生产操作、货物运输及生产联系等因素提出要求，并标注在建筑平面图上。对特殊的门窗更应提出具体的要求和说明。预留的吊装门、孔洞及防爆孔、泄压孔或后砌墙等也需标在有关图纸上并作说明。此外，如对地坑的位置、大小、标高，爬梯的位置及盖板的要求等，也应同时提出。

(2) **墙面、地面、柱面及天花板等** 由于轻化工工厂生产内容的不同，对它们的要求都有不同。例如对有腐蚀性的液体，需对地面、柱裙进行耐腐蚀保护；对有腐蚀性的气体，要求墙面、柱面及天花板涂刷耐蚀涂层等；对潮湿车间，有时需对墙面、柱面及天花板等进行保护；要求清洁无尘的车间，则要求地面不起尘、墙面不粘尘、天花板不落尘，等等。

(3) **梁、楼板** 对梁应提出有关吊装梁、吊车梁、吊钩等的位置；梁底标高及起重能力；悬挂在梁上的支点，每个支点超过一吨的管道及阀门的位置。对楼板应提出各层楼板上各个区域的安装荷重、堆料位置及荷重、主要设备的安装方位及安装路线；楼板上所有设备基础的位置、尺寸及支承点；楼板上的移动载荷（如小车等，重量超过1t者）以及移动设备停放的位置和移动路线；悬挂或放在楼板上超过一吨的管道及阀门的位置，等等。

(4) **操作（平）台、栏杆、扶梯** 提出操作台的位置、尺寸及其上面的设备位置、安装荷载和安装孔尺寸，以及对操作台的材料、栏杆、扶梯等要求。提出塔平台的标高、操作和检修的位置及标高，以及对登梯、平台栏杆等方面的特殊要求。

(5) **其他** 对建筑物结构有影响的振动设备，如离心机、振动筛、大功率的排风机及搅拌设备等提出必要的设计条件。对有毒、有腐蚀性物料的放空管道应提出与建筑物有关的尺寸、标高等。

第二节 向自控提供的条件和要求

随着轻化工生产的发展，连续化、自动化的水平越来越高，这就要求在整个工艺设计中需有自控专业的密切配合。自控设计条件是在物料衡算已经修订、工艺设备布置图及施工图阶段工艺流程图基本完成后提交。在提交条件以前,工艺和自控人员应根据工艺特点,确定控制方案和一般遥测仪表,然后由工艺设计人员根据确定的方案提出控制参数等具体条件。

一、提供有关图纸

工艺设计人员向自控专业提供的图纸主要有:

(1) 施工图阶段工艺流程图　在提供图纸的同时,工艺设计人员应作相应的必要解释和说明,例如拟建项目的自控水平、各工段或操作岗位的控制点及要求等,以便自控设计人员进一步了解情况并作为选定仪表的依据。然后由自控设计人员根据工艺要求补绘控制点,最后再与工艺设计人员一起共同完成施工工艺流程图。

(2) 工艺设备布置平、剖面图　工艺设计人员在提供此部分图纸时应标出自控仪表控制的具体位置及现场控制箱设置的位置等,以作为自控专业确定控制室面积的依据。

二、提供有关设计条件

如自控设计条件见表 10-1。

表10-1　　　　　自控设计条件表

序号	仪表计器名称	物料名称及组分	物料或混合物密度, kg/m^3	自动分析			温度, ℃
				粘度	相对密度	pH值	

压力 MPa	流量, m^3/h 或液面, m			指示、遥控、记录、调节或累记	控制情况			管道或设备规格	备注
	最大	正常	最小		就地集中	控制室	就地		

在提供上表时,工艺设计人员还应提出相应的说明。

(1) 计器用途　如填写"T—×××温度指示";"P—×××压力指示"等等。当计器用途为自动调节或遥控时,应注明调节依据,如按塔底液体温度调节进塔底的蒸汽量,同时在温度栏内填上允许的温度调节范围,如80~85℃。

(2) 物料名称及组分　当需要进行温度、压力、流量、液面、成分分析时填写。介质进行成分分析时,介质的化学成分要注明体积比,被分析介质范围填写在流量栏内。

(3) 物料或混合物密度　需要进行流量或液面测量时填写。

(4) 粘度　需要测量流量时填写介质在工作状态下的粘度。

(5) 温度、压力　需要进行温度、压力、流量调节时,填写介质温度和操作压力;当需要调节温度时,在温度栏内填写温度的范围。

(6) 指示、记录、遥控、调节、累记 根据要求选择填写；连锁及信号报警在备注栏内注明。

(7) 管道或设备规格 当计器仪表安装在管道上时应注明管道规格。

第三节 向总图提供的条件和要求

总图的设计任务是完成建设项目的总平面布置设计。为保证总体设计的质量，工艺设计人员应不断提供条件和提出要求，使总图设计顺利进行。

一、提供有关图纸

提供工艺流程图，同时介绍拟建项目的生产规模、产品方案、技术路线、生产方法及工厂长远发展规划等。

提供车间工艺设备布置图，同时介绍生产特点及要求，如防火、防爆、防潮、防晒、防冻、防尘等；标清进出车间的所有工艺管线和公用工程管线的座标位置、标高、管径、管材及输送介质的名称、特性、温度、压力、流量等参数。有无保温要求等也须一并提交给总图，以便进行厂区总管设计。

二、提供有关资料

提供水、电、汽等公用工程的规格用量及负荷中心；原材料的来源、用量、特性及贮存与运输要求；成品的数量、包装形式、贮存天数及运输方式、路线要求；副产品的数量、特性和贮存、运输要求；三废（废水、废气、废渣）的数量、特性和组成，废渣的堆放要求、堆放天数、运输方式及路线；车间内生产定员及人流、物流情况；厂区绿化布置的要求，等等。

第四节 向概预算提供条件

概预算是设计工作的重要组成部分，是编制设计项目全部建设过程所需费用的一项工作。通过概预算可以衡量所建项目是否经济合理。这项工作必须由概预算专业人员最后完成。在进行此项工作时，工艺设计人员要与概预算人员密切配合，提供必要的资料，以利工作顺利进行。一般工艺设计人员要提供下列资料：

(1) 工艺设备名称、数量及单价。
(2) 工艺阀门的种类、数量及单价。
(3) 工艺管道的数量、材质、保温及价格。
(4) 试验仪器的种类、数量及单价。
(5) 其他。

为了总概预算的需要，工艺设计人员即使编制工艺部分的概预算，也应将上述各项总价提供给概预算人员。

若由概预算人员进行项目的成本估算和经济效益分析，工艺设计人员还应提供下列技术资料：

(1) 原材料（包括原料及主要材料、辅助材料两部分）数量和单价。
(2) 动力（包括外购和自产）和燃料的数量和单价。
(3) 生产工人人数及全厂职工人数。
(4) 其他。

第十一章 工程概预算简介

第一节 概预算的概念及意义

基本建设概预算（简称概预算）是工程设计中不可缺少的一项重要工作。通过概预算，各项工程的投资即可用价值表示出来，从而可清晰地判断建设项目的经济合理性。

"概算"是在二段设计时、稳步设计阶段编制的，一般都是套用定额编制。而"预算"是在一段设计或施工图设计阶段编制（按国家计委规定，自1986年起，由设计单位试行编制施工图预算）。

"概算"是在建厂之前大概估算各项工程的投资，作为国家对基建单位拨款、编制基本建设计划、实行基本建设包干、控制基本建设投资及施工图设计阶段预算、考核设计经济合理性和建设成本的依据；同时作为基建单位与施工单位订立包工合同付款的依据。所以，概算是二段设计时初步设计最后阶段的重要步骤。

在施工图设计阶段，由于整个工程设计已经有批准的初步设计及其概算书，已有详细的施工图及其说明书，有关工程地质资料及国家各部部颁设计标准图集，完全有可能和有条件把各项工程的投资情况编制得更详细和更完善。因此，"预算"可以作为国家对基建单位正式拨款的依据；同时为基建单位与施工单位在工程竣工后结算提供了依据。

概预算不仅可以促进工程设计的经济合理性，也是国家对基建工作进行财政监督的一项重要措施；同时也是施工单位改善经营、贯彻经济核算、降低工程成本、提高投资效益的基础之一。

为此，轻工业部根据国家计委、建委、财政部文件，结合轻工行业具体情况，特制订了《轻工业工程设计概预算编制办法》。

第二节 概预算文件的组成和内容

一、文件组成及说明

概预算文件由总概算书、综合概算书、单位工程概预算书、其他工程和费用概算书及有关附表组成。

概预算编制完成后，应附编制说明，其内容一般包括：

（1）**工程概况** 说明产品品种、规模、设计范围、公用工程、厂外工程、住宅福利设施的主要情况和工程特点；与其他生产厂的协作关系；本工程的总投资，其中外汇（美元）额度等。

（2）**编制依据** 说明批准设计的依据；工程概预算采用的指标、概预算定额、设备、材料价格的依据；地区差价调整系数；其他工程和费用的计算依据；外汇的折算依据和有关规定以及存在问题的处理等。

(3) 说明总概预算编制中存在的主要问题。

(4) 说明其他与概预算有关，但不能在表格中反映的事项。

(5) 投资分析 主要分析各项工程的投资比例，与国内外同类工程投资水平的分析比较等。

(6) "三材"(钢材、木材(成材)、水泥)的估算用量。

二、总概预算书的项目组成

总概预算书的项目由以下两部分组成：

(1) 工程费用项目 包括：主要生产工程、辅助生产及服务用工程、动力及通讯系统工程、运输系统工程、供排水工程、厂区总图、公共福利和住宅区设施、厂外工程、环境保护工程、特殊工程等。

(2) 其他工程和费用项目 包括：筹建费用、土地征用及迁移赔偿费用、生产准备费用、其他工程和费用、预备费等。

上述内容适用于国内项目。对引进成套设备或生产线的概预算的组成，必须另行编制。

总概预算书由综合概预算书、其他工程和费用预算书组成，包括建设项目从开始到竣工验收的全部建设费用。

总概预算书和综合概预算书一般都采用表格的形式(表 11-1)。如需要进行概预算对照时，其总预算书和综合预算书可采用表 11-2。

总概算书中各项技术经济指标是根据各个单项工程综合概预算书所计算的技术经济

表 11-1　　　　　　　　　总（综合）概（预）算书

工程项目名称　　　　　　　　　　　　　　　　　　　　　　　　　单位：万元

编号	工程或费用名称	建筑工程					设备		
		土建	卫生	采暖	构筑物	照明	机械	电气	自控
1	2	3	4	5	6	7	8	9	10

安装				工器具生产家具	其他费用	总计	技经指标		
机械	电气	自控	工业管道				数量	单位	指标(元)
11	12	13	14	15	16	17	18	19	20

审核　　　　校对　　　　编制　　　　　　　　　　　　　　　　年　月　日

表 11-2　　　　　　　　　　　总（综合）预算书

工程项目名称　　　　　　　　　　　　　　　　　　　　　　　　单位：万元

编号	工程或费用名称	批准概算	建筑工程					设备		
			土建	卫生	采暖	构筑物	照明	机械	电气	自控
1	2	3	4	5	6	7	8	9	10	11

安装				工器具生产家具	其他费用	总计	技经指标		
机械	电气	自控	工业管道				数量	单位	指标（元）
12	13	14	15	16	17	18	19	20	21

审核　　　　校对　　　　编制　　　　　　　　　　　　　年　月　日

指标列计。应选择建设项目中最有代表性的和最能说明投资效果的技术经济指标填列。

三、综合概预算书

综合概预算是总概预算的组成部分，是确定各个生产车间、公用工程或独立建筑物工程造价的综合文件，是根据各单位工程概预算汇编而成。

凡主要生产项目的单项工程必须编制综合概算书，其他附属生产及服务用工程项目，动力系统工程项目，住宅、文化福利等建筑物，如单项工程中单位工程较少，可不编综合概算书，直接将单位工程编入总概算。

四、单位工程概预算书

按单位工程性质，分类进行。

1. 建筑工程费

包括一切土建、卫生、采暖、特殊构筑物、电气照明及避雷等项工程。

2. 设备购置费

包括主要及辅助生产项目、服务用工程项目及公用工程等的机电设备、通讯设备、计器仪表、控制设备及构成固定资产的设备备品备件等。

3. 安装工程费

包括需要安装的工艺、机修、电气、仪表、电讯设备的安装费用；现场对设备内部的衬砌、保温（冷）以及防腐工程；设备内部的填充物；工艺管道，通风、除尘、空调、超净等工程的风管，室外给排水管道，电气线路敷设，室外电力线路敷设等；工器具和生产家具购置费及其他费用。

五、单位工程概预算费用的组成

1. 单位工程概算费

单位工程概算是概算的基础。编制好单位工程概算是搞好概算的关键。因为总概算和综合概算就是把各部分的工程概算结果进行分项归类。

单位工程概算费用的组成包括:
(1) 直接费 包括建筑、安装人工费、材料费、施工机械使用费及其他直接费。
(2) 间接费 包括施工管理费和其他间接费。
(3) 施工企业技术装备费。
(4) 法定利润。

2. 单位工程预算费

单位工程预算费用的组成包括:
(1) 直接费 包括人工费、材料费、施工机械使用费及其他直接费。
(2) 间接费 包括施工管理费和其他间接费。
(3) 预算包干费。
(4) 施工企业技术装备费。
(5) 法定利润。

第十二章 技术经济分析

第一节 技术经济分析的基本任务和主要内容

一、技术经济分析的基本任务

技术和经济是人类社会进行物质生产时不可缺少的两个方面。任何技术的社会实践都离不开经济,而任何技术的好坏优劣,脱离了经济效果的标准,都是无法判断的。

技术经济是指技术生产方面的经济问题。技术经济分析是对不同的技术政策、技术方案、技术措施进行经济效果的评价、论证和预测,力求达到技术上先进和经济上合理相结合,为确定对发展生产最有利的技术提供科学依据和最佳方案。这也是技术经济分析的基本任务。其根本目的,就是要使每项工程、每个企业都能用尽量少的物质消耗,生产出更多的符合社会需要的合格产品,取得最大的使用价值,从而实现最大的经济效益。

二、技术经济分析的主要内容

为了确定一个工程项目,技术经济分析的主要内容一般包括以下几个方面:
(1) 市场和用户的调查、预测工作。
(2) 工程项目布局和厂址选择工作。
(3) 工艺流程确定和设备选择工作。
(4) 各专业之间的协作落实工作。
(5) 工程项目的经济核算工作。

此外,还要对项目所需的总投资、逐年分期投资数、投产后的产品成本、利润率、投资回收年限、项目建设和生产过程中消耗的主要物质指标,进行精确的定量计算。

上述工作是一项工作量很大又很细致的工作。工程设计人员必须懂得一定的技术经济知识,须知他们笔下的一条线、一个符号、一个数据,既意味着效用,也意味着消耗。为此,工程设计人员必须密切配合经济工作人员,通力合作,共同把这项工作搞好。

第二节 技术经济分析的主要指标

在技术经济设计工作中,常常要收集和计算两类指标。一类是进行具体计算用的造价指标,如建筑物造价、设备造价等。另一类是进行评价用的经济指标,如投资指标、年经营费用(生产成本)指标、实物指标(原辅材料、主要燃料和动力消耗指标)、劳动生产率指标及反映投资经营效果和生产经济效果的指标等。没有前一类指标,或者指标不明确,就不能进行方案的经济评价,但如只有这些供具体计算用的指标,也还不能进行方案评价，这是因为技术经济分析的目的就在于比较不同方案所得到的有用效果与劳动耗费间的关系，而后者就要用到后一类指标。下面，着重介绍和分析后一类指标。

一、投资指标

在工程项目中，为使每个设计方案的各项投资和总投资降到最低，就要进行投资指标的比较。因此，投资指标是技术经济分析中的主要指标之一。

一个方案的总投资可以用式表示，若以 K 表示投资指标，则有

$$K_{总}=K_{生产}+K_{运输}+K_{相邻}$$

式中　　$K_{生产}$——生产方面的投资

$K_{运输}$——运输方面的投资

$K_{相邻}$——相邻部门需要分摊的用于生产上的投资（由技术方案本身的特点和组成所决定）。

其中，$K_{生产}$还包含以下几项：

$$K_{生产}=K_1+K_2+K_3+K_4$$

式中　　K_1——用于建筑工程的各项投资

K_2——用于安装工程的各项投资

K_3——用于购置各种设备、工具及器具等的投资

K_4——其他建设投资（如土地征购费、人员培训费、勘察设计费等）。

二、年经营费用（生产成本）指标

在技术经济分析中，生产成本的高低也是影响方案经济效果的主要指标之一。

若以 C 表示成本指标，则和投资计算一样，有：

$$C_{总}=C_{生产}+C_{运输}+C_{相邻}$$

其中　$C_{生产}$还包含以下几项：

$$C_{生产}=C_1+C_2+C_3+C_4$$

式中　　C_1——折旧费和大修费

C_2——原辅材料、燃料动力消耗费

C_3——职工工资及福利费（包括奖金等）

C_4——管理费和其他费（包括车间经费、企业管理费、废品损失费等）

三、实物指标

实物指标一般仅计算"三材"（钢材、木材、水泥）等几种主要物质的消耗指标。若以 M 表示物资消耗指标，则有

$$M_{总}=M_{生产}+M_{运输}+M_{相邻}$$

其中 $M_{生产}$还包含：

$$M_{生产}=M_1+M_2+M_3$$

式中　　M_1——建筑部分消耗的实物指标

M_2——设备部分消耗的实物指标

M_3——其他方面消耗的实物指标

四、劳动生产率指标

1. 全员劳动生产率

$$全员劳动生产率 = \frac{年工业总产值(现行价)}{全厂设计定员}$$

2. 生产工人劳动生产率

$$生产工人劳动生产率 = \frac{年工业总产值(现行价)}{设计生产工人人数}$$

3. 生产工人实物劳动生产率

$$生产工人实物劳动生产率 = \frac{生产实物品}{生产该产品的设计工人人数}$$

设计人数按下式计算：
设计人数＝固定职工人数＋合同职工人数＋季节工人数×年雇用月数÷12

五、单位生产能力投资指标

该指标主要反映生产中获得的一年产品量需要国家提供多少投资。

1. 单一产品时

$$单位产品投资 = \frac{总投资}{年新增生产能力}$$

2. 多种不同类型产品时

$$单位产品投资 = \frac{某产品直接投资额 + 其余投资分摊额}{该产品年产量}$$

式中　其余投资分摊额＝公用工程投资分摊额＋剩余投资额的分摊额
　　　剩余投资额＝总投资－各产品直接投资额之和－公用工程投资额之和

(1) 公用工程投资分摊

某产品公用工程投资分摊额＝某公用工程投资额

$$\times \frac{该产品年耗用公用工程产出物量}{各产品的总耗用量}$$

(2) 剩余投资额的分摊

$$某产品剩余投资额的分摊额 = 剩余投资额 \times \frac{该产品的直接投资}{各产品直接投资之和}$$

六、投资利润率

社会主义建设需要大量资金，而资金的积累主要来源于税金和利润。对一个企业来说，税金必须上缴国库，而获纯利润的多少则反映该企业的兴旺发达程度。因此，投资利润率就反映该企业投产后所获得纯利润高低的一个很重要指标。投资利润率（R_m）的计算式如下：

$$R_m = \frac{m}{K_\text{总}}$$

式中　m——纯利润额（纯利润额＝产品销售额－产品成本－税金）
　　　$K_\text{总}$——项目总投资

七、投资效果系数

投资效果系数表示工厂建成投产后每年可获得的利润额（即纯利润加税金）与投资总额的比值。投资效果系数越大，说明投资效果越好，或者说，工厂投产后每年获得的积累经多长时间能将投资总额全部回收。投资效果系数的计算式如下：

$$E = \frac{P}{K_\text{总}}$$

式中　E——投资效果系数，1/年
　　　P——年利润额（即纯利润加税金），元/年
　　　$K_\text{总}$——项目总投资，元

投资效果系数和投资利润率都是综合反映投资效果的重要指标，但投资效果系数比投资利润率要高得多。在基本建设项目的投资从无偿拨款改为贷款制度后，只有当投资效果系数和投资利润率大于贷款利率时，才是合算的。不然，工厂投产后所得利润还不够偿还投资应付的利息。

八、成本利润率

成本利润率是指项目投产后获得的纯利润额与生产成本间的比例关系。成本利润率（R_c）的计算式如下：

$$R_c = \frac{m}{C_\text{生产}}$$

式中　m——纯利润额，元
　　　$C_\text{生产}$——生产成本，元

由式可知，成本越低，利润越高，成本利润率就越高。因此，这个指标也从一个侧面反映了生产的经济效果。

九、资金利润率

资金利润率是指生产中获得的年纯利润与平均占用的生产总资金间的比例关系。生产资金包括固定资金和流动资金。资金利润率（R_K）的计算式如下：

$$R_K = \frac{m}{K_f + K_c}$$

式中　K_f——企业生产中的固定资金。$K_f = K_\text{总} \times K$（$K_\text{总}$为项目总投资；$K$为项

目建成后交给生产时形成的固定资产与总投资的比值百分率)

K_e——企业年平均占用的流动资金

资金利润率是评价企业生产经营效果的重要指标。它比之成本利润率能更全面地反映企业生产中的经济效果，因为任何企业进行生产时，没有固定资金和流动资金是不可能的。由公式可知，提高设备利用率，充分发挥固定资金的作用，加速流动资金的周转，都会提高企业的经济效益。

十、流动资金占用指标

流动资金占用指标是用来表明流动资金利用程度的高低。计算流动资金占用指标时，流动资金总额应包括从固定资产投资中转入的流动资金。

1．每百元产值占用定额流动资金

$$每百元产值占用定额流动资金=\frac{流动资金估计数}{工业总产值}$$

2．流动资金周转天数

$$流动资金周转天数=\frac{360天\times 流动资金估计数}{年销售收入}$$

第三节 总投资计算

总投资是考核基本建设项目投资效益的依据。基本建设项目总投资包括：固定资产投资（即基本建设投资）、建设期借款利息和流动资金三个方面。下面就国内工程项目和涉外工程项目分别进行介绍。

一、国内工程项目

1．固定资产投资(即基本建设投资)

建设项目的固定资产投资额以工程项目的设计总概算为准。

2．建设期借款利息

固定资产投资所需借款的利息按年复利计算。其计算式为：

$$建设期内某年借款利息=(年初累计借款额+\frac{本年借款金额}{2})\times 年利率$$

式中年初累计借款额为年初（上年末）借款的本、利之和；建设期借款利息为项目建设期各年借款利息之总和。

3．流动资金计算

企业进行生产和经营活动所需的资金称为流动资金。

（1）流动资金估算 轻化工业建设项目初步设计阶段仅计算定额流动资金。其计算式如下：

$$定额流动资金=储备资金+生产资金+成品资金$$

(2) 建设项目如需自行支付外汇进口原材料的，还要计算外汇流动资金需要额。

(3) 按工商银行要求，新建 扩建企业在建成投产时必须有30%的铺底流动资金，才能给予流动资金贷款（如不足30%，可申请特种贷款）。因此，建设项目分为自有流动资金（按流动资金总额的30%计）和流动资金借款（按流动资金总额的70%计）。

二、涉外工程项目

涉外工程项目就其引进方式而言有成套引进、单机引进、新技术引进、补偿贸易引进等。对于引进项目的投资计算，一般分为国外部分（进口费用）和国内部分。

1．国外部分
(1) 硬件费 指设备、备件备品、材料、化学药品、触媒、润滑油等费用。
(2) 软件费 指设计、技术资料、专利、商标、技术服务、技术秘密等费用。

2．国内部分
(1) 贸易从属费 一般包括国外运费、运输保险费、外贸手续费、银行手续费、关税、增值税等。
(2) 国内运杂费和国内保险费。
(3) 国内安装费。
(4) 其他费用 包括外国工程技术人员来华各项费用，出国人员各项费用，招待所家具及办公费等。

3．国内配套工程
与国内项目一样计算费用。

第四节 产品成本估算

一、成本估算对象

成本估算对象包括成品、中间产品、副产品、联产品、自制燃料动力（包括自制的新鲜水、循环水、软化水、去离子水、发电、供电、蒸汽、压缩空气、煤气、冷量等）和三废治理（包括回收产品和没有回收产品的废水、废气、废渣治理的成本）。

二、产品成本估算

1．原材料费
单位产品成本原料费＝投料价格×单位产品消耗定额
式中 投料价格＝采购价＋运费＋途耗＋装卸费＋管理费

2．燃料、动力等公用工程费
一般按燃料、动力等公用工程的车间单位成本进行计算。其计算式为：
某单位产品耗蒸汽（电、水、冷……）费＝供汽（电、水、冷……）车间单位成本×该产品蒸汽（电、水、冷……）消耗定额

3．生产工人工资及附加费

生产工人指直接从事生产产品的操作工人。工资附加费根据成本核算条例规定，**按工资总额的11%提取**，此部分费用不包括在工资总额内。

$$生产工人工资及附加工资 = \frac{(某产品生产工人平均工资＋附加费)}{某产品年产量} \times 某产品生产工人工资$$

4．车间经费

车间经费为管理和组织车间生产而发生的费用。车间经费包括以下几项：

车间经费 = 车间折旧费 + 大、中、小修理费 + 车间管理费

式中

$$车间折旧费 = \frac{车间固定资产}{产品年产量} \times 折旧率$$

$$折旧率 = \frac{1}{项目寿命期年} \times 100\%$$

$$大中小修理费 = \frac{车间固定资产}{产品年产量} \times 修理费百分率$$

$$车间管理费 = \frac{车间固定资产}{年产品产量} \times 车间管理费率$$

5．联产、副产品费

各种联产品应当视同同类产品，计算其分离时的实际成本。分离后继续加工的，其成本应包括分离时的实际成本和加工费用。

副产品费用通常可用副产品的固定价格乘以副产品的数量从主产品的成本中扣除。

6．企业管理费

企业管理费为企业管理和组织生产所发生的全厂性的各项费用。**其计算式如下：**

企业管理费 = 车间成本 × 企业管理费百分率

车间成本 = 原材料费 + 燃料动力等公用工程费 + 生产工人工资及附加费 + 车间经费 - 联产、副产品费

7．销售费用

销售费用是指企业在销售过程中为销售产品所发生的各种费用。

销售费可用销售额的一定百分比来提取，也常用工厂成本的一定百分比来考虑。百分比的大小根据产品种类、市场供求关系等具体情况来确定。

销售费用的计算如下：

销售费用 = 产品销售额 × 销售费用百分率 或 销售费用 = 工厂成本 × 销售费用百分率

工厂成本 = 车间成本 + 企业管理费

以上(1)～(7)项相加，构成了产品的生产成本，通常称之为**工厂完全成本或销售成本**。

第五节 技术经济分析及评价

投资效果是技术方案经济评价的核心，是技术经济分析的主体。技术经济效果的计算和评价方案，主要是指投资效果的计算和评价方法。

投资效果的计算和评价方法很多，归纳起来，可分为静态分析法和动态分析法。如反映资金与时间的动态关系，称为动态分析法；如不反映资金和时间的动态关系，称为静态分析法。

一、投资效果的静态分析法

1. 投资回收期法

投资回收期法也叫返本期法或偿还年限法。它是将工程项目的投资支出与项目投产后每年的收益进行比较，以求得投资回收期或投资回收率。这种方法是我国实际工作中应用最广泛的一种静态分析法。此法简便易行，但比较粗略；不反映时间因素，不如动态分析法精确。按计算对象和计算方法的不同，此法又可分为以下几种：

$$投资回收期法\begin{cases}总投资回收期\begin{cases}按达产年利润计算\\按累计利润计算\\按逐年利润贴现计算\end{cases}\\追加投资回收期\end{cases}$$

（1）**总投资回收期** 总投资回收期是一个绝对的投资经济效果指标，有下列几种算法：

按达产年利润计算：

它是指工程项目投产后，以达到设计产量后的第一个整年所获得的利润和税金，来计算收回该工程项目全部投资所需的年数。计算公式如下：

$$投资回收期(年) = \frac{总投资}{纯利润+税金} = \frac{总投资}{销售收入-生产成本}$$

表 12-1　　　　　　　　　某工程每年投资回收情况

年份		回收金额（万元）	年末未收回投资余额（万元）
建设期	第一年		515
	第二年		1030
生产期	第三年	87	943
	第四年	203	740
	第五年	233	507
	第六年	350	157
	第七年	350	—

按累计利润计算：

它是指工程项目正式投产之日起，累计提供的积累总额（利润＋税金）达到投资总额日止。举例如下（表12-1）。

从表12-1可知，从正式投产之日算起，原投资1030万元在不到5年内全部回收。而国外计算回收期，一般从进行最初投资的建设期开始，即不到7年内全部回收。

按逐年利润贴现计算：

这是考虑时间因素的一种投资回收期计算方法（但与动态法不完全相同）。由于利润是在投产后逐年获得的，应该折算为现值然后去补偿投资。计算公式如下：

$$投资回收期\ T = -\frac{\lg(1-\frac{K}{m})}{\lg(1+i)}$$

式中　K——总投资额

　　　m——年利润额与年折旧费之和

　　　i——年利率

(2) 追加投资回收期　这是一个相对的投资效果指标。它是指一个方案比另一个方案所追加（多化费）的投资。用两个方案年成本费用的节约额去补偿追加投资所需的年数。其计算公式如下：

$$追加投资回收期\ T_a = \frac{\Delta K(投资差额)}{\Delta C(年成本差额)} = \frac{K_1-K_2}{C_2-C_1}$$

式中　K_1、K_2——分别为甲、乙两方案的投资额

　　　C_1、C_2——分别为甲、乙两方案的年成本额

例如，甲方案投资3000万元，年成本1000万元；乙方案投资2200万元，年成本1200万元，则

$$追加投资回收期\ T_a = \frac{3000-2200}{1200-1000} = 4\ 年$$

所求得的追加投资回收期年数，还不能判断甲、乙两方案哪个好，必须与国家或部门所规定的标准投资回收期 T_n 作比较，才能得出结论。若 $T_a \leqslant T_n$，则投资大的方案是经济合理的，应选取投资大的方案；反之，若 $T_a > T_n$，则应选取投资小的方案。

追加投资回收期法适用于方案比较，尤其是局部方案比较。它的计算不涉及投资项目的生产成本、产品价格和利润、税金等因素，但是，其回收期的长短只能用来衡量方案的相对经济性，而不能反映该方案在经济上究竟好多少。

2．计算费用法

计算费用法也叫折算费用法，就是对参与比较的各个方案的投资和经营（或成本）这两项性质不同的费用，利用投资效果系数这一折算比率，将投资折算成和经营费类似的费用，然后与经营费相加，算出一个称为"计算费用"的权值，以数值小者为优，据此决定方案的取舍。

该法是把方案比较中的"二元值"（投资与经营费）变为"一元值"（计算费用），这样就简化了比较工作，避免了象追加投资回收期那样可能出现的甲、乙、丙、丁等各个方

案之间相互比较的"循环赛"现象。

计算费用法一般以年为计算周期。计算公式如下：

$$F=C+KE_n$$

式中　F——年计算费用

　　　C——年经营费用（或年总成本）

　　　K——投资费用

　　　E_n——标准投资效果系数

　　　KE_n——代表技术方案由于占用了国家资金未能相应的发挥生产效益所引起的每年损失费用。举例如下（假设标准投资效果系数为 0.2）(表 12-2)。

表 12-2　　　　　　　　　各方案投资比较

方　案	投资额(万元)	年经营额(万元)	年计算费用(万元)
第一方案	$K_1=2000$	$C_1=500$	$F_1=500+2000\times 0.2=900$
第二方案	$K_2=2300$	$C_2=430$	$F_2=430+2300\times 0.2=890$
第三方案	$K_3=2500$	$C_3=420$	$F_3=420+2500\times 0.2=920$
第四方案	$K_4=2700$	$C_4=400$	$F_4=400+2700\times 0.2=940$
第五方案	$K_5=3000$	$C_5=360$	$F_5=360+3000\times 0.2=960$

从表 12-2 可知，第二方案的年计算费用最小，投资效果最好，故为最佳方案。此外，还可以看出，当投资额适当增加而能获得年经营相对多的节约时，则方案的投资效果是好的，如第二方案那样。但是随着投资的进一步增加，年经营费用虽然继续降低，可是降低的幅度小于投资增加的幅度，那么，方案的经济性就随着投资的增加而变差，如第三、四、五方案。

二、投资效果的动态分析法

静态分析法没有考虑资金收支的时间因素，而不同时间的资金价值是不同的。支出同样的资金，早支出比晚支出所负担的占用资金产生效益的损失费用大；通过生产收益，收入同样的资金，早收入要比晚收入所发生的作用大，这是一。

其次，静态分析法只考虑了投资回收，而没有考虑投资回收后的情况，也就是没有考虑整个项目存在期间的投资经济效果。

动态分析法兼顾了项目的经济使用年限和资金的时间价值。

动态分析计算方法很多，目前国内外最广泛使用的有两种，**财务净现值法**(即 FNPV 法；也称净现值法，即 NPV 法)和**财务内部收益率法**（即 FIRR 法；也称内部收益率法，即 IRR 法或现金流量贴现法，即 DCF 法）。下面分别择要予以介绍。

1. 财务净现值法

财务净现值（FNPV）是按行业基准收益率（或叫标准收益率，目标收益率），将各年的净现金流量（现金流入量－现金流出量）折现到基准年（一般指建设前一年建设初期）的现值之和，视其合计数（现值之和）的正负和大小，决定方案的优劣。计算结果，可能出现三种情况：

FNPV>0（即为正值）表示投资不仅能得到符合预定的行业基准收益率的利益，而且还能得到正值差额的现值利益，则该项目为可取。

FNPV<0 表示投资达不到行业基准收益率的利益，则该项目不可取。

FNPV=0 表示投资正好能得到预定的行业基准收益率的利益，则该项目也是可行的。

财务净现值的计算公式如下：

$$FNPV = \sum_{t=1}^{n}(CI-CO)_t(1+I_c)^{-t}$$

式中 CI——现金流入量
CO——现金流出量
t——年数（$t=1, 2, \cdots n$）
I_c——行业基准收益率

计算轻工业建设项目财务净现值的贴现率，目前暂时按20%考虑。

财务净现值法对两个以上方案进行比较时，仅计算所得财务净现值的大小，还不能判断哪一个方案好，因为各个方案的投资额可能不同，所以还要通过财务净现值率(FNPVR)的大小来比较各个方案的投资经济效果。

财务净现值率是项目净现值与全部投资值之比，亦即单位投资现值的净现值。财务净现值率越高，说明方案的投资效果越好。计算公式如下：

$$FNPVR = \frac{FNPV}{I_p} \times 100\%$$

式中 I_p——投资（包括固定资产投资和流动资金）的现值

2. 财务内部收益率法

财务内部收益率（FIRR）是指项目在计算期内各年净现金流量现值累计等于零时的贴现率。这个财务内部收益率反映了项目总投资支出的实际盈利率。再将此财务内部收益率与预定的行业基准收益率进行比较，视其差额大小，作出对项目投资效果优劣的判断。当 $FIRR > I_c$ 时，应认为项目在财务上是可以考虑接受的。

财务内部收益率的计算方法如下：

① 先求出第一个试算贴现率

$$第一个试算贴现率 = \frac{项目投产后正常年份的年净现金流量}{总投资额（包括流动资金）}$$

② 求得的第一个试算贴现率为静态投资收益率，必须大于待求的财务内部收益率（即动态投资收益率），因此需找一个比第一个试算贴现率小的贴现率，以此贴现率计算项目的累计净现值。如果累计净现值是负值，说明该贴现率偏大，需要降低；如果累计净现值是正值，说明该贴现率偏小，需要提高。

当找到按某一个贴现率所求得的累计净现值为正值，而按相邻的一个贴现率所求得的累计净现值为负值时，则表明财务内部收益率就在这两个贴现率之间。为避免误差过大，试算用的两个相邻的高低贴现率一般在1%～2%之内，相差越小越好。

③ 再用线性插值法求得精确的财务内部收益率。其线性插值公式为：

$$FIRR = i_1 + (i_2 + i_1) \times \frac{|NPV_1|}{|NPV_1| + |NPV_2|}$$

式中　i_1——试算的低位贴现率

　　　i_2——试算的高位贴现率

$|NPV_1|$——低贴现率的累计净现值（正值）的绝对值

$|NPV_2|$——高贴现率的累计净现值（负值）的绝对值

第十三章 安全防火与环境保护

第一节 防火与防爆

众所周知，在轻化工工厂，从原料、辅助原料、中间产品到最终产品，大都具有易燃、易爆、有毒、有腐蚀等化学危险性；工艺生产过程繁复多变，高压、高温、高速、深冷等不安全因素很多。为保证生产的顺利进行，不断提高工厂的经济效益，搞好安全防火，减少火灾爆炸损失，就成为工厂设计中一项十分重要的内容。

一、燃烧与爆炸

1. 自燃点

自燃点也叫燃点、火焰点或着火点，指物质（不论是固态、液态或气态）在没有外界火花或火焰的条件下，能自动引燃和继续燃烧的最低温度。一些物质的自燃点见表13-1。

物质的自燃点随测定条件不同而有变化。因此，当利用文献中有关数据时，必须注意其测定条件。

表 13-1　　某些物质的自燃点，℃

物质名称	自燃点	物质名称	自燃点	物质名称	自燃点
汽油	415～530	苯	625	乙醇（96%）	421
煤油	210	甲苯	600	丙醇	377
环己烷	245	乙苯	553	丁醇	337
异己烷	306	二甲苯	590	乙二醇	378
乙烯亚胺	320	苯胺	620	1,2-丙二醇	371
1,2-二氯丙烷	557	乙醚	180	叔丁醇	480
丙烯腈	481	石油醚	287	正戊醇	300
丙烯醇	378	乙二醇二甲醚	745	异戊醇	350
溴乙烷	511	丙酮	612	叔戊醇	437
乙硫醇	299	甘油	343	氯乙醇	425
三聚乙醛	237	松节油	253	氨	651
三氯乙烯	420	四氢糠醇	282	氢	400
苄氯	585	甲醇	430	三乙烯	490

影响物质自燃点的因素很多。例如，压力对自燃点就有很大的影响，压力愈高，则自燃点愈低。苯在0.098MPa下，自燃点为680℃，在0.98MPa下为590℃，在2.45MPa下为490℃。这是因为系统压力是影响氧化反应速度的重要因素之一。所以，在压缩可燃气体时要注意由于自燃点的降低，而引起爆炸的可能性。

可燃气体与空气混合时，其自燃点随组成而变化。当混合物的组成符合于化学计算量时自燃点最低；混合气体中氧浓度增高，自燃点也将降低。

催化剂对液体及气体的自燃点也有很大影响。活性催化剂能降低物质的自燃点，钝性催化剂能提高物质的自燃点。前者如钴、镍、钒、铈等的氧化物；后者如汽油中加入四乙基铅作为防爆剂，就是一种钝性催化剂。此外，容器壁与加热面也有催化性能。因而不同材质的仪器所测得的自燃点数值也不一样。

2. 闪点

可燃液体挥发出的蒸汽与空气形成气体混合物时，若有明火与该液体表面接触，液体表面的可燃性气体混合物即行着火，产生瞬时燃烧，这种现象叫做闪燃（或闪火）。引起闪燃时的温度叫做闪点。当可燃液体温度高于闪点时，则随时都有被火点燃的危险。表 13-2 列出了部分液体的闪点。

表 13-2　　　　　　　　某些液体的闪点，℃

物质名称	闪点	物质名称	闪点	物质名称	闪点
乙醚	-45	丙烯醛	-17.8	松节油	32
乙胺	-18	丙酮	-10	苯	-14
乙醛	-17	丙烯腈	-5	苯乙烯	38
乙硫醇	<0	丙烯酸甲酯	-2.7	苯甲醛	62
乙醇	14	丙烯酸乙酯	16	苯胺	71
乙二胺	33.9	丙烯醇	21	苯甲醇	96
乙醇胺	85	丙醇	23	酚	79
乙二醇	100	丙烯酸丁酯	48.5	氯苯	27
二氯甲烷	-14	丙烯氯乙醇	52	氯乙醇	55
二甲胺	-6.2	丙二醇	98.9	硫酸二甲酯	83
二氯乙烯	14	石油醚	-50	糠醛	66
二氯乙烷	21	甲硫醇	-17.7	缩醛	-2.8
二甲苯	25	甲基丙烯醛	-15	二乙胺	-26
二乙基乙烯二胺	46	甲苯	4	天然汽油	-50
二甲基苯胺	62.8	甲醇	7	煤油	18
二氯乙醚	55	甲基丙烯酸	76.7	三缩乙醛	35.6
二氯异丙醚	85	正戊醇	32.8	苄氯	67.2
丁醇	35	对二甲苯	25	导生	115
丁酸	77	丙醚	-26	四氢糠醇	75
三乙胺	4	甘油	160	1,2-丙二醇	98.9
三聚乙醛	26	吡啶	20	异戊醇	42.8
三甘醇	166	间二甲苯	25	叔戊醇	40.6
三乙醇胺	179.4	间甲酚	36	叔丁醇	11.1
己酸	102	环氧丙烷	-37	糠醇	76
壬酸	83.5	环氧氯丙烷	32	石脑油	25.6
双甘醇	124	丁二酸酐	88	飞机汽油	-44

燃点与闪点的关系是：燃点比闪点通常高 5～20℃，但闪点在 100℃ 以下时，二者往往相同。在缺少闪点的情况下，也可用燃点表示物质火灾危险程度。

可燃液体的闪点随浓度而变化。例如，乙醇浓度为 100% 时，闪点只有 9℃，当含量为 80% 时，闪点增至 19℃，当含量为 5% 时，闪点为 60℃，含量为 3% 时，没有闪点现象。

3. 爆炸与爆炸极限

(1) 爆炸 物系由一种状态迅速地转变成另一种状态，并在瞬间以机械功的形式放出大量能量同时产生巨大声响的现象，称为爆炸。爆炸也可视为气体或蒸气在瞬间剧烈膨胀的现象。

爆炸可分为物理性爆炸和化学性爆炸两大类。物理性爆炸前后物质的性质及化学成分不改变，如锅炉压力容器等因内压超过了设备所能承受的强度而引起的爆炸，即属于此类。化学性爆炸是由于物质发生极迅速的化学反应，产生高温、高压而引起的爆炸。化学性爆炸前后物质的性质及化学成分均发生了根本性的变化。化学性爆炸由于化学变化的不同又可分为简单分解爆炸、复杂分解爆炸和爆炸性混合物爆炸三种。

在轻化工生产中所遇到的爆炸事故，主要是爆炸性混合物的爆炸，或由于化学变化引起的物理爆炸和化学爆炸的连锁进行。如某些有机物在合成过程，由于外界原因（如停电使搅拌和冷却停止等），使反应热不能及时移去造成反应无法控制，反应器内温度、压力迅速升高，超过了设备所能承受的压强，产生物理爆炸，可燃物质喷出与空气混合，如遇火源，则又可以引起燃烧或引起爆炸性混合物的爆炸。

(2) 爆炸极限 可燃性气体或蒸气与空气组成的混合物，并不是在任何比例下都可以燃烧或爆炸的，而且混合的比例不同，燃烧的速度即火焰蔓延的速度也不同。由实验得知，当混合物中可燃气体含量接近于化学计量（即理论上完全燃烧时该物质在空气中的含量）时，燃烧最快或最剧烈。若含量增加或减少，火焰蔓延速度则降低。浓度低于或高于某一极限值，火焰便不再蔓延。因为混合物浓度在低于某一极限值时，含有过量空气，大量空气起了冷却作用，阻止了火焰的蔓延；浓度高于某一极限值时，可燃物质量过多，但空气量不足，火焰也不能蔓延。

可燃性气体或蒸汽与空气组成的混合物刚足以使火焰蔓延的最低浓度，称为该气体或蒸气的爆炸下限；同样刚足以使火焰蔓延的最高浓度，称为爆炸上限。浓度在上限以上及下限以下的混合物则不会着火或爆炸。但上限以上的混合物在空气中是能燃烧的。

爆炸极限在防火防爆上有重大的意义。为保证生产安全，必须避免所处理的可燃性气体或蒸汽与空气组成的混合物在爆炸极限的范围之内。

可燃性气体或混合气体的爆炸极限，一般是通过实验方法测定的，可查阅有关图表或用经验公式计算。表 13-3 列出了一些液体和气体的爆炸极限。

同一种物质在不同资料中的爆炸极限有所不同，主要是由于测定条件或测定方法不同的结果。

物质的爆炸极限随条件变化而异。混合物的起始温度愈高，则爆炸极限的范围愈大，即下限愈低，而上限愈高。当混合物压力在一个大气压以上时，爆炸极限范围随压力增加而扩大（一氧化碳除外）。当压力在一个大气压以下时，随着起始压力的减小，爆炸极限的范围也缩小，到压力降到某一数值时，下限与上限结成一点，压力再降低，混合物即变成不可爆炸。这一最低压力，称为爆炸的临界压力。临界压力值有重大的实用价值。例如在密闭的设备中进行减压操作，可以达到避免产生爆炸的危险。在可燃性气体中若加入惰性气体，如氮或二氧化碳等，则爆炸极限范围也可以缩小。

爆炸极限一般是通过实验的方法来测定的，但也有采用计算公式来计算的。下面介绍一种以经验公式来计算爆炸极限的方法。此法只考虑极限中混合物的组成，而没有考

表 13-3　　　　　　　一些液体与气体的爆炸极限

物质名称	爆炸极限%（体积）		物质名称	爆炸极限%（体积）	
	下限	上限		下限	上限
甲烷	5.00	15.00	一氧化碳	12.50	74.20
乙烷	3.22	12.45	硫化氢	4.30	45.50
丙烷	3.37	9.50	二氯乙烯	9.70	12.80
乙烯	2.75	28.60	乙醚	1.85	36.50
丙烯	2.00	11.10	一氯甲烷	8.25	18.70
乙炔	2.50	80.00	溴甲烷	13.50	14.50
苯	1.41	6.75	苯胺	1.58	
甲苯	1.27	7.75	含萘溶剂油	1.30	8.00
二甲苯	1.00	6.00	乙酸甲酯	3.15	15.60
甲醇	6.72	36.50	乙酸乙酯	2.18	11.40
乙醇	3.28	18.95	乙酸戊酯	1.10	
丙醇	2.55	13.50	环氧乙烷	3.00	80.00
丁醇	3.10	10.20	环氧丙烷	2.00	22.00
异丙醇	2.65	11.80	汽油	1.30	6.00
戊醇	1.19		环氧氯丙烷	5.23	17.86
乙醛	3.97	57.00	三氯乙烯	12.50	90.00
乙二醇	3.20		导生	0.99	3.36
糠醛	2.10		氯乙醇	4.90	15.90
三聚乙醛	1.80		1,1-二氯乙烯	7.30	16.00
丙酮	2.65	12.80	1,2-丙二醇	2.60	12.60
醋酸	4.05		N,N-二甲基		11.50
氢	4.00	74.20	乙酰胺	2.00	(95.42kPa)
氨	15.50	27.00			

虑其他因素。因此，计算数据与实验值可能有出入，但仍有其参考价值。

计算爆炸下限的公式：

$$L_下 = \frac{100}{4.76(n_0-1)+1}, \%（体积）$$

$$L_下 = \frac{M}{[4.76(n_0-1)+1]V_s}, g/L$$

计算爆炸上限的公式：

$$L_上 = \frac{4 \times 100}{4.76n_0+4}, \%（体积）$$

$$L_上 = \frac{4M}{(4.76n_0+4)V_s}, g/L$$

式中　n_0——每 1mol 可燃性气体完全燃烧时所需的氧原子数

　　　M——可燃性气体的分子量

　　　V_s——可燃性气体的摩尔体积，L/mol

混合气体的爆炸极限：

由许多可燃性气体组成的混合气体的爆炸极限，可根据各组分已知的爆炸极限求之。该计算公式适用于各组分间不反应、且燃烧时无催化作用的可燃性气体混合物。计算公式为：

$$L_m = \frac{100}{\frac{V_1}{L_1}+\frac{V_2}{L_2}+\frac{V_3}{L_3}+\cdots\cdots}, \%（体积）$$

式中 L_1、L_2、L_3——形成混合气体的各单独组分的爆炸极限，%（体积）

V_1、V_2、V_3——各单独组分在混合气体中的浓度，%（体积）；$V_1+V_2+V_3+\cdots\cdots=100$

(3) 爆炸温度与压力、爆炸力的计算 爆炸性气体混合物的爆炸温度与压力可以根据燃烧反应方程式与气体的内能进行计算，也可以根据反应热计算。下面以乙醚为例根据反应热进行计算。

乙醚的燃烧反应式为：

$$C_4H_{10}O + 6O_2 + 22.6N_2 \longrightarrow 4CO_2 + 5H_2O + 22.6N_2$$

式中将空气中的氮量也加入（空气中 $N_2:O_2=79:21$）。由方程式可知，乙醚爆炸前的分子数为 29.6，爆炸后为 31.6。查表 13-4 并计算得产物的热容为 $688.678+0.09731t$。

这里的热容是恒容热容，符合密闭容器中爆炸情况。

表 13-4　　气体平均定容分子热容计算式

气体	$\bar{C}_v$ kJ/(kmol·℃)	气体	$\bar{C}_v$ kJ/(kmol·℃)
单原子气体（Ar、He、金属蒸气）	20.851	$H_2S \cdot H_2O$	$16.748+0.009t$
双原子气体（N_2、O_2、CO、NO）	$20.098+0.00188t$	所有四原子气体（NH_3 及其他）	$41.87+0.00188t$
CO_2、SO_2	$37.683+0.00243t$	所有五原子气体	$50.244+0.00188t$

已知乙醚的燃烧热为 2722806kJ/kmol。因爆炸速度很快，基本是在绝热情况下进行的，故燃烧热全部用于提高燃烧产物的温度，也就等于燃烧产物热容与温度的乘积。

$$2722800-(688.678+0.09731t)t$$

解上式得爆炸最高温度为

$$t=3099K$$

上面的计算是将起始温度视为 0℃，因为最高温度非常高，故正常温度虽与 0℃ 有若干度的差数，对计算结果的正确性无显著影响。

爆炸的最大压力，可根据最高温度用下式求得：

$$P_{最大}=\frac{T_{最高}}{T_0}P_0\cdot\frac{n}{m} \text{ 或 } T_{最高}=\frac{P_{最大}}{P_0}T_0\cdot\frac{m}{n}$$

式中 P_0、$P_{最大}$——起始压力与爆炸最大压力，atm

T_0、$T_{最高}$——起始温度与爆炸最高温度，K

m、n——爆炸前与爆炸后的气体分子数

代入后求得最大压力如下：

$$P_{最大}=\frac{3099}{273}\times 1\times \frac{31.6}{29.6}=12.1\text{atm}=1.19\text{MPa}$$

上式计算中没有考虑热损失,是按理论的空气量计算的,所以得到的是最大压力。

发生化学爆炸常常是在容器内部或在某局部的空间。这种化学反应所放出的能量可根据参与反应的可燃气体量和这种气体的燃烧热(高热值)直接计算而得。计算式为

$$L=427VH$$

式中　　L——化学爆炸时的爆炸能,kgf·m

　　　　V——参与反应的高热气体体积(标准状况下),m^3

　　　　H——可燃气体的高燃烧热,$kcal/m^3$

　　　　427——热功当量,1kcal(等于4.187kJ)相当于427kgf·m

当1kg汽油蒸汽与空气混合并达到爆炸极限,遇火花在1s内发生爆炸,其爆炸所作功为:

1kg汽油蒸气的燃烧热为46057kJ

1kW=102kgf·m/s

因此,427×46057/1×102×4.187

　　　$=4.6\times 10^4$kW

由此可见,在1s内产生如此大的功率,完全足以破坏容器。若在0.1s内发生爆炸,则功率还要增大10倍。若爆炸在1/50、1/100s……内进行,其摧毁力之大是足够惊人的,其主要原因在于瞬间爆炸。

二、火灾爆炸危险性分析

分析火灾爆炸的危险性,目的在于了解和掌握生产过程中的各种危险因素,弄清各种危险因素之间的关系及其变化规律,从而采取相应的措施以防止事故的发生。

影响火灾爆炸危险性的因素很多,如物质的种类、性质和用量,工艺过程的操作参数,生产装置的技术状态和先进程度,生产厂房空间的大小及其通风设备和条件,操作管理人员的素质以及管道、设备等的泄漏和误操作的可能性等等。下面着重对生产过程所使用物料的危险性作一扼要分析。

1. 气体

评定气体火灾爆炸危险性的主要指标是爆炸极限和自燃点。气体的爆炸极限越宽,爆炸下限越低,其火灾爆炸危险性越大;气体的自燃点越高,其火灾爆炸危险性越小。其他,如气体的扩散性、压缩和膨胀等特性以及临界状态参数等也都影响其危险性。例如,可燃气体或蒸气在空气中的扩散速度越快,火灾蔓延扩散的危险性就越大。气体的扩散速度取决于扩散系数的大小,其值可按"化工原理"中的有关扩散系数计算公式求得。气体的压缩性和膨胀性与压力、温度的变化有密切关系。气体经加压和降温后成为压缩气体,若继续加压降温,则气体就会变成液态。气体性质各异,受压力和温度影响也不同。气体受热膨胀,在容积不变时,温度与压力成正比。气体的可压缩性和膨胀性是随温度压力而变化,它们之间的关系可用理想气体状态方程式即

$$PV=nRT$$

表示。

2．液体

评定液体火灾爆炸危险性的主要指标是闪点和爆炸极限。闪点越低越易起燃。**爆炸极限越宽，危险性也越大**。爆炸范围可用浓度表示，也可用温度极限表示，而温度是可以随时测定的，故有实际应用意义。例如，酒精的爆炸浓度范围为3.3～18%，这个爆炸范围是在11～40℃形成的，所以11～40℃就是酒精的爆炸温度极限。**爆炸温度下限即是液体的闪点**，因此测定易燃、可燃液体在容器的温度即可得知蒸气浓度是否达到爆炸危险。此外，液体的饱和蒸气压、受热膨胀性、分子量、化学结构等也影响液体的火灾爆炸危险性。例如，利用饱和蒸气压可求易燃、可燃液体的蒸气在空气中的浓度、闪点和爆炸温度极限以及确定贮存和使用易燃、可燃液体的安全温度和压力等。

3．固体

固体物质的火灾危险性主要决定于固体的熔点、燃点、自燃点、比表面积及**热分解性**等。例如，熔点或自燃点低的固体物质比之熔点或自燃点高的固体物质容易燃烧，燃烧速度较快；同样的固体物质，单位体积的表面积越大，其**燃爆性就越大**；固体物质的受热分解温度越低，其火灾危险性就越大。

三、发生火灾与爆炸的主要原因及其预防原则

1．发生火灾与爆炸的主要原因

在轻化工生产中，发生火灾与爆炸的原因很复杂，不同情况原因也不同，但主要原因可归纳为以下几个方面。

（1）物质的物理化学性质　如自燃点低的越容易自燃，燃烧热越大的越易引起爆炸，氧化速度快的越易引起燃烧等。

（2）外界条件和原因　如明火、高热物及高温表面、电气火花、静电火花、冲击与摩擦、雷击等。

（3）生产操作违反安全技术操作规程。

（4）设备设计错误，不符合防火或防爆要求；设备缺少适当的安全防护装置，密闭不良；生产用设备以及通风、采暖、照明设备等失修与使用不当等等。

2．火灾与爆炸的预防原则

首要的是思想上重视，要认真贯彻执行"安全生产，重在预防"的正确方针。贯彻执行这一方针，不仅是为了防止火灾的发生，并且一旦发生火灾，也能顺利地扑灭，使损失降低到最小程度。防止火灾与爆炸发生的措施有以下几个方面：

① 严格遵守国家制订的有关防火防爆的法令、规定、规范、规程、条例、标准和命令，制订和完善工厂安全管理制度，编制和实施安全技术施措计划，进行安全教育，组织安全检查，开展安全竞赛以及评比总结，奖励处分等。

② 切实执行工厂、车间或各工种岗位的安全防火规程；不断完善工艺过程；严格采取行政和技术措施，保证使用明火及进行其他有火灾及爆炸危险性工作的安全。

③ 正确设计一切通道（特别是消防通道）、厂房结构、防火间距、消防墙、防火带、消防梯、安全门等，制订发生火灾爆炸时如何紧急疏散的办法。

④ 采取严格措施，正确管理建筑物；正确安装、使用和管理各种工艺设备及机电设备。

⑤ 贯彻执行"以防为主，以消为辅"的消防工作方针。安装适用的消防通讯工具；保证有充足的消防用水和适当的消防器材；设置防雷、抗静电等保护装置；配备足够的专职消防人员和有计划地训练企业内的义务消防人员。

第二节 防雷与防静电

一、防 雷

1. 防雷分类

为防止雷电而引起火灾与爆炸，工业建（构）筑物根据其生产性质、发生雷电可能性和后果，按防雷要求分为三类。

第一类 凡建（构）筑物中制造、使用或贮存大量的爆炸物质，如炸药、火药、起爆药、火工品等，因电火花引起爆炸，从而造成巨大破坏和人身伤亡者。Q-1 级或 G-1 级爆炸危险场所亦属于此类。

第二类 凡建（构）筑物中制造、使用或贮存爆炸物品，但电火花不易引起爆炸或不致造成巨大破坏和人身伤亡者。Q-2 级或 G-2 级爆炸危险场所亦属于此类。

第三类 根据雷击后对工业生产的影响，并结合当地气象、地形、地质及周围环境等因素，确定需要防雷的 Q-3 级爆炸危险场所或 H-1、H-2、H-3 级火灾危险场所。

建筑物计算雷击次数 N 按下式确定：

$$N = 0.015 nK(L+5h)(b+5h) \times 10^{-6}$$

式中 n ——平均雷暴日，根据当地气象资料确定

L、b、h ——建筑物长、宽、高，m

K ——校正系数，一般情况下，取 $K=1$；对易雷击的建筑物，$K=1.5 \sim 2.0$

2. 雷电的火灾危险性

雷电的火灾危险性主要表现在雷电放电时所出现的各种物理效应和作用。

(1) 电效应 它是在雷电放电时产生的冲击电压，可高达数万到数十万伏，足以烧毁发电机、变压器、断路器等电气线路和设备，击穿绝缘而发生短路，导致燃爆物质的着火和爆炸。

(2) 热效应 它是由强大雷电电流（几十至几千安）通过导体时瞬间转换而来的大量热能（雷击点高达 $50 \sim 2000 J$），这一能量足以熔化 $50 \sim 200 (mm^3)$ 的钢。这也是雷击时往往会发生火灾的原因。

(3) 机械效应 由于雷电的热效应，使被击物体（如木材）受热膨胀，水分蒸发及其他物质分解为气体，产生强大的机械内压力，从而造成被击物体严重破坏或爆炸。

以上三种效应是由直接雷击所造成的，它们的破坏力是很大的。

(4) 静电感应 金属物处于雷云和大地电场中，所感生出的大量电荷来不及立即散逸时，会产生很高的对地电压，即静电感应电压。这种电压往往高达几万伏，可以击穿

数十厘米的空气间隙,发生火花放电,从而对贮存燃爆物品的仓库造成危险。

(5) 电磁感应 雷电时,在其周围的空间里将产生强大的交变电磁场。处于这一电磁场中的导体受感应会产生较大的电动势,并在构成闭合回路的金属物上产生感应电流。此时若回路上有的地方接触电阻较大,就会局部发热或发生火花放电,从而造成对贮存燃爆物品的危险。

(6) 雷电波侵入 雷电波侵入建筑物内,可造成配电装置和电气线路绝缘击穿发生短路,或使燃爆物品燃烧或爆炸。

(7) 防雷装置上的高电压对建筑物的反击作用 防雷装置受雷击时具有很高的电压。若防雷装置与建筑物内、外的电气设备、电气线路或金属管道相距很近,它们之间会产生放电,这种现象称之为反击。反击可能引起电气设备绝缘破坏,金属管道烧穿,造成燃爆物品着火和爆炸。

3. 防雷措施

在防雷措施上,对第一、第二类工业建(构)筑物应有防直击雷、防雷电感应和防雷电波侵入的措施;对第三类工业建(构)筑物应有防直击雷和防雷电波侵入的措施。

上述有关防直击雷、防雷电感应及防雷电波侵入的具体措施可参考《防火检查手册》(上海科学技术出版社)。

二、防静电

1. 静电的产生

产生静电的原因很多,但主要可从物质的结构和外界的条件两个方面来解释。

从物质结构方面,主要由物质的逸出功、电阻率、电容率所决定。逸出功即脱出功或叫功函数(ϕ_m)。使一个自由电子由金属内脱离金属表面所做的功,叫做该金属的逸出功。ϕ_m 的单位通常取电子伏(特)eV。$1eV=1.6\times10^{-19}C\cdot V=1.6\times10^{-9}J$。一般金属的 ϕ_m 多在 $3\sim 5eV$ 之间。逸出功小的物质易失去电子而带正电荷,逸出功大的物质增加电子则带负电荷。亦即功函数高者,在两物体接触过程中将带负电,低者将带正电。因此,各种物质逸出功的不同乃是产生静电的基础。

电阻率大小表征物质的导电性能。电阻率越小,导电性能越好。实验证明,电阻率为 $10^{11}\sim 10^{15}\Omega\cdot cm$ 的物质最易产生静电,而大于 10^{16} 或小于 $10^{10}\Omega\cdot cm$ 的物质则不易产生静电。一般汽油、煤油、苯、乙醚等的电阻率在 $10^{11}\sim 10^{15}\Omega\cdot cm$ 之间,最易产生静电和积聚。因此,各种物质电阻率的大小乃是静电能否积聚的条件。

电容率亦称介电常数(通常采用相对介电常数表示)是决定物质静电的主要因素,它与电阻率一起密切影响着静电产生的状态和结果。介电常数大的物质,其电阻率均低。如果流体的相对介电常数超过 20,并以连续相存在,且有接地装置,一般说,不论是贮运或管道输送,都不可能产生静电。

从外界条件方面,主要包括摩擦起电、附着带电、感应起电和极化起电。摩擦起电是两种物体紧密接触,迅速分离而使电子从一物体转移到另一物体的现象。工业生产过程中,如输送、粉碎、筛选、滚压、搅拌、过滤、抛光等,都会发生类似摩擦起电的情况。附着带电是当某种极性离子或自由电子附着在与大地绝缘的物体上而使该物体呈带静电的现象。感应起电是带电物体使附近与它并不相连的另一导体表面的不同部位出现极性相反的电荷的现象。而极化起电乃是某些物质在静电场内其内部或表面的分子能产生极化而出现电荷的现象，例如在绝缘容器内盛装带有静电的物质时，容器的外壁也具有带电性，就是这个原因。

2．静电的危害

静电有其有利的一面，但也有其不利的一面。如应用较广泛的静电除尘、静电复印、静电筛选、静电喷漆、静电植绒、静电除虫、静电捕鱼等，都是利用静电有利的方面。而静电不利的一面，就在于它对物体（如物料、器材、设备、建筑物等）以及人体所产生的静电积累，这种静电积累会形成很高的电位，对安全构成严重的危害。

静电的危害表现在以下一些方面：

(1) 着火和爆炸　当静电的电位差达到300V以上，就会静电放电，产生火花。此种静电火花能量（即点燃能）可用下式计算：

$$E_j = 0.5CV^2$$

或

$$E_j = 0.5QV^2$$

式中　E_j——静电火花能量，J

　　　C——电容，F

　　　V——电压，V

　　　Q——电量，C

上述公式表明了静电火花能量与静电电压（即静电位）和物体本身的物理特性之间的比例关系。

当静电火花能量达到或高于周围可燃物的最小着火能量，而可燃物在空气中的浓度或含量已达到爆炸极限范围，就能引起燃烧或爆炸。一些可燃物质的最小着火能量和混合浓度以及爆炸极限见表13-5、13-6。

评价静电放电产生火花时的点燃能力还应考虑放电火花的电位差。对大部分粉尘，当电位差在5kV以上时，可以点燃，对可燃气体，在3kV时可以点燃。

(2) 伤害人体　对人体来说，在许多条件下可以带电，如穿尼龙纤维的衣服从毛衣外面脱下时，可带10kV以上的负电；穿塑鞋在绝缘地面（如橡胶板）上行走可带2～

表13-5　　　　　　　　　　可燃物质的着火能量和混合浓度

名称	最小着火能量，mJ	空气中的混合物浓度，%
丁酮	0.29	—
甲烷	0.28	8.5
丙烷	0.26	5～5.5
丁烷	0.25	4.7
苯	0.20	4.7
乙炔	0.019	—
氢	0.019	28～30
二硫化碳	0.009	28～30
乙烯	0.0096	—
二乙基醚	0.19	5.1

表 13-6　　　　　　　　　　可燃粉尘的最着火能量和爆炸极限

名　称	最小着火能量,mJ	最低爆炸极限,g/m³
铝	50	25
镁	80	20
煤	40	35
虫胶	10	15
棉绒	25	50
生硬橡胶	58	25
醋酸纤维素	15	25
木粉	20	40
酚醛树脂	10	25
聚乙烯	80	25
聚苯乙烯塑胶	40	15
硫粉	15	35
处理过的淀粉	40	45
合成橡胶	30	30
乙烯树脂	160	40

3kV 负电；穿尼龙羊毛混纺衣服从人造革面的沙发上坐着站起时，人体可达近万伏的电压。

人体这种带电现象可以引起火灾爆炸事故。因为，带电的人体一旦与接地的金属接触时，立即产生静电放电。人与金属之间的放电火花能量可达 2.7～7.5mJ，足够引爆一些可燃物质，而且给人的肉体带来痛苦的感觉。这种感觉可从表 13-7 对人体的试验中得到证实。此外，在轻化工生产中，输送、干燥、滚压、搅拌物料等操作中都能产生大量的静电荷，当人体接近这些带电体时，往往有可能造成电击伤害事故。

表 13-7　　　　　　　　　　静电放电能量与人体反应试验

电压,kV	能量,mJ	人体反应
1	0.37	没有感觉
2	1.48	稍有感觉
5	9.25	刺痛
10	37	剧烈刺痛
15	83.2	轻微痉挛
20	148	轻微痉挛
25	232	中度痉挛

注：试验条件为人对电容为 740pF（皮法）的带电体静电电击试验值。

那么人体带多大电位为安全呢？

人体安全电位取决于所处场所介质的最小着火能量与人体的电容。它可用下列关系式表示：

$$V=\sqrt{2W/C}$$

式中　V——安全电位，V

　　　W——介质的最小着火能量，J

C——人体电容，F

人体电容与所着鞋底厚度有关（表13-8）。

表13-8　　　　　　　　　　人体电容与所着鞋底关系

鞋底厚度，mm	0.25	0.5	1.1	12.8	46	89	155
人体电容，pF	6800	2300	850	190	130	100	75

此外，人体电容也同地面（表13-9）、人体姿势不同等等有关。如双脚站立时对地电容为170pF，单脚则为110pF。

表13-9　　　　　　　　　　人体电容与地面的关系

地面 \ 电容,pF \ 鞋类	解放鞋	棉胶鞋
水　泥	450	1100
红橡胶	200	220
木　板	60	53
铁　板	1000	3500

(3) 妨碍生产　由于静电力的存在，给生产往往带来很大的影响。例如，粉体物质易吸附着设备，影响过滤和输送；化纤丝因带电而相互排斥，致使经丝松散，产生乱丝，整理困难；纺织中会使纤维缠结，吸附尘土；印刷中会使纸张不易整齐，等等。

(4) 影响质量　静电会使梳理后的头发蓬松，且易吸附灰尘；使制塑模具吸尘，影响塑制品外观；引起电子元件误动作，影响生产操作。静电火花能使胶片感光，而造成许多斑痕，产生废品。

3. 防静电措施

为防止静电放电产生火花，引起火灾和爆炸，危害人体，首先必须了解在具备怎样的条件下方能酿成火灾爆炸的危害。从静电酿成燃烧爆炸危害的条件来看，它必须具备：

产生静电电荷的条件；

产生火花放电的电压；

火花放电的合适间隙；

火花有足够的能量；

火花周围有易燃易爆混合物。

在上述条件中，消除其中之一，就可达到防止静电引起燃爆的目的。我们防静电危害的基本措施就是基于这个道理。下面着重介绍在这方面的所采取的措施。

(1) 减少静电荷产生法　在生产过程中，应尽量从工艺、材质、设备结构和操作管理等方面采取措施，减少静电荷产生。现以轻化工生产中经常输送的易燃、可燃液体为例进行说明。当输送这些液体为平流时，其产生的静电量与流速成正比，而与管道内径无关；当液体紊流时，产生的静电量则与流速的 1.75 次方成正比，并与管道内径的 0.75 次方成正比。表 13-10 为前西德对液体管道输送防静电流速的限制值。

但易燃、可燃液体电阻率又各不相同，则限制流速也不同。前苏联则是根据输送介质的电阻率大小来控制流速的（表 13-11）。

表 13-10　　　　　　　　　　不同管径的限制流速

管径，cm	1	2.5	5	10	20	40	60
流速，m/s	8	4.9	3.5	2.5	1.8	1.3	1.0

表 13-11　　　　　　　　　　不同电阻率的限制流速

电阻率，$\Omega \cdot cm$	流速，m/s
$\leqslant 10^6$	$\geqslant 10$
$> 10^6$	$\leqslant 5$
$> 10^7$	控制流速 1
$> 10^{11}$	安全流速 1.5

总之，在选择易燃、可燃液体的流速时，首先必须从介质的性质和组成出发，然后再把管径、材质等因素一并考虑进去。

(2) 泄漏和导走静电荷法　此法的原理是将带电物体上的静电荷通过空气增湿、静电接地和规定静止时间等方法，向大地泄漏消失，从而达到导除静电电荷的大量积聚，保证生产安全。其中静电接地在工厂中应用最为广泛。

静电接地只能消除带电导体表面的自由电荷，而对非导体的静电荷是导不走的，因此采用此法时首先必须注意接地对象。接地对象包括：① 在易燃、易爆场所，凡能产生静电危害的物体；② 在非易燃、易爆场所，如因其静电会妨碍生产，影响质量或使人体受到静电电击；③ 在生产、贮运过程中的器件或物料，彼此紧密接触后又迅速分离，而其电阻率大于 $10^6 \Omega \cdot m$，表面电阻率大于 $10^7 \Omega \cdot m$ 或液体电导率小于 $10^{-8} S/m$。其次，应考虑接地连接系统的电阻值。如每组专设的静电接地体，其接地电阻值一般应小于 100Ω。在山区等土壤电阻率较高的场所，接地电阻值不应大于 1000Ω；搭接线或螺栓连接处，其接触电阻不应超过 0.03Ω。再次，应注意静电接地的一些具体要求。如室外贮罐，若无防雷接地，每个贮罐至少有 2 处以上的接地点，间隔不得大于 30m，接地点不应设在进液口附近；地上或地下敷设的可燃、易燃液体，可燃气体管道的始端、终端、分支处及直线段，每隔 200～300m 处均应设置接地点；车间内管道系统接地点不应少于 2 处；两平行管道间距小于 10cm、金属结构或设备与管道平行或相交间距小于 10cm 的，应每隔 20m 左右的距离用金属线跨接；静电接地体的用料及制作等应符合规定，等等。

(3) 降低电阻率法　当物质的电阻率小于 $10^6 \Omega \cdot cm$ 时，就能防止静电荷的积聚。此法有的采用添加导电填料的、也有的采用添加抗静电剂的。前者如在工业用油中加入少量的酒精或微量的醋酸；在苯中添加少量的油酸镁皂；塑料生产中掺进少量的金属或石墨粉末；橡胶炼制中掺加一定量的石墨粉，等等，均能达到降低其电阻。后者在纤维、橡胶、塑料、感光胶片等物体的表面上经常应用。如纤维用的抗静电剂，表面活性剂占绝大多数，因其具有优良的抗静电效能外，还有较好的平滑性。例如 SN 季铵盐型阳离子表面活性剂为基础的抗静电油剂，它在聚乙烯化纤纺织和聚乙烯醇合成纤维抽丝过程中，只要少量涂抹，即能使静电电压限制在几十伏内；在生产涤纶短纤维上使用的阴离子型 PK 抗静电油剂和在长纤维上使用的 MOA-S 型乳化剂、PK 油剂等，也都有较好的抗静电效果。

(4) 其他 如中和电荷法、封闭削尖法等。

第三节 噪声控制

一、噪声的来源和危害

噪声是指一切妨碍人们生活和工作的声音。它的来源很多，但在轻化工生产中，主要有以下几方面：

(1) 空气动力性噪声 如通风机、压缩机、气体喷射、排气噪声等。

(2) 机械性噪声 如机械加工、动力机械运转、装卸车、固体输送、压碎、研磨等。

(3) 电磁性噪声 这是由于磁场引起铁芯振动而发生的，如发电机、变压器等产生的噪声。

当噪声达到 85dB 时，不但使人烦躁不安，妨碍工作、学习和休息，而且能影响健康，引起疾病，如头晕、恶心、失眠、心悸、血管痉挛、血压增高、心律不齐、消化机能减退等等。在强烈的噪声下，更是妨害听力，干扰语言，分散注意力，影响思维，以至导致意外事故发生的可能。因此，噪声已成为工业城市仅次于大气污染和水质污染的三大公害之一。

二、噪声的等级范围和卫生标准

1. 等级范围

表示声响强弱的量度有声强和声强级、声压和声压级、声功率和功率级及响度和响度级等。

表示声压级的计算公式为

$$L_p = 10 \lg \left(\frac{P}{P_0}\right)^2 = 20 \lg \frac{P}{P_0}$$

式中 L_p——声压级，dB

P——实测声压，N/m²

P_0——基准声压，2×10^{-5}N/m²

由式可知，在计算声压迭加时，不能按算术加减法运算，即不能按声压迭加；而应是声压的平方迭加。例如，两个相同的 60 分贝的声音，迭加后的声压级为

$$L_{1+2} = 10\lg(10^{\frac{L_1}{10}} + 10^{\frac{L_2}{10}}) = 10\lg(10^{\frac{60}{10}} + 10^{\frac{60}{10}})$$
$$= 10\lg 2 + 10\lg 10^6 = 3 + 60$$

$$=63\text{dB}$$

若两个不相同的声音迭加，则应先求出两个声音的分贝差 L_1-L_2，再由表 13-12 查出与差值相对应的增值 ΔL，然后将此增值与分贝大的相加即可。

表 13-12　　　　　　　　分贝和的增值表

L_1-L_2	ΔL	L_1-L_2	ΔL	L_1-L_2	ΔL
0	3	5	1.2	12	0.3
1	2.6	6	1.0	14	0.2
2	2.1	7	0.8	16	0.1
3	1.8	8	0.6		
4	1.5	10	0.4		

如两个声音分别为 70dB 和 80dB，则其总声压级为
$$L_p = L_2 + \Delta L = 80 + 0.4 = 80.4\text{dB}$$

正常人耳可听到的声压为 $2\times 10^{-5}\text{N/m}^2$，震耳欲聋的声压约为 20N/m^2，相差 10^6 倍。

表示声强级的计算公式为
$$L_I = 10\lg\frac{I}{I_0}$$

式中　L_I——声强级，dB

　　　I——实测声强，W/m^2

　　　I_0——基准声强，$10^{-12}W/m^2$

声强级随距离增加而下降。距离增加 1 倍，声强级降 6dB（球面放射声源）、或 3dB（非球面放射声源，如环境噪声）。

人耳能承受的最大声强级约 120dB。

有关化学和石油工业通用设备噪声等级范围可参考表 13-13。

2．噪声卫生标准

根据《工业企业噪声卫生标准》对新建、扩建、改建企业的生产车间或作业场所的允许噪声参照值，见表 13-14。

现有企业暂时达不到标准时的参照值，见表 13-15。

表 13-13　　　　化学、石油工业通用设备噪声等级范围（距离1m）

设备名称	噪声等级（声强级），dB
大气冷却器	87～94
压缩机	90～120
加热炉	95～110
电马达	90～110
减压阀	80～108
管道	90～105

表 13-14　　　　　　　　　　　　允许噪声参照值

每个工作日接触噪声时间，h	允许噪声，dB
8	85
4	88
2	91
1	94

注：最高不得超过115dB。

表 13-15　　　　　　　　　现有企业暂时达不到标准时的参照值

每个工作日接触噪声时间，h	允许噪声，dB
8	90
4	93
2	96
1	99

注：最高不得超过115dB。

三、噪声的防治

噪声只有存在传播途径和接收者的条件下才能形成干扰。因此，防治噪声的基本途径是消除或降低声源噪声，隔离噪声及接受者的个人防护。

1．消除或降低声源噪声

在设备设计、制造和安装时，调整或变更有关设计参数、结构和工艺。对运转投产的设备，进行调整、补充和改造或采取措施降低噪声的声强级。

2．隔离噪声

应用吸声、反射、阻尼等原理，变更声源距离和方向、使噪声掩蔽等。为此，在工厂设计时，首先要进行合理布局、分开生产操作区与职工生活区、强噪声设备与一般生产设备；集中同类型噪声源设备，缩小噪声污染面积。其次，要利用和设置天然屏障，阻断或屏蔽噪声传播。再如采用吸声材料、设置隔声罩、隔声间、利用声源的指向性控制噪声等办法达到减少噪声的污染。

表 13-16　　　　　　　　　　　　护耳器的隔声值，dB

种类	频率，Hz						
	125	250	500	1000	2000	4000	8000
耳塞	25±8	24±4	26±4	28±4	36±3	36±5	39±7
耳罩	12±2	21±2	29±3	40±4	40±4	41±5	38±5
耳塞加耳罩	32±2	42±5	46±7	41±5	52±5	56±5	45±5

3. 个人防护

个人防护用品一般采用耳塞、耳罩、耳棉等。耳塞的平均隔声可达 20dB 以上，性能良好的耳罩可达 30dB。正常人耳可听到的频率为 20~20000Hz，高于 20000Hz 的超声或低于 20Hz 的次声，人耳都听不到。一般语言在 250~3000Hz 之间。表 13-16 为护耳器的隔声值。

第四节 工业有害物质与环境污染

工业生产中的有害物质主要是指化学性物质，通常称为工业有害物质或称生产性有害物质。

工业有害物质对环境污染有着密切的关系。工业生产中形成的"三废"，如果未经处理或处理不当即大量排放到环境中去，就可能造成污染。而环境污染对人体健康会产生严重的后果。因此，在轻化工生产中，深刻了解和认识在生产过程中所形成"三废"的影响和危害，并积极采取措施，治理对环境可能产生的污染，是非常重要和必要的。

一、工业有害物质对环境的污染

轻化工生产中对环境污染的主要工业有害物质有三大类。

1. 废气中有害物质

这类有害物质包括 CO、CO_2、SO_2、SO_3、H_2S、NO、NO_2、Cl_2、HCl、HF、HCN、O_3、烃类及其衍生物、醇类、醛类及气溶胶状有害物质（即粒状有害物质，包括固体颗粒和液体颗粒）等。

2. 废水中有害物质

常见的有汞、磷、砷、铅、铜、锌、镍、镉、铬、酚、腈、胺、芳烃及其衍生物，有机氮化合物、有机氯化合物、有机磷化合物、有机硫化合物、含氧有机物、亚硝胺类、酸、碱、醇、无机盐、烃类及其衍生物等。

3. 废渣中有害物质

在轻化工生产中，除一般工厂共有的如煤灰渣、电石渣、工业垃圾等外，常见的有硫铁矿渣、磷石膏、氯化钙、盐泥、化学污泥、活性污泥等。

二、主要工业有害物质对人体的影响

1. 硫氧化合物的影响

硫氧化合物主要是指 SO_2 和 SO_3。SO_2 可在一定条件下转变成 SO_3 或硫酸雾。

二氧化硫是一种无色但具有特殊气味的气体，它对人体有严重的危害。二氧化硫浓度达到 3ppm 时，对结膜和上呼吸道粘膜具有强烈刺激作用；浓度高时，可引起咽喉水肿、支气管炎、肺炎、肺水肿；浓度在 100ppm 以上时能致死。

二氧化硫对骨髓、脾等造血器管也有刺激和损伤作用，并会破坏肌体内正常碳水化合物的新陈代谢。

二氧化硫是对大气污染的主要污染物之一。它主要是由燃烧含硫煤和石油等所产生

的。在轻化工生产中，如制造硫酸也排放出相当数量的硫氧化合物。

2. 一氧化碳的影响

一氧化碳是一种无色、无臭的气体。它能和人体血液中血红蛋白结合，生成碳氧血红蛋白，阻碍血红蛋白的输氧功能，造成缺氧症。当浓度为400ppm时，会出现头痛、恶心、虚脱等症状；浓度达1000ppm以上时，出现昏迷、痉挛以至于死亡。进入人体的一氧化碳浓度高时，还与细胞色素氧化酶的铁结合，抑制组织的呼吸过程，造成中枢神经机能受损。

3. 氮氧化合物的影响

氮氧化合物主要是指一氧化氮和二氧化氮。一氧化氮与血红蛋白结合，影响血液输氧功能，浓度高于25ppm时，造成急性中毒，能导致肺充血和水肿，严重者窒息死亡。二氧化氮对呼吸器官有刺激作用，能使血红蛋白发生硝化，损害造血组织，浓度在40ppm时会伤害肺部功能，400ppm浓度下呼吸5min能招致死亡。长期吸入低浓度的二氧化氮会引起支气管炎，肺部发生病变，呼吸和机能衰退。

4. 光化学氧化剂的影响

光化学氧化剂有臭氧和过氧乙酰基硝酸酯等，它们具有很强的氧化力。它们是在氮氧化合物和碳氢化合物（主要是烯烃和少数芳香烃化合物）在阳光照射下生成光化学氧化剂。这些光化学氧化剂超过一定浓度后，形成的烟雾，叫做光化学烟雾。这是一种浅蓝色的有刺激性的烟雾，对眼、鼻、咽喉、气管和肺等有刺激作用。当光化学剂浓度达到0.2～0.3ppm时，就会引起结膜炎、流泪、胸疼、咽喉疼，严重时会使人晕倒，出现意识障碍。

5. 碳氢化合物的影响

碳氢化合物的种类很多，有挥发性烃及其衍生物和多环芳烃等。它与氮氧化合物同是形成光化学雾的主要物质。此类化合物如苯、苯酚、多环芳烃（如3,4-苯并芘）、含氧有机物（如丙烯醛）等对人体健康有害，而3,4-苯并芘更是公认的强致癌物质。

6. 其他有害物质的影响

(1) 铅及铅化物　铅是对人体有害的金属。铅进入人体会积聚在肝、肾、脑、骨骼等器官中。贫血是铅中毒的伴随症状之一。严重铅中毒可能引起血管痉挛和小动脉硬化。

(2) 汞及汞化物　汞的蒸气有剧毒！它有溶解许多金属的能力，所构成的化合物统称汞齐（又称汞合金）。无机汞对消化道粘膜有强烈的腐蚀作用，并能随血液分布到全身各组织，但不易侵入中枢神经系统。有机汞大多经消化道进入机体。

(3) 氯及氯化物　氯是有毒的气体，当浓度在20ppm以上时，有强烈刺激作用，浓度达50～100ppm时，能引起喉肿、吐血、肺水肿，更高浓度时即引起急性中毒致死。氯化氢严重中毒会引起咯血、肺水肿，直至死亡，慢性中毒则表现为呼吸道发炎、肠胃炎、牙齿腐蚀等症状。

三、化学物质急性毒性分级

化学物质急性毒性分级，按动物染毒试验LD_{50}或LC_{50}进行分级。LD_{50}或LC_{50}即半致死剂量或浓度，系指染毒动物半数死亡的剂量或浓度。表13-17为化学物质急性

表 13-17　　　　　　　　　化学物质急性毒性分级

毒性名称	大鼠一次经口 LD_{50}, mg/kg	6只大鼠吸入4h死亡2~4只的浓度, ppm	兔涂皮时 LD_{50}, mg/kg	对人可能致死量 g/kg	总量, g (60kg体重)
剧　毒	<1	<10	<5	<0.05	0.1
高　毒	1~	10~	5~	0.05~	3
中等毒	50~	100~	44~	0.5~	30
低　毒	500~	1000~	350~	5~	250
微　毒	5000~	10000~	2180~	>15	>1000

毒性分级表。

四、安全和环境保护

关于防火、防爆、防雷、防静电、防噪声、防腐以及消防等方面的内容在本章以及前面有关章节中已作扼要叙述，并对有关工业有害物质对人体的影响作了一般介绍。本节着重从整体上应考虑的安全和环境保护问题作一些说明。

1．在工艺方面应考虑的问题

工艺设计人员首先要从思想上高度重视安全和环保问题，保证生产安全和不产生或少产生三废。主要应从以下几方面考虑。

（1）运用最新科研成果，采用先进工艺路线，改革对生产严重污染的原料路线和生产方法。例如，以次氯酸化法生产环氧乙烷，需要排放大量的石灰浆和有机氧化物的废水，现在采用乙烯直接氧化制环氧乙烷，污染大大减轻。又如，在硫酸制造过程，采用"二转二吸"新工艺（即转化器头两段或三段生成的 SO_3 进行第一次吸收，未吸收气体中高比值的 O_2/SO_2 又回到转化器进行转化，生成的 SO_3 进行第二次吸收），转化率可达99.5%，最后排空尾气中 SO_2 浓度小于 500ppm，甚至低于 200ppm，这样就大大提高了原料硫磺的利用率，同时又减轻了污染。

（2）改革设备，改进操作。

（3）采用闭环工艺路线。所谓闭环工艺路线是指原料（即使是有毒的）进入生产系统后只在系统内循环，出系统的只有产品，而大多夹杂有原料和中间产品的物料（即使是有毒的），只在闭路循环，不出系统。这样，既减少了污染物的排出，又降低了原料的消耗。这是现代化工业生产中把三废消灭在工艺过程中的重大措施之一。以生产环氧丙烷为例。老工艺采用氯醇法，每生产 1t 环氧丙烷要排放 40~60t 含有难以处理的氯化钙的废液。新工艺为电解法循环工艺路线。用此法生产环氧丙烷没有氯化钙废液的排放和处理问题。

（4）减少系统泄漏、跑、冒、滴、漏往往是造成工厂污染环境的一个主要原因。在轻化工生产中，从原料到产品，以至排出的废物，往往具有易燃爆、有毒、有腐蚀等危害。从整个工艺过程来说，除使系统少排或不排三废外，提高设备、管道的严密性，减少系统物料的泄漏，也是十分重要的。为此，无论是设备或管道，从设计制造、材料选择，到操作使用、安装检修，以致生产管理等各个环节，都必须重视，杜绝跑、冒、滴、漏。

(5) 搞好综合利用和三废治理。评价一条工艺路线的优劣，原料（包括副产物）是否得到全面充分的利用是一个很重要的指标。此外，如何考虑生产中出现的工业有害物质的治理，已成为当前工厂设计中一个非解决不可的问题。为此，工艺设计人员，要在保证正常生产的前提下，努力做好综合利用和三废治理工作。有关综合利用和三废治理方面的问题，可参考专门书籍。

2. 在工厂布置方面应考虑的问题

选择厂址时，除应考虑适宜的建厂条件外，一定要统筹考虑和处理好安全和环境保护问题。要了解当地环保部门对厂址要求的文件。安排好生产区、生活区、废渣堆放场和废水处理厂等用地，以及生活饮用水的水源、工业污水和生活污水的排放、向大气排放有害物质的处理等。严格遵守和执行最新颁发的有关环境保护、工业卫生及安全防火等方面的法律和规定，并征得当地城建规划部门及消防监督机构的同意。

3. 在供排水方面应考虑的问题

关于供排水方面的设计在第九章中已作一般叙述。这里需要着重提及的是，在考虑整个工程设计时，必须优先将废水的综合利用、清污分流、循环使用等措施纳入工艺设计中，尽量做到不排或少排有害废水，消除或减少废水中的有害物质，减少和防止对周围环境的污染。

如果在设计中是把工业废水排入城镇排水管道的，除取得当地城建部门的同意外，还应符合下列要求：

① 水温不高于 40℃；

② 不阻塞管道；

表 13-18　　　　　　污水中抑制生物处理的有害物质浓度

有害物质名称	容许浓度，mg/L	有害物质名称	容许浓度，mg/L
三价铬	10	砷	0.2
铜	1	石油和焦油	50
锌	5	烷基苯磺酸盐	15
镍	2	拉开粉	100
铅	1	硫化物（以 S 计）	40
锑	0.2	氯化钠	10000

③ 不产生易燃、易爆和有毒气体；

④ 对病原体（如伤寒、痢疾、炭疽病、结核和肝炎等）必须严格消毒灭除；

⑤ 不伤害养护工作人员；

⑥ 有害物质最高容许浓度应符合现行的《工业"三废"排放试行标准》的规定；

⑦ 当城市污水处理厂采用生物处理时，工业废水中抑制生物处理的有害物质，还应符合表 13-18 中的要求。

当工业废水和生活污水排入地面时，必须经过严格处理。对于地面上的环境质量，可按 P 值定出分级标准（表 13-19）。P 值的计算公式如下：

表 13-19　　地面水的环境质量级别

P 值	级别	P 值	级别
<0.2	清洁	5.0~10	较重污染
0.2~0.5	微污染	10~100	严重污染
0.5~1.0	轻污染	>100	极严重污染
1.0~5.0	中度污染		

$$P=\sum_{i=1}^{n}\frac{C_i}{S_i}$$

式中　P——质量系数

C_i——污染物 i 的实测污染浓度

S_i——污染物 i 的环境容许浓度（河流按地面水标准，地下水按饮用水标准）

同时，在设计中，工艺人员还应对水质的质量评价具有足够的资料。国外大都采用"水质指数"来评价水质质量的。我国上海地区提出了有机污染综合值 A 这一概念。

$$A=\frac{BOD_i}{BOD_0}+\frac{COD_i}{COD_0}+\frac{NH_3-N_i}{NH_3-N_0}-\frac{DO_i}{DO_0}$$

式中　BOD_i、COD_i、NH_3-N_i、DO_i——分别代表5日生化需氧量、化学需氧量、氨氮和溶解氧量的实测值，mg/L

BOD_0、COD_0、NH_3-N_0、DO_0——分别代表上述各指标的地面水质卫生要求或制订的其他允许标准，mg/L

A 值大小反映了水体受有机污染的程度。A 值愈大，说明水体受污染愈厉害，水质愈差（表13-20）。

表 13-20　　水质有机污染综合评价

A 值	污染程度分级	水质质量评价	A 值	污染程度分级	水质质量评价
<0	0	良好	2~3	3	轻度污染
0~1	1	较好	3~4	4	中等污染
1~2	2	一般	>4	5	严重污染

4．在废渣处理方面应考虑的问题

废渣是工厂生产中的主要污染物质之一。如何处理好废渣，不仅对工厂生产、职工生活有直接影响，同时对城乡环境、土壤质量、农业生产等都会带来影响。

轻化工工厂排出的废渣，种类繁多，组分复杂，不可能按一个模式、一种方法进行处理。积极的措施是，如何分别对废渣进行综合利用，化害为利，变废为宝。

对废渣的处理，一般采用填埋、焚化、堆肥等方法。但不管采取何种措施，都不允许污染大气、水源和土壤。特别对工业有害废渣（包括有毒渣；易燃、易爆渣；有腐蚀性渣；有反应性渣；有传染性渣；有放射性渣），更不能随意丢弃和埋填。设计和生产部门应取得卫生部门的同意，采取妥善的处理方法。同时还应加强这类有害物质的管理，包括鉴别、标记、分类、贮存、收集运输和处理等。

5. 在绿化设计方面应注意的问题

绿化工厂是环境保护的重要措施之一。一个绿化良好的厂区环境，不仅可减弱有害气体和噪音对工人健康的影响，而且能净化空气，减少飞尘，起到"冬暖夏凉"改善小气候的作用。关于工厂绿化布置的一些原则和要求在前面第二章中已作介绍。这里着重叙述在绿化设计中还应处理好的几个问题。

（1）正确处理好工厂扩建、改建与绿化争地的矛盾；解决好线路、设备安装和检修、上下管线敷设、地下污水排除等与绿化的矛盾。

（2）要解决好有害气体和噪声向周围扩散造成影响和危害的卫生防护地带的绿化问题。

（3）要因地制宜地设计和处理好群体建筑与厂区绿化相结合的美学艺术问题。

6. 其他

如在工程配套设计中必须考虑的污水处理、废水净化、三废综合利用等，要按设计要求同时与生产配套一齐投产，不得拖延施工进度和竣工时间，不准任意降低安全环境保护标准，更不准违章生产。

主要参考文献

〔1〕轻工业建设项目厂（场）址选择报告编制内容深度规定 (QBJS20-88)
〔2〕轻工业建设项目可行性研究报告编制内容深度规定 (QBJS5-88)
〔3〕轻工业建设项目初步设计编制内容深度规定 (QBJS6-88)
〔4〕轻工业建设项目初步设计技术经济统一计算办法 (QBJS17-88)
〔5〕轻工业工程设计概预算编制办法 (QBJS10-86)
〔6〕纺织工业部设计院编著：《化学纤维工厂设计》，纺织工业出版社，1984
〔7〕李应麟等编：《化工过程的物料衡算和能量衡算》，高等教育出版社，1987
〔8〕北京化工学院等合编，张洋主编：《高聚物合成工艺设计基础》，化学工业出版社，1981
〔9〕国家医药管理局上海医药设计院编：《化工工艺设计手册》(上、下)，化学工业出版社，1986
〔10〕《防火检查手册》编辑委员会编：《防火检查手册》，上海科技出版社，1987
〔11〕田兰等编：《化工安全技术》，化学工业出版社，1984
〔12〕王兆熊等编著：《化工环境保护和三废治理技术》，化学工业出版社，1984
〔13〕河北工学院化工系化工计算组编：《化工计算》讲义（上、下），1986

附录1 冷却构筑物与其他建(构)筑物的距离

序号	建(构)筑物名称		冬季采暖计算温度,℃	最小间距,m		
				冷却喷水池	风筒式及单个机械通风冷却塔	组合式通风及开放式冷却塔
1	用红砖、陶制板及混凝土或其他能承受15次以上冻结的坚固材料作墙的建筑物		>-20℃	30	15	23
			≤-20℃	40	20	30
2	用矿渣混凝土或其他能承受15次以下冻结的轻型材料作墙的建筑物		>-20℃	38	19	30
			≤-20℃	50	25	40
3	露天堆场及卸煤装置		>-20℃	30~33	15~19	23~30
			≤-20℃	40~50	20~25	30~40
4	工厂围墙		>-20℃	12~15	8~12	12~15
			≤-20℃	15~20	10~15	15~20
5	国家铁路中心		>-20℃	60	30	45~60
			≤-20℃	80	40	60~80
6	专用铁路及厂内铁路中心线		>-20℃	23	15	15~23
			≤-20℃	30	20	20~30
7	国家道路路面边缘		>-20℃	45~60	15~23	30~45
			≤-20℃	60~80	20~30	40~60
8	专用及厂内道路路面边缘		>-20℃	23	8	15
			≤-20℃	30	10	20
9	电石库	贮量>10t	—	80	40	50
		贮量≤10t	—	50	30	30
10	露天变电装置和供电网的降压变电所		>-20℃	60~80	30~45	30~45
			≤-20℃	80~120	40~60	40~46
11	冷却喷水池			—	40~60	40~60
12	风筒式冷却塔及单个机械通风冷却塔			40~60	15~20	15~20
13	组合式机械通风和开放式冷却塔			40~60	15~20	15~20
14	可燃液体贮库量<1250m³			30	20	20
15	树木种植地带		—	40	冷却塔淋水装置的1.5倍	冷却塔淋水装置的1.5倍

注：1. 表列较小值适用于冷却构筑物布置在下风向，且冷却能力≤3000m³/h的冷却塔和2000m³的喷水池，否则应采用较大值。
2. 对冬季采暖室外计算温度在0℃以上地区，以及设计中规定寒冷季节不使用的冷却构筑物与建筑物等的间距不受表列规定的限制，但电石库例外。
3. 对属于冷却构筑物的水泵房，表中序号1,2的间距可根据当地气温条件，适当减小。
4. 当喷水池位于冷却塔上风向时，采用表中较大值。
5. 采用蜂窝式填料的冷却塔时，距离可适当减小。

附录2 常用泵的规格和性能

序号	泵类型	型号*	流量*, m³/h	扬程*, m	适用温度, ℃	适用粘度, cSt	输送介质及要求	需要汽蚀余量, m水柱	自吸能力	允许吸入高度, m水柱
1	卧式离心泵	Y	6.25~450	60~603	**	<650	各类油品、液化烃、溶剂	2~5.8	无	4~6
2	立式离心泵	YT	10~100	120~1440	**	<650	各类油品、液化烃、溶剂	2.6~3.8	能	3.5~6.5
3	管道离心泵	YG	6.25~360	24~150	-45~250	<650	各类油品、液化烃、溶剂	2.0~4.5	无	7.0
4	凭改离心泵	YC	14.4~360	35~150	-20~80	<650	各类油品、溶剂	3.5~6.5	能	7.0
5	油浆离心泵	PY	7.2~445	110	<400	<650	高温油浆(固体粒度40~100μm)	3.0~4.5	无	
6	耐蚀离心泵	F	3.6~360	15~105	-20~105		不含固体的腐蚀性液体		能	4~6
7	一般旋涡泵	W	0.72~14.4	20~100	-20~30	<38	轻油品、低粘度清洁液体		有	3.5~6.5
8	离心旋涡泵	WX	5.4~21.6	120~150	<105	<38	轻油品、低粘度清洁液体		有	8.0****
9	汽液混输旋涡泵	WS	0.9~18.72	12~48	-20~80		液体烯合物、易挥发、易气化液体		专用自吸	
10	一般三螺杆泵	3U	0.126~579	40~2000	<80	6~600	润滑油、燃料油		能	4.5~6.5
11	高粘度三螺杆泵	3UN	1.51~23.1	80	<80	<100000	低温高粘度液体		能	8.0***
12	往复冷油泵	QY	1.30~170	175	<105	<10000	低温高粘度液体		能	4.0
13	往复热油泵	QYR	3~112	120~400	220~400	<10000	高温高粘度液体		能	4~5
14	往复试压泵	1QY-1/120	1.0	1200			不含固体的冷液		能	4.0
15	柱塞式计量泵	VF	0.05~8	40~160	40~140	<500	酸、碱、溶剂		能	6.0
16	隔膜式计量泵	VMF	0.02~1.6	40~400	<60	<500	易燃、有毒液体		能	6.0
17	齿轮油泵	KCB	1~5	排出压力 0.323~1.421MPa	<60	10°E(60℃)	石油、重油及类似液体		能	3~5
18	耐蚀立液下泵	DB-Y	3.27~380	13~40	-20~140		不含固体颗粒、有腐蚀性、有毒液体		有	
19	屏蔽泵	GP CP	1.44~200	13~98	GP100~350 CP-35~100		不含固体颗粒的有毒性、易燃、易熔化性、腐蚀性、放射性等质液体			

* 每一种型号的泵均为一组泵。流量、扬程均指是在效率最高时的数值。1cSt=10⁻⁶ m²/s, 1m水柱=9.8kPa。　** 铸铁-20~200℃,铸钢-45~400℃。　*** 此处是20℃,20#机油的数据。

附录3 设备与设备、设备与建筑物之间的安全距离

序号	项目	安全距离,m	
1	往复运动机械、其运动部分离墙的距离	不小于	1.5
2	回转机械与墙之间的距离	不小于	0.8~1.0
3	回转机械相互间的距离	不小于	0.8~1.2
4	泵的间距	不小于	0.7
5	泵列与泵列间的距离（对排泵）	不小于	2.0
6	泵的最突出部分（包括管线）与墙的距离	不小于	1.0
7	贮罐间之距离		0.4~0.6
8	计量槽间之距离		0.4~0.6
9	换热器间之距离	至少	1.0
10	塔与塔的间距		1.0~2.0
11	反应设备顶盖上传动装置与天花板的距离（有搅拌轴时,考虑拆装空间）	不小于	0.8
12	走廊及操作台通行部分净高	不小于	2.0~2.5
13	不常通行的地方净高	不小于	1.9
14	设备边缘或最突出部分与墙的距离	不小于	0.6
15	考虑操作地带或吊放最大设备时，两设备间距离应为最大件宽度	再加	0.5~1.0

附录4 阀门的标准、型号和标志

1．标准

阀门的标准按 JB308-75 规定。

2．型号

阀门的型号分7个单元。

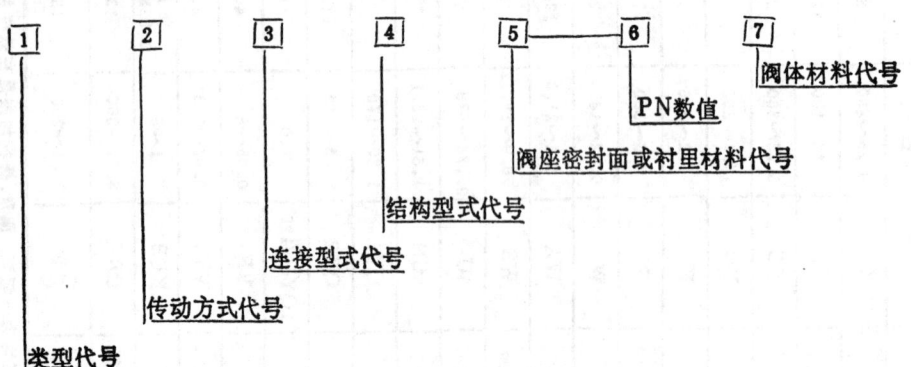

在5、6单元之间有一横杠连接。

(1) 第1单元是类型代号，用汉语拼音字母表示。

对于低于零下40℃的低温阀、带加热夹套的保温阀和带波纹管的阀门，在类型代号前，分别加上汉语拼音字母"D"、"B"、"W"。

类 型	代 号	类 型	代 号
闸 阀	Z	旋 塞	X
截 止 阀	J	止回阀和底阀	H
节 流 阀	L	安 全 阀	A
球 阀	Q	减 压 阀	Y
蝶 阀	D	疏 水 阀	S
隔 膜 阀	G		

(2) 第2单元是传动方式代号，用阿拉伯数字表示。

传动方式	代 号	传动方式	代 号
电磁动	0	伞齿轮	5
电磁-液动	1	气动	6
电-液动	2	液动	7
蜗轮	3	气-液动	8
正齿轮	4	电动	9

对于手轮、手柄或扳手传动的阀门以及所有安全阀、减压阀、疏水阀，此代号省略之。

某些气动或液动阀门，分常开式和常闭式两种，常开式用6K、7K表示，常闭式用6B、7B表示。

气动又带手动的阀门，用6S表示。

防爆电动，用9B表示。

(3) 第3单元是连接型式代号，用阿拉伯数字表示。

连接形式	代 号	连接形式	代 号
内 螺 纹	1	对 夹	7
外 螺 纹	2	卡 箍	8
法 兰	4	卡 套	9
焊 接	6		

(4) 第4单元是结构型式代号，用阿拉伯数字表示。

杠杆式安全阀，在类型代号前加G字；数字代号，新标准未作规定。旧标准以1代表单杆微启式，2代表单杆全启式，3代表双杆微启式，4代表双杆全启式，6代表脉冲式。

(5) 第5单元是阀座密封面或衬里代号，用汉语拼音字母表示。

当密封面是在阀体上直接加工出来时，则用W表示。

(6) 第6单元是公称压力(PN)。它是指阀门名义上能够承受的压力。实际上它的承压能力总要大些，而使用时为安全起见，控制在公称压力之内。

闸阀结构型式				代号
明杆	楔式		弹性闸板	0
		刚性	单闸板	1
			双闸板	2
	平行式		单闸板	3
			双闸板	4
暗杆楔式			单闸板	5
			双闸板	6

截止阀和节流阀结构型式		代号
直通式		1
角式		4
直流式		5
平衡	直通式	6
	角式	7

球阀结构型式			代号
	直通式		1
浮动	L型	三通式	4
	T型		5
固定	直通式		7

蝶阀结构型式	代号
杠杆式	0
垂直板式	1
	3

隔膜阀结构形式		代号
屋脊式		1
截止式		3
闸板式		7

旋塞结构型式		代号
填料	直通式	3
	T型三通式	4
	四通式	5
油封	直通式	7
	T型三通式	8

止回阀和底阀结构型式		代号
升降	直通式	1
	立式	2
旋启	单瓣式	4
	多瓣式	5
	双瓣式	6

安全阀结构型式				代号
弹簧	封闭	带散热片	全启式	0
		微启式		1
		全启式		2
		带扳手	全启式	4
			双弹簧微启式	3
			微启式	7
	不封闭		全启式	8
			微启式	5
		带控制机构	全启式	6
脉冲式				9

减压阀结构型式	代号	疏水阀结构型式	代号
薄膜式	1	浮球式	1
弹簧薄膜式	2	钟形浮子式	5
活塞式	3	脉冲式	8
波纹管式	4	热动力式	9
杠杆式	5		

阀座密封面或衬里材料	代号
铜合金	T
橡胶	X
尼龙	N
氟塑料	F
巴氏合金（锡基轴承合金）	B
合金钢	H
渗氮钢	D
硬质合金	Y
衬胶	J
衬铅	Q
搪瓷	C
渗硼钢	P

(7) 第7单元是指阀体材料，以汉语拼音字母表示。

若所选阀门为 $PN \leqslant 157 \times 10^{-2}$ MPa 的灰铸铁阀体和 $PN \geqslant 245 \times 10^{-2}$ MPa 的碳钢阀体，本代号可省略。

3. 标志

例一：阀门铭牌为"Z942W-0.098"。

  Z——闸阀   9——电动机传动

  4——法兰连接 2——明杆楔式双闸板

  W——密封面在阀体上直接加工

  0.098——PN 0.098MPa（即相当于 1kgf/cm²）

就是电动机传动、法兰连接、明杆楔式双闸板、密封面在阀体上直接加工、PN 0.098、阀体材料为灰铸铁的闸阀。

例二：阀门铭牌为"Q21F-3.92P"。

阀体材料	代号
灰铸铁	Z
可锻铸铁	K
球墨铸铁	Q
铸钢	T
碳钢	C
Cr5Mo	I
1Cr18Ni9Ti	P
Cr18Ni12Mo2Ti	R
12Cr1MoV	V

表示手动、外螺纹连接、浮动直通式、阀座密封面材料为氟塑料、PN3.92MPa、阀体材料为1Cr 18Ni9Ti 的球阀。

例三：阀门铭牌为 "G6K41J-0.59"。

表示气动常开、法兰连接、屋脊式结构、衬里材料为胶、PN0.59MPa、阀体材料为灰铸铁的隔膜阀。

反过来说，"液动、法兰连接、垂直板式、阀瓣密封面材料为橡胶、PN0.245、阀体材料为灰铸铁的蝶阀"的标志应注写为：D741X-0.245。

同样，"电动机传动、焊接、直通式、密封面材料为堆焊硬质合金、PN15.7、阀体材料为12Cr1MoV 的截止阀"的标志应注写为：J961Y-15.7V。

由于阀门的结构型式和新材料的不断发展，用上述标志的方法还是不够完备的。对于上述未包括的阀门，可参照这个方法，自行编制型号，但应作相应的说明。

附录5 常用流速范围，m/s

介质	条件	流速	介质	条件	流速
过热蒸汽	$DN<100$ $DN=100\sim200$ $DN>200$	$20\sim40$ $30\sim50$ $40\sim60$	水及粘度相似液体	$P=0.098\sim0.294$MPa (f) $P<0.98$MPa (f) 压力回水 无压力回水	$0.5\sim2$ $0.5\sim3$ $0.5\sim2$ $0.5\sim1.2$
饱和蒸汽	$DN<100$ $DN=100\sim200$ $DN>200$	$15\sim30$ $25\sim35$ $30\sim40$	乙醚 苯 二硫化碳	易燃、易爆安全允许值	<1.0
低压 中压 蒸汽 高压	$P<0.98$MPa (a) $P=0.98\sim3.92$MPa (a) $P=3.92\sim11.76$MPa (a)	$15\sim20$ $20\sim40$ $40\sim60$	甲醇 乙醇 汽油	易燃、易爆安全允许值	$<2\sim3$
低压气体 <0.098 MPa (a)	$DN\leq100$ $DN=125\sim300$ $DN=350\sim600$ $DN=700\sim1200$	$2\sim4$ $4\sim6$ $6\sim8$ $8\sim12$	氢气		<8
自来水	主 管 $P=0.294$MPa (f) 支 管 $P=0.294$MPa (f)	$1.5\sim3.5$ $1.0\sim1.5$	气 体	鼓风机吸入管 鼓风机排出管 压缩机吸入管 压缩机排出管 $P<0.98$MPa (a) $P=0.98\sim9.8$MPa (a)	$10\sim15$ $15\sim20$ $10\sim20$ $8\sim10$ $10\sim20$
锅炉给水	$P>0.784$MPa (f)	>3.0		往复式真空泵 吸入管 排出管	$13\sim16$ $25\sim30$
蒸汽凝水 冷凝水 过热水	自 流	$0.5\sim1.5$ $0.2\sim0.5$ 2	水及粘度相似液体	往复泵吸入管 往复泵排出管 离心泵吸入管 离心泵排出管	$0.5\sim1.5$ $1\sim2$ $1.5\sim2$ $1.5\sim3$
硫酸	浓度 $88\sim93\%$ $93\sim100\%$	1.2 1.2	粘度0.05 Pa·s的液体	$<DN25$ $DN25\sim50$ $DN50\sim100$	$0.5\sim0.9$ $0.7\sim1$ $1\sim1.6$
液氨	$P=$真空 $P=0.588$MPa (f) $P<1.96$MPa (f)	$0.05\sim0.3$ $0.3\sim0.8$ $0.8\sim1.5$	粘度 0.1 Pa·s的液体	$<DN25$ $DN25\sim50$ $DN50\sim100$	$0.3\sim0.6$ $0.5\sim0.7$ $0.7\sim1$
烧碱	浓度 $0\sim30\%$ $30\sim50\%$ $50\sim63\%$	2 1.5 1.2	粘度 1 Pa·s的液体	$DN25$ $DN25\sim50$ $DN50\sim100$ $DN100\sim200$	$0.1\sim0.2$ $0.16\sim0.25$ $0.25\sim0.35$ $0.35\sim0.55$
食盐水	带有固体 无固体	$2\sim4.5$ 1.5			
泥状混合物	浓度 15% 25% 65%	$2.5\sim3$ $3\sim4$ $2.5\sim3$			

附录6 固定支架间的极限距离，m

公称直径 DN mm	补偿器											
	Π形补偿器						套管式补偿器					
	水		蒸汽				水		蒸汽			
	PN kPa	t ℃	PN kPa	t ℃	PN kPa	t ℃	PN kPa	t ℃	PN kPa	t ℃	PN kPa	t ℃
	784 1568	100 150	784	250	1274	300	784 1568	100 150	784	250	1274	300
25	—		50		50		—		—		—	
32	50		50		50		—		—		—	
40	60		60		60		—		—		—	
50	60		60		60		—		—		—	
65	70		70		70		—		—		—	
80	80		80		80		—		—		—	
100	80		80		80		70		60		50	
125	90		90		90		70		60		50	
150	100		100		90		80		70		60	
175	100		100		100		—		—		—	
200	120		120		100		80		70		60	
250	120		120		100		100		70		60	
300	120		120		120		100		70		60	
350	140		120		120		120		70		60	
400	160		140		140		140		100		80	
450	160		140		140		140		100		80	
500	180		160		160		140		100		80	
600	200		160		160		160		100		80	

注：1. 从固定支架到Π形补偿器间的距离不应大于固定支架极限距离的60%。
2. 带套管式补偿器的固定支架间的极限距离已考虑了补偿器的膨胀量。

附录7 管道支架间距离, m

DN mm	固定支架最大间距			活动支架最大间距	
	Π形补偿器	L形补偿器 长边	L形补偿器 短边	不保温	保温
20				4.0	2.0
25	30	15	2.0	4.5	2.5
32	35	18	2.5	5.5	3.0
40	45	20	3.0	6.0	3.5
50	50	24	3.5	6.5	4.0
80	50	30	5.0	8.5	6.0
100	60	30	5.5	11.0	6.5
125	70	30	6.0	12.0	7.5
150	80	30	6.0	13.0	9.0
200	90			15.0	12.0
250	100			17.0	14.0
300	115			19.0	16.0
350	130			21.0	18.0
400	145			21.0	19.0

附录8 阀门对齐时的管道间距, mm

DN	25	40	50	80	100	150	200	250
25	250							
40	270	280						
50	280	290	300					
80	300	320	330	350				
100	320	330	340	360	375			
150	350	370	380	400	410	450		
200	400	420	430	450	460	500	550	
250	430	440	450	480	490	530	580	600

附录9 法兰错开时的管道间距，mm

DN		C	25	40	50	70	80	100	125	150	200	250	300
25	A	110	120										
	B	130	200										
40	A	120	140	150									
	B	140	210	230									
50	A	130	150	150	160								
	B	150	220	230	240								
70	A	140	160	160	170	180							
	B	170	230	240	250	260							
80	A	150	170	170	180	190	200						
	B	170	240	250	260	270	280						
100	A	60	180	180	190	200	210	220					
	B	190	250	260	270	280	290	300					
125	A	170	190	200	210	220	230	240	250				
	B	210	260	280	290	300	310	320	330				
150	A	190	210	210	220	230	240	250	260	280			
	B	230	280	300	300	300	320	330	340	360			
200	A	220	230	240	250	260	270	280	290	300	300		
	B	260	310	320	330	340	350	360	370	390	420		
250	A	250	270	270	280	290	300	310	320	340	360	390	
	B	290	340	350	360	370	380	390	410	420	450	480	
300	A	280	290	300	310	320	330	340	350	360	390	410	440
	B	320	370	380	390	400	410	420	440	450	480	510	540

注：1. A、B 分别为不保温管间、保温管间的间距。
2. C 为管中心到墙面或管架边缘的距离。
3. 保温管与不保温管间的间距 =(A+B)/2。
4. 螺纹连接管道间的间距，按表中数值减去20mm。

附录10　管道及配件安装设计的代号和图例

表1　管道材料代号及规格标注

管道材料	代号	规格标注	
		管道布置图	工艺管道一览表
无缝钢管	无代号	DN	外径×壁厚
焊接钢管	无代号	时制	时制
螺旋焊缝焊接钢管	LH	外径×壁厚	外径×壁厚
镀锌焊接钢管	DX	时制	时制
1Gr18Ni 9Ti（普通不锈钢管）	B	DN	外径×壁厚
1Gr17Ni 13Mo2Ti（含钼不锈钢管）	MB	DN	外径×壁厚
其他合金钢管	用钢号	DN	外径×壁厚
铸铁管	Z	DN	外径×壁厚
铅管	L	DN	外径×壁厚
紫铜管	T	外径×壁厚	外径×壁厚
铝管	Q	外径×壁厚	外径×壁厚
硬聚氯乙烯管	YL	DN	外径×壁厚
石棉酚醛管	SF	DN	外径×壁厚
钢管衬玻璃	GB	DN	DN
钢管搪瓷	GC	DN	DN
钢管衬玻璃钢	GG	DN	DN+内衬层数
钢管内涂树脂	GZ	DN	DN+内衬层数
钢管衬胶	GJ	DN	DN
玻璃管	BL	DN	外径×壁厚

注：表中代号不够用时，可自制规定代号及规格标准，但必须说明。

表2　管件图例

管件名称	图例	备注
螺纹连接		
承插连接		
法兰连接		
活接头连接		
同心大小头连接		未画法兰则为焊接
偏心大小头连接		未画法兰则为焊接

续表

管件名称	图例	备注
法兰闷头		
螺纹管塞		
螺纹管帽		
软管接头		
Y形过滤器	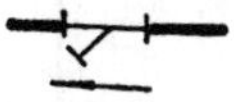	
框式过滤器	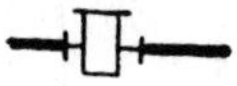	
盲板		
八字盲板	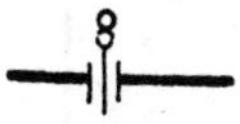	
视镜		

表3　　　　　　　　阀件图例

阀件名称	图例	手柄方向	
		正视	侧视
内螺纹截止阀			
法兰截止阀			同　上
内螺纹闸门阀			同　上
法兰闸门阀			同　上
内螺纹球阀	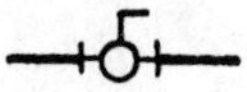	同　左	
法兰球阀		同　左	同　上
内螺纹直通旋塞		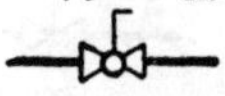	同　上
法兰直通旋塞			同　上
内螺纹三通旋塞			
法兰三通旋塞			
硬聚氯乙烯截止阀			
内螺纹止回阀			

续表

阀件名称	图例	手柄方向 正视	手柄方向 侧视
法兰止回阀			
隔膜阀			
蝶阀			
内螺纹升降式底阀			
螺纹角式截止阀			
法兰角式截止阀			
螺纹安全阀			
法兰安全阀			
疏水器组			
螺纹减压阀			
法兰减压阀			
螺纹气动调节阀			
法兰气动调节阀			
螺纹气缸阀			
法兰气缸阀			
螺纹电磁阀			
法兰电磁阀			
电动截止阀			
电动蝶阀			
放水龙头			

表 4	标高标注图例
▽	——管底标高及其他标高
▼	——架顶标高
⩘	——管中心

附录11 爆炸危险场所电气设备选型

<table>
<tr><th colspan="2" rowspan="2">种 类</th><th colspan="5">场 所 等 级</th></tr>
<tr><th>Q-1级</th><th>Q-2级</th><th>Q-3级</th><th>G-1级</th><th>G-2级</th></tr>
<tr><th colspan="2"></th><th colspan="5">选 型</th></tr>
<tr><td colspan="2">电 机</td><td>隔爆型，防爆通风型</td><td>任一种防爆型</td><td>封闭式</td><td>任一级隔爆型，防爆通风型</td><td>封闭式</td></tr>
<tr><td rowspan="3">电器和仪表</td><td>固定安装</td><td>隔爆型，防爆充油，防爆通风、充气型，安全火花型</td><td>任一种防爆型</td><td>防水型，防尘型</td><td>任一级隔爆型，防爆通风、充气型，防爆充油型</td><td>防尘型</td></tr>
<tr><td>移动式</td><td>隔爆型，安全火花型，防爆充气型</td><td>除防爆充油型外，任一种防爆型</td><td>除防爆充油型外，任一种防爆型，密封型，防水型</td><td>任一级隔爆型，防爆通风型</td><td>防尘型</td></tr>
<tr><td>携带式</td><td>隔爆型，安全火花型</td><td>除防爆充油型外，任一种防爆型</td><td>除防爆充油型外，任一种防爆型，密封型，防水型</td><td>任一级隔爆型，防爆通风型</td><td>防尘型</td></tr>
<tr><td rowspan="2">照明灯具</td><td>固定安装及移动式</td><td>隔爆型、防爆充气型</td><td>任一种防爆型</td><td>防尘型</td><td>任一级隔爆型，防爆充油型</td><td>防尘型</td></tr>
<tr><td>携带式</td><td></td><td>隔爆型</td><td>隔爆、防爆安全型</td><td>任一级隔爆型，防爆充油型</td><td>防尘型</td></tr>
<tr><td colspan="2">变压器</td><td>隔爆型，防爆通风型</td><td>任一种防爆型</td><td>防尘型</td><td>任一级隔爆型，防爆充油型，防爆通风型</td><td>防尘型</td></tr>
<tr><td colspan="2">通信电器</td><td>隔爆型，防爆充油型，防爆通风，充气型，防爆安全火花型</td><td>任一种防爆型</td><td>密封型</td><td>任一级隔爆型，防爆充油型，防爆通风、充气型</td><td>防尘型</td></tr>
<tr><td colspan="2">配电装置</td><td>隔爆型，防爆通风型</td><td>任一种防爆型</td><td>密封型</td><td>任一级隔爆型，防爆通风、充气型</td><td>防尘型</td></tr>
</table>

附录12 火灾危险场所电气设备选型

<table>
<tr><th colspan="2" rowspan="2">种 类</th><th colspan="3">场 所 等 级</th></tr>
<tr><th>H-1级</th><th>H-2级</th><th>H-3级</th></tr>
<tr><td rowspan="2">电 机</td><td>固定安装</td><td>防溅式</td><td>封闭式</td><td>防滴式</td></tr>
<tr><td>非固定安装</td><td>封闭式</td><td>封闭式</td><td>封闭式</td></tr>
</table>

续表

种 类		场 所 等 级		
		H-1级	H-2级	H-3级
电器和仪表	固定安装	防水型,防尘型,充油型,保护型	防尘型	开启型
	移动式和携带式	防水型,防尘型	防尘型	保护型
照明灯具	固定安装	保护型	防尘型	开启型
	移动式和携带式	防尘型	防尘型	保护型
配电装置		防尘型	防尘型	保护型
接线盒		防尘型	防尘型	保护型

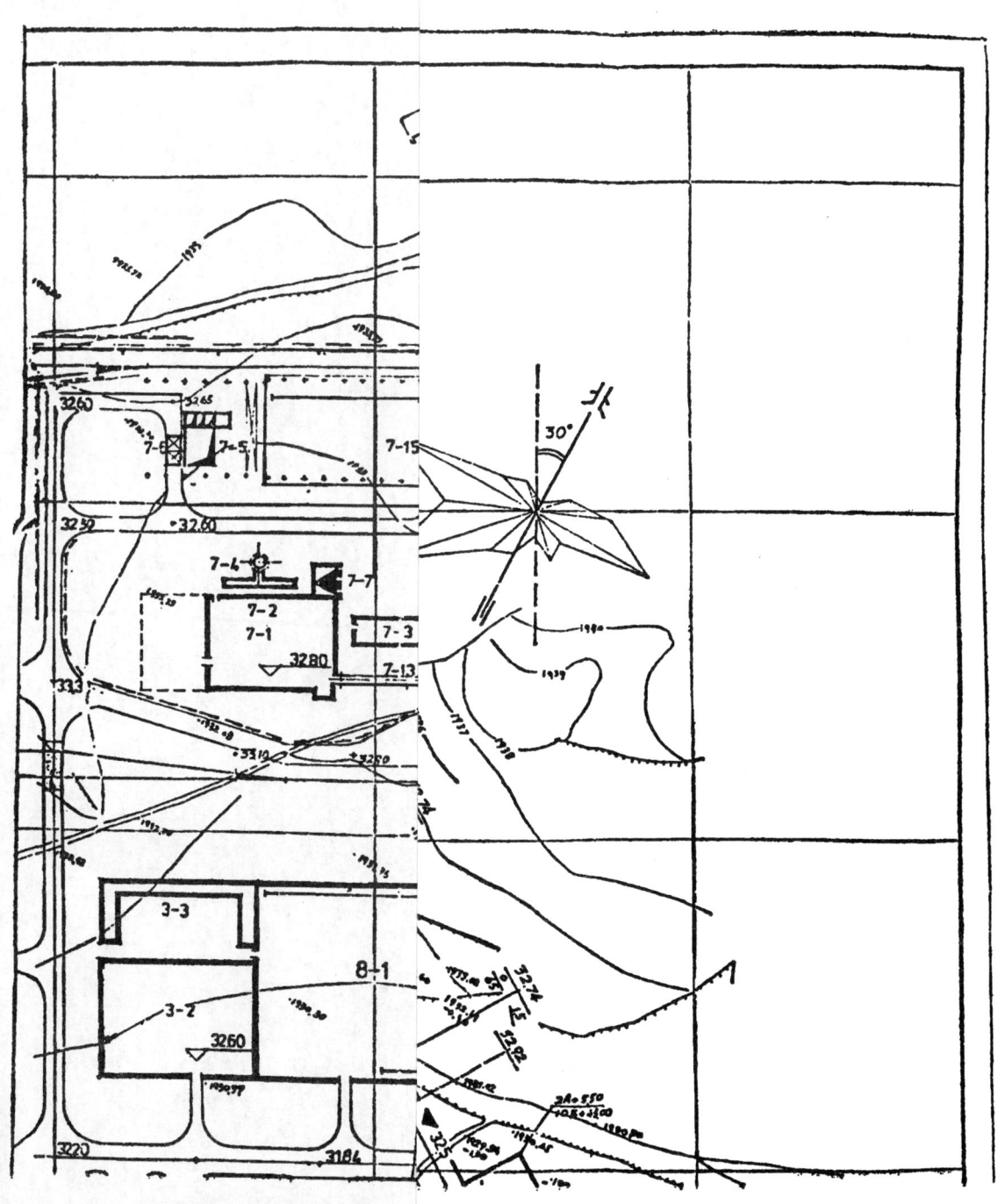